核辐射环境管理

HE FUSHE HUANJING GUANLI

刘 宁 主编

人民出版社

目　录

绪　论

一、核辐射环境问题及产生根源

核能的和平利用是 20 世纪人类的伟大成就之一。自 1954 年苏联建成世界上第一座实验核电站以来，截至 2012 年 11 月，全世界共有 437 台核电站机组在运行，在建机组 64 座，全世界在运行的机组总装机容量达371 762 兆瓦。2011 年全球的核发电总量约占全球总发电量的 13.5%。核电与火电、水电一起，成为世界三大电力供应支柱。

近 60 年的历史证明，核电是高效、清洁、安全和经济的能源，具有资源消耗少、环境影响小和供应能力强等优点。发展核电是我国社会不断发展和人民生活水平不断提高的需要，也是优化我国能源结构、缓解环境污染和保证能源安全的需要。

我国从 20 世纪 70 年代开始提出发展核电，80 年代开始建设，90 年代建成第一批秦山和大亚湾两座核电站 3 台核电机组。进入 21 世纪后，我国又陆续建成 4 座核电站 8 台核电机组，使我国核电装机容量达到906.8 万千瓦。2005 年，我国的核电发展方针由"适度发展"调整为"积极发展"。其后，一批新的核电项目被批准建设或列入规划。2007 年 10 月，国务院正式批准了国家发展改革委上报的《国家核电发展专题规划(2005—2020 年)》（以下简称《规划》），标志着我国核电发展进入了新的阶段。

根据《规划》到 2020 年我国核电装机容量将达到 4 000 万千瓦，在建核电机组 1 800 万千瓦。

随着核能越来越多地被利用，与之相应产生的核辐射问题也就进入了大众和科研人员的视野，成为一个新兴研究课题和热门话题。

核辐射应用领域很广，如今核辐射已经广泛用于工业、农业、医疗等各方面。例如：物质材料的辐照保鲜、辐射育种、辐照杀虫和医疗方面的 X 光、CT 检查、放疗、γ（伽马）刀；γ 照相测定分析物体，如考古的年龄测量和刑事侦查等。

核与辐射安全问题伴随着人类核能开发与核技术利用而产生，主要是从事核能和核技术利用的单位在选址、设计、建造、运行和退役各个环节中留下的隐患和缺陷造成的。由于现实核风险的存在，在从事核能开发和核技术利用活动时，必须采取有效措施保证放射性物质不对人员、环境和社会带来危害。因此，在核能开发和核技术利用的各个阶段都必须坚决贯彻"安全第一"的方针，特别强调要有保守设计、高标准制造和严格质量保证，在选址、设计、建造、运行和退役的每个环节都高度重视核与辐射安全。

2011 年 3 月的日本福岛核电站核泄漏事故虽然已经过去十多年，但它的影响却远没有结束，世界各国民众陷入对核电的恐慌之中，反核电的浪潮席卷全球。从面临核泄漏威胁的日本，到核利用比重最高的法国，再到工业发达的德国，能源缺乏的意大利，反对核电的万人大规模集会游行无处不在。而支持核电发展的人，不屑反对者"一朝被蛇咬，十年怕井绳"的心态。毕竟，现阶段对不少国家来说，在还未找到比核电更清洁更具效率的替代能源之前，发展核电仍是首选。因此，大幅度提高核辐射环境管理成为当务之急。

回顾 2011 年"3.11"福岛事故，当时我国出现了大面积的核辐射恐慌，部分地区甚至上演了"抢盐风波"闹剧。这些事实表明，我国核电发展 20 多年来，虽然各级政府、核电企业及行业协会开展了各种形式的核辐射环境管理措施、核安全信息公开和公众宣传活动，也取得了相当成效，但核辐射环境管理工作仍然存在很多问题，亟须提高我国核辐射环境管理水平。

福岛核事故的发生，是一个大灾难后核辐射环境管理工作处理和开展的集中案例，值得深入研究和思考。福岛事故发生后我国民众的反应凸显了当前我国核辐射环境管理水平不高，核安全信息公开与公众需求之间存在着较大差距，警示我们如果公众宣传工作不扎实，信息公开工作滞后，就可能丧失稳定民心的最好时机，导致核能利用的停滞。核辐射环境管理整体水平不高，专业知识不普及，都加剧了社会对核安全的焦虑和恐慌情绪。因此，政府部门应积极提高核辐射环境管理水平、及时发布权威的环境信息，普及专业知识，澄清事实真相，这也是遏制传言和谣言流布，消除公众"辐射恐慌"心理的最好办法。重视核辐射环境管理，深入开展核安全信息公开工作，创新核辐射环境管理机制和方法，将核辐射环境管理推向长期化、常态化、专业化，与核电建设规划"并驾齐驱"，必将成为未来一个时期国家核安全监管机构及各相关组织工作中的重要研究课题。

二、核辐射环境管理目的和任务

1. 核辐射环境管理目的

为改善我国能源供应结构、保障国家能源安全和经济安全、安全发展我国核电事业，核辐射环境管理的主要目的是全面调整能源政策，制订合理的核电发展计划，并通过采取各种措施确保核电技术安全、核电规划安全和核电监管安全。核辐射环境管理的目的还包括为核电企业建立和营造浓郁的核安全文化氛围，同时加强核电信息公开和安全科普宣传，研究放射性废物处理技术，合理借鉴国外核辐射环境管理的先进理念、制度和政策，以及在社会层面上宣传核辐射知识，使民众支持核电事业的发展。

2. 核辐射环境管理任务

结合我国现阶段核辐射环境管理的现状，核辐射环境管理的主要任务包括以下五点：

反馈福岛核事故经验，全面排查运行和在建核电站的安全。结合福岛核事故一周年系列活动，密切关注日本福岛核泄漏的最新情况和应对措施，全面分析日本福岛核电站事故的发生及演变过程，总结这一事件给核电站设计、建造和运行带来的启示，认真汲取和深入剖析此次福岛核电站事故的经验，加强对核电站设计、建造、运行等各个环节的管理，尤其是针对各种自然灾害做好应对预案，确保我国核电事业的健康发展。

完善核事故应急预案，建立高效协调的核事故应急体系。为确保核事故的应急工作，必须建立包括监督监测、应急监测、能力建设等在内的工作。在确定核电厂址后，应做好周围辐射环境本底值的调查，为核电投运的环境影响评价积累相关的数据，加强各级环保部门对核电站辐射环境监测的预警能力和监控水平，为核电站运行对周围环境和人员的影响建立"一本账"。需要建立和加强相应的核应急机构，并配备专业的应急队伍，包括辐射监测、辐射防护、去污洗消、医疗救护等，确保核应急工作高效、有序地开展和实施。

编制核安全规划，使核安全监管事业与核电事业同步发展。安全始终是核电发展的前提和最高原则，我国的核电站绝大多数采用改进后的二代核电技术，核电站的选址更加保守、安全，均远离地质断裂带，建在稳定的基岩上；它们的抗震标准、防洪标准等都做到了"高一级"设防。但是核电安全无小事，应充分吸取日本福岛核泄漏事故的经验教训，多管齐下，进一步提高核电的安全系数。把在役核电站管得更好，在建核电站建得更可靠，拟上马的核电站考虑得更周全，力争使核能利用能够更好、更快、更安全地发展。

加强核安全科研工作，为发展核电提供技术保障。应该加强国家和省级层面对核安全应急处理等方面的科研工作，日本福岛事故应急工作中出现的问题，包括放射性废水的应急处理和排放技术、抗辐射机器人的研发等都可以作为下一步研究和改进的技术方向，强大的科研支撑可以为核电的安全、有效发展提供有力的技术保障。

加强核安全宣传教育，培育核安全文化。公众对核能利用安全的信心是核电发展得到支持的前提，也将贯彻和体现在核电选址、建造、运行和退役的各个阶段。应加强对核电知识的普及和公正客观的公众宣传，可以通过制作科普手册和光盘、参观访问核电站、网络访问等形式，使公众对核电有正确的认识，消除对核电的恐惧感。

三、核辐射环境管理的发展趋势

中国核事业虽然起步较晚，但发展迅速。中国政府在核事业发展之初就非常重视核与辐射安全工作，明确提出了"安全第一、质量第一"的基本方针。步入21世纪，我国已经成为全球最活跃的经济体之一，在日益增长的能源需求和绿色发展的双重压力下，积极发展核能已经成为现阶段我国能源发展的必然选择。而核与辐射安全问题关系到公众生命安全和经济社会稳定，关系到核事业发展成败，因此成为核辐射环境管理的重中之重。

核与辐射安全是国家安全的重要组成部分，是核事业建设和发展的生命线也是基本要求和重要保障。只有保证核与辐射安全，才能保证核事业建设和发展有最大的环境效益、经济效益和社会效益。历史上每一次重大核与辐射安全事故都会影响核事业发展。美国三里岛和苏联切尔诺贝利核事故带来的巨大损失和严重灾难，严重挫伤了公众对核能安全利用的信心，甚至在相当长一段时间里使人"谈核色变"。这种恐"核"心理至今仍在部分人群中存在。在我国核事业发展史上，曾出现过控制棒驱动机构密封渗漏、反应堆堆内构件损坏等运行事件，在核技术利用方面，也多次出现放射源丢失和卡源等事件。虽然这些事件都得到了妥善处理，没有酿成事故，但其揭示的核风险仍需引起高度警惕。

2011年日本福岛事故发生后，世界主要核电国家及机构给予了高度关注。我国在福岛事故后国家核安全局立即启动了应急机制，要求各省辐射环境监测机构启动辐射应急监测程序并报送监测数据，同时在环保部网站每日公开。在3月16日的国务院会议决定对我国核设施进行全面的安全检查后，国家核安全局、国家能源局和中国地震局联合对我国民用核设施开展了检查。检查组的初步结论认为，我国核电厂、民用研究堆和民用核燃料循环设施的安全是有保障的。

多年来，中国核与辐射安全监管始终秉持"安全第一""质量第一"的理念，坚持从经济社会发展全局出发、从国家宏观战略层面着眼、从再生产全过程入手，不断强化监管机构、充实人才队伍、创新技术手段、完善法规体系，初步建立了一套基本适合我国国情并与国际接轨的核与辐射安全监管体制机制，对确保核与辐射安全发挥了重要作用。但也要清醒地看到，我国核与辐射安全监管在法规标准制度建设、技术保障能力建设和监管人才队伍建设等方面，与面临的形势和任务相比，还相对滞后。日本福岛核事故所暴露出的核辐射环境管理中的问题，在我国也有所体现，主要包括以下五点：

（1）运行多年的各类核设施安全设计标准低、设备老化，存在现实的核安全风险。

我国核电起步时就存在多国引进、多个堆型、多类标准和多种技术共存的局面，导致反应堆工艺不同、系统不同、运行和管理模式不同，操作运行、安全管理缺少可直接借鉴的经验，加上营运者经验、技术、安全素养、管理等方面的限制，核电厂多次发生重大不符合项和运行事件。

我国现有各类在役民用研究堆17座，另外还有核燃料前、后处理等较多其他核设施。这些核设施分布广、投运时间长、技术差别大，而且普遍存在安全设计标准低、设备和部件老化、经费不足、运行队伍不稳、管理落后等问题，运行故障和事件频度上升。尽管这些设施放射性物质储量相对较少，发生事故后所产生的实际环境影响也比核电厂小，但这些设施自身安全隐患多，事故发生概率较高，所产生的经济、政治和社会影响同样不可低估。

（2）核电快速发展所必需的人力不足，潜在的核与辐射安全风险日益增加。

截至2009年，我国已有11台核电机组投入运行，另有22台机组获得建造许可，未来还将有大批核电机组陆续开工建设。在核电快速发展的同时，人力资源总体短缺的矛盾日显突出。核电项目具有建设周期长、技术含量高的特点，其间需要大量高素质、有经验、专业化的各类工程技术和管理人员，而且相当数量人员应是具备相关技能和经验的"高端人才"。尽管这几年我国核电建设和运行人员队伍得到了一定程度的补充，但人力资源短缺问题并未得到根本缓解。

另一方面，核能研发和设计能力尚有不足。我国还没有完全掌握百万千瓦级核电站部分核心技术，同时设计验证手段、工具和能力还不完备；我国尚未建立起符合中国国情的、基本完整的核电技术标准规范体系，多国标准规范混用的局面依然存在；我国核电技术研究开发投入不足，自主创新能力不强。

此外，我国核设备制造和安装能力不足。有些核电项目建设进度严重受制于设备供货数量和质量，现有总体安装能力有限。

这些不足，都给核辐射安全留下了潜在风险，成为核辐射环境管理中的重大研究课题。

（3）放射性废物管理政策不明、投入不够，核与辐射安全风险突出。

目前，我国核能开发与核技术利用活动已经产生了较多各类放射性废物，预计将来数量还会大幅增加。但由于我国放射性污染治理投入不足，一些历史遗留的放射性废物长期得不到及时处理或处置，历史欠账未结又欠新账，核与辐射安全问题非常突出。此外，我国放射性废物管理体系和机制不顺，这些问题也制约着我国核能及核技术利用的顺利发展。

（4）放射源量大面广，核辐射安全问题逐步凸显。

我国是世界上最大的放射源使用国，目前在核技术利用方面已纳入监管范围的单位有5万多家，在用放射源9万多枚，在用射线装置8万多台，而且放射源用户数量仍以年均15%的速度上升。受历史遗留问题影响，这些数量庞大的放射源使用单位能力参差不齐，近几年每年都有辐射安全事件或事故发生，有些事件由于处理不及时，还造成了较大的社会影响。另外，放射源准入机制不健全、管理能力不强和手段落后，这些都给核与辐射安全监管带来了挑战。

（5）核与辐射事故应急响应基础建设薄弱、能力不强，核与辐射安全风险不可轻视。

尽管各核设施营运单位和核技术利用单位都制订了核与辐射事故应急响应计划，但普遍存在着严重事故应对不足的问题；各类研究堆和辐照装置的应急基础建设薄弱、能力不强；核应急监管能力不足，虽然基本实现了与核电站的实时数据传输，但并未覆盖其他核设施，而能力项目建设周期较长，进展相对缓慢。

总之，我国核与辐射安全管理工作还面临着巨大的挑战。

第一，核电厂和其他核设施安全监管任务繁重。我国核电发展速度和规模，不仅在中国前所未有，在国际上也十分鲜见。另外，我国大陆有近20座不同类型的研究堆和其他核设施，分布面大，投运时间长，监管任务也很繁重。

第二，核技术利用和伴生放射性矿辐射安全问题量大面广。到2008年年底，我国共有在用放射源近10万枚，放射源丢失事故和故障事件每年都有发生。伴生放射性矿引起的天然放射性照射水平的升高，也已引起社会大众的关注。

第三，放射性废物管理体系还不健全。我国放射性废物管理目前仍面临着政策研究欠缺、法规制定滞后、废物处理处置能力不足、历史遗留废物尚未完全治理、铀矿冶三废治理技术和设施落后等问题。

第四，电磁环境污染呈现增加的态势。随着我国经济的快速发展，电磁辐射设备迅速增加，功率逐渐增强。同时我国人口密度比较大，电磁辐射污染对人民生产和生活的影响也越来越大。

第五，公众宣传工作严重滞后。目前，核与辐射安全已逐渐成为人们议论的热点、社会关注的焦点。我们的公众宣传工作在很大程度上还不能满足未来核能开发及核技术利用大规模发展的需要。

面对以上问题与挑战，今后我国核辐射环境管理的工作重点和主要趋势是：

一是要进一步认识到发展核电是建设生态文明的必然选择，切实增强核与辐射环境管理工作的使命感和责任感。党的十八大把生态文明建设放在突出地位，指出应形成节约资源和保护环境的空间格局、产业结构、生产方式、生活方式。核电作为安全、经济、清洁的能源，是当今最现实可行、能大规模发展的替代能源。在我国大力发展核电有十分显著的重要性和必要性，是优化能源结构、保障能源安全的客观需要；是厉行节能减排、减少环境污染的有效途径；是减少温室气体排放、应对气候变化的重要举措。而核安全是核电事业发展的前提、基础和生命线，我们必须始终把核辐射安全管理摆在首位，认真履行好监管职责，促进我国核电事业又好又快又安全地发展。

二是要积极开展研究工作，健全和完善核与辐射安全管理法规标准体系。

三是要加快队伍建设，形成素质高、业务强、专业全、后劲足的人才队伍。迎接核辐射安全管理新的挑战，关键在人才。

四是要加强能力建设，形成适应核能和核技术利用事业发展的软硬件条件。要借鉴国际上成熟的核与辐射安全监管模式和经验，结合我国实际情况，积极推进先进管理手段和政策方法的应用。

五是要加强信息宣传工作，创造与公众有效联系的平台和手段。要加强核与辐射安全公众教育，让公众了解和支持核与辐射安全监管工作；要加强舆情分析，加强对核与辐射安全热点问题的引导，防止不当炒作。

第一章　核辐射在环境中迁移转化规律

一、土壤中核辐射迁移转化规律

1.土壤中核辐射的来源

土壤、空气与水是地球上维持生物生长的三大基本环境要素，土壤是核辐射污染物环境转移的重要介质之一，也是环境中核辐射污染物的主要来源。土壤中的核辐射污染物能够导致土壤生物种群区系成分的改变、生物群落结构的变化，一旦被污染，土壤作为一个潜在的食品和动物饲料中的放射性核素的长期来源，会导致核辐射污染物进入生物体，甚至人体，并且在一定部位积累，增加了生物和人体的放射辐射，引起"三致"(致畸、致癌、致突变)变化。因此，研究核辐射在土壤中的迁移转化规律对保护环境和人体健康具有重要意义。

核辐射污染物的来源较多，大体分为两类，一是自然来源，如岩石和土壤中含有钾-40、铀-238、钍-232等，形成了土壤放射性的本底值。但是，天然放射性核素所造成的人体内照射剂量和外照射剂量都很低，对人类的生活没有什么不良影响。例如，地壳中铀的含量为 $3.5 \times 10^{-4}\%$，钍的含量为 $1.1 \times 10^{-3}\%$。而土壤中铀的含量为 $1 \times 10^{-4}\%$，钍的含量为 $6 \times 10^{-4}\%$。在正常情况下，天然本底辐射是人类所受的年有效剂量，是评价各类人工辐射的基础值。二是人为来源，主要为核工业、核试验、核能生产与核事故及人工放射性核素的生产和应用等。如核工业的废水、废气、废渣的排放，铀矿开采过程中的氡和氡的衍生物以及放射性粉尘造成的污染，放射性矿井水造成的水质污染等。核试验造成的全球性污染要比核工业造成的污染更为严重，迄今为止，土壤环境的主要核辐射污染物就来自大气层核试验产生的放射性尘埃。

放射性颗粒沉降进入土壤后，与土壤成分结合在一起，随着时间的推移，逐渐衰变并减少。核素从土壤向生物的转移主要是通过沉降和根吸收两个途径。人类可以通过食用动植物以及可食真菌将放射性核素吸收入体内。William L Robison 等人对 1954 年美国原子弹核爆地点比基尼环礁的土壤中铯-137 向当地种植物转移过程研究发现，当地居民受到的 90% 的辐射剂量是食用含有铯-137 的植物造成的，而这些铯-137 均是通过植物的吸收作用从土壤向植物体内迁移的。

2. 影响土壤核辐射污染的重要因素

土壤核辐射污染取决于放射性核素的元素属性、土壤成分和化学反应的环境等多方面因素。这些因素是非常复杂的，并且许多因素可能会同时发生作用。其中重要的影响因素如下：

（1）年降雨量

年降雨量是影响土壤核辐射污染的重要因素，潮湿地带土壤的 pH 值往往较低。土壤中所有的氧化还原过程都发生在水环境中，水对许多放射性离子有一定的溶解作用，使之随水的渗流而向土壤深层迁移。含水量对土壤中微生物、细菌的活动和有机物的分解、合成等也有明显影响，从而间接影响核素的吸附行为。

（2）地形

地形对土壤核辐射污染水平具有一定的影响。在山坡地区，污染程度较高的表层土壤流失严重，土壤中核素的污染水平远比平原地区低。如湖、海积平原总 α、总 β 均高于三角洲平原。

（3）放射性核素的半衰期

放射性核素半衰期长的对环境影响大，半衰期短的对环境影响小。

11

（4）放射性核素在土壤中的存在形态

放射性核素在土壤中的存在形态对交换吸附有很大的影响。通常溶解态的阳离子易被吸附，其在土壤中的迁移能力较小；难溶态的氧化物或沉淀物不被黏粒矿物吸附，可随水流在土壤缝隙中迁移。植物对存在于土壤中的不同氧化价态的放射性核素的吸收能力也不同。一般情况下，放射性核素的粒径越小，越易溶解和被作物吸收；比活度越高，也越易于溶解，在缝隙中迁移。

（5）土壤的性质

土壤的物理性质，如土壤类型、颗粒的粒径、pH 等对放射性物质的吸附能力有明显的差异。

① 土壤成分

土壤中含有的放射性核素易吸附于淤泥和黏土表面。吸附是由于在这些土壤成分的表面，电荷与核素可以产生三维结构。对放射性核素的吸附最重要的是蒙脱石、伊利石、蛭石、绿泥石、水铝英石以及硅的氧化物和氢氧化物等。例如，相对黏土和泥沙土而言，铯 -137 浓度比粗粒矿质土的低；相对有机土而言，锶 -90 的比值是最低的。土壤中存在的天然无机和有机配体，可与放射性核发生络合或螯合反应，形成有机复合物和螯合物，从而影响土壤对放射性核素的吸附能力。土壤中含有的多种常量及微量元素，可形成放射性核素的天然载体，对其在土壤颗粒表面上的吸附具有某种竞争及稀释作用，从而减小其吸附量。

② 土壤颗粒粒径

土壤颗粒粒径越小，其有效比表面积越大，吸附能力也越强。当颗粒粒径远小于土壤孔隙的直径时，其本身极易随水的流动而迁移。由于其对放射性物质有极大的吸附能力，这类细小颗粒会成为放射性核素迁移的载体，在孔隙较大的砂质土壤中，核素的这一迁移作用尤为明显。

③ 土壤的 pH（酸碱度）值

土壤的 pH 值能影响土壤胶体的生成、放射性核素的水解和离子交换等，从而影响土壤对核素的吸附。

④ 土壤的氧化还原电位（E_h）

土壤中的氧化还原电位和 pH 联系紧密，并能够影响放射性核素在土壤中的化学反应，经常应用 E_h—pH 图来了解土壤中放射性核素的形态。氧化还原电位 E_h 和 pH 值的关系如下面的公式：$E_h = E^0 - 0.059 \times pH$，其中，$E^0$ 是有单位活性的氧化物和还原物中的标准电位。土壤中元素的形态取决于氧化还原条件，通过氧化还原反应也能确定土壤的平均氧化还原电位。

⑤ 土壤水分以及土壤结构

土壤水分以及土壤结构也会动态地影响土壤中的放射性核素的迁移转化。这主要是因为其能控制土壤和大气之间的气体交换，因此会直接影响氧化还原电位和放射性核素的形态，从而影响放射性核素的迁移转化。

⑥ 植物种类

同种植物不同的器官对放射性核素的积累是不同的，处在不同污染时期的放射性核素在植物器官中的分布也不同。另外，不同种的植物对土壤中放射性核素的吸收能力是不同的。所以评价土壤中放射性核素向植物体迁移需要有一个重要指标，即转移因素（TF），其定义为：植物体内的主要放射性核素在植物体内的含量（pCi/g 或 Bq/kg 干重）和土壤中对应的放射性核素的含量（pCi/g 或 Bq/kg 干重）的比值，生物学意义为植物根的吸收系数或是放射性核素从土壤向真菌等分解者体内的富集程度。不同的放射性核素其 TF 值不同。即使对于同一种放射性核素，其 TF 也会受到多方面因素的影响。例如：放射性核素在土壤中存在的时间、土壤的性质，包括 pH 值、矿物质和颗粒组成、有机质含量等和土壤中的植物种类。对 TF 研究较多的核素有 Cs、Sr、Mn、Zn、Po、Pb、Th、U 和 K，其中 Cs 在辐射生态学中最受重视，其主要因素可能和 Cs 的长半衰期及较强的生物活性有关。

3. 土壤中核辐射的迁移转化

土壤中核辐射的迁移转化非常复杂，故本书举出 3 种具有代表性的放射性核素，研究其迁移转化规律。

（1）铀（U）

铀是一种无处不在的元素，几乎所有的岩石和土壤中都存在着浓度范围为 1—10mg/kg 的铀。铀的化合价有 +3、+4、+5 和 +6。在土壤环境中，+4 和 +6 价的铀起到了重要的作用。铀（+4）在潮湿的环境中，当 $E_h < 200mV$ 时起到主要作用，而铀（+6）在充分通风的土壤中占主要优

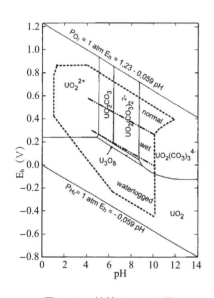

图 1—1 铀的 E_h—pH 图

（引自 H. Koch-Steindl. G. Pröhl，2001）

势。有关土壤中铀的形态的详细调查非常少。铀（+4）的溶解度很低，相当难溶，但它可以与少量无机配体，如氟化物、氯化物、硫酸盐和磷酸盐等形成复合物。铀（+6）的溶解度比铀（+4）要高得多，它可以络合氟化物、硫酸盐、碳酸盐以及磷酸盐等。形成的碳酸铀络合物会显著增强铀在地下水和土壤中的流动性，这也是 pH 值 > 6.5 时的一种主要的无机运输形式。此外，各种吸附反应与土壤中铀的形态密切相关。铀与土壤基质中的所有成分，如黏土矿物、铁和铝的氧化物、有机物和微生物等都会相互作

用。pH 值的上升会导致碳酸盐浓度增加，铀易与碳酸盐络合。pH 值在 6 以上时，铀（+6）与碳酸盐络合的比例增加，这提高了土壤中铀的流动性。

此外，土壤中铀的流动性也会受到微生物吸附或纳入的影响。通过铁还原菌和硫酸盐，铀（+6）能被还原为铀（+4）或形成 +4 价的沉淀。这些反应主要在 E_h 值低于 -100mV 时发生。正常耕地土壤中，在湿润度增强时也会发生以上反应。例如：浸水后（在河流附近的地点）或大雨后，植物的根能吸收有机化合物，细菌或真菌能够发生络合反应，这样的反应可能会导致生根区中铀的流动性增强。

（2）锝（Tc）

锝共有 5 种化合价，分别为 0、+2、+3、+4 和 +7，土壤中起到重要作用的是 +4 和 +7 形式的锝。土壤中锝的归趋主要受氧化还原电位的影响。在通气良好的土壤中，+7 价的锝形态很稳定。它与阴离子如硫酸盐、硒酸盐和钼酸盐的作用相似，这表明其被土壤成分吸附的量可以忽略。土壤中 +7 价的锝流动性是非常高的。pH=7 时，土壤中的 +7 价锝只在 E_h > 200mV 时存在。如果 E_h 低于此值，锝就会被还原为二氧化锝。另外，土壤中能够还原硫酸盐的细菌也可将 +7 价的锝还原为 +4 价。锝往往与有机物联系紧密，然而在还原条件下，锝也可能在土层中积累，在潜育层中就曾发现过锝的积累。

（3）镎（Np）

镎只在天然核反应堆附近少量存在，自然环境中不存在镎。环境中发现的人造镎主要来自核武器的原子尘。镎以氧化态 +3、+4、+5、+6 和 +7 价的形式存在。镎的价态主要与土壤条件有关。镎（+5）在大部分 E_h 和

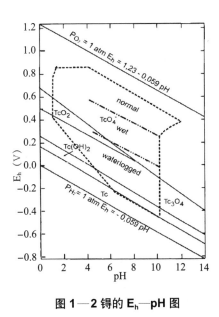

图 1—2 锝的 E_h—pH 图

（引自 H. Koch-Steindl. G. Pröhl，2001）

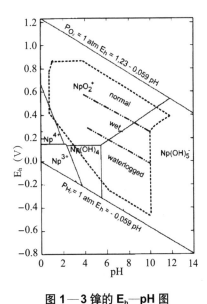

图 1—3 镎的 E_h—pH 图

（引自 H. Koch-Steindl. G. Pröhl，2001）

pH 值范围内是稳定存在的形态，同时它也是温带气候条件下土壤中最重要的镎的存在形式。E_h 值在 200mV 以下，并且 pH 值较低时，镎（+5）会被还原为镎（+4），矿物对镎（+4）的吸附比镎（+5）强烈很多。镎也会与各种无机和有机配体形成复合物。此外，与乙醇和羟基相比，镎更容易与羧基（如黄腐酸、腐殖酸）发生络合。相比锔、钚和铯，镎能迁移到更深层的土壤中，被有机物吸附的更少。酸性土壤中 E_h 较高，镎的流动高。

二、大气中核辐射迁移转化规律

1. 大气中核辐射的反应

大气是指包围在地球表面并随地球旋转的空气层，其成分主要有：氮气（78.1%）、氧气（20.9%）、氩气（0.93%），还有少量的二氧化碳、稀有气体（氦、氖、氪、氙、氡）和水蒸气等。它不仅能维持生物生命所必需的氧气，而且还参与地球表面的各种过程，如水循环、化学和物理风化、陆地上和海洋中的光合作用及腐败作用等，各种波动、流动和海洋化学也都与大气活动有关。整个大气层随高度不同表现出不同的特点，分为对流层、平流层、中间层、暖层和散逸层，再上面就是星际空间了。

在大气层进行核试验或发生核事故时，气载污染物一般都排入大气边界层中，释放的放射性核素可能会变为气态物质，这些放射性物质也可能随高温气团上升到对流层顶部，随着与空气的不断混合、随着释放时温度逐渐降低，这些气态物凝聚成粒或附着在其他尘粒上，形成放射性颗粒或放射性气溶胶，这些颗粒的沉降也是迄今地表环境的主要放射性污染源。

大气中的放射性核素会发生一系列物理、化学反应。化学反应中主要是氧化反应、光化学反应和同位素交换反应，气溶胶的形成和吸附现象，云雾、雨滴对放射性物质的溶解、吸收等。大气中发生的一系列化学反应一部分是在太阳辐射、宇宙射线、X 射线等因素作用下发生的，还有一部分是由于大气中的污染物造成的。这些污染物一旦与放射性核素结合，对人类的威胁更大。

2. 大气中放射性核素的沉降和再悬浮

放射性物质进入大气后，其迁移转化途径与元素本身的性质及大气性质有关，大气中的尘埃和颗粒性物体会吸附、溶解一部分放射性气体；也可以和大气组分反应。放射性污染物进入大气后，随风的运动向下迁移，由于污染物浓度的不同及气流的变化，甚至会出现向上扩散和弥散。一般情况下，放射性核素在大气中的输运过程十分复杂，它和放射源的性质，输运区域的地形，地貌特征，不同高度不断变化的大气风场，下沉上升气流，逆温现象以及不同地区的气候湿度、降水等因素有关，并且在迁移的过程中，放射性核素会逐渐衰变，其子体核素则逐渐积累。

大气中放射性核素的沉降主要有三种方式，分别为重力沉降、干沉降和湿沉降。

（1）重力沉降

粒径和密度较大的颗粒物质由于重力作用会向地面沉降，导致颗粒物在地表的沉积。

（2）干沉降

由于不规则运动而与地表相遇时与地面之间的碰撞、吸附和各种可能的化学作用，导致了小颗粒物质和空气中的气体成分脱离空气而沉积于地面，影响干沉降的因素很复杂。

（3）湿沉降

悬浮于大气中的放射性粒子随降雨、降雪等降水形式沉降到地面，称为湿沉降。也可根据沉降覆盖的面积，将大气中放射性核素的沉降分为局地性沉降、对流层沉降和全球沉降或平流层沉降。

① 局地性沉降

颗粒较大的粒子因重力作用而沉降于周围几百公里的范围内。

② 对流层沉降

较小的粒子则在高空存留较长时间降落到大面积的地面上，其中进入对流层的较小颗粒主要在同一半球、同一纬度绕地球沉降。沉降时间一般在核爆炸后 20—30 天，在地区同一纬度附近造成带状污染。

③ 全球沉降或平流层沉降

百万吨级或以上的大型核爆炸，产生的放射性物质带入平流层，然后再返回地面，造成世界范围的沉降，平均需两个月至 3 年时间。

放射性核素会因为不断地结合聚集，在重力作用下发生沉降。由于风等自然现象或人为的扰动，直径小于 50 μm 的沉积物颗粒会再次扬起，从地面重新进入空气中，在一定的条件下，这种再悬浮过程是空气二次污染的重要来源。

3. 大气中放射性核素对公众的照射

空气中的放射性污染会对人体造成内照射和外照射，影响人类的健康。

放射性核素进入人体对人体造成的辐射照射称为内照射，内照射对机体的辐射作用，一直要持续到放射性核素排出体外，或经 10 个半衰期以上的蜕变，才可忽略不计。吸入近地空气中的放射性核素和食入放射性污染的食物及水会引起内照射，导致内照射的核素有：^{14}C、^{137}Cs、^{144}Ce、^{3}H、^{131}I、^{239}Pu、^{241}Am、^{90}Sr、^{140}Ba、^{238}U 和 ^{54}Mn 等。

辐射源位于人体之外对人体造成的辐射照射称为外辐射，脱离或远离辐射源，辐射作用即停止；当辐射源距离人体有足够远的距离时，可造成对人体较均匀的全身照射；辐射源靠近人体，则主要造成局部照射。放射性核素沾染于人体表面（皮肤或黏膜）。沾染的放射性核素对受沾染的局部构成外照射源，还可以经过体表吸收进入血液而构成内照射。空气中核素造成浸没外照射和地面沉积核素会造成直接外照射，导致外照射的核素有：^{137}Cs、^{95}Zr、^{106}Ru、^{140}Ba、^{144}Ce、^{103}Ru 和 ^{140}Ce 等。

三、水中核辐射迁移转化规律

1. 水中的放射性核素

地球上的天然水系由地下水及将海洋、江河、湖泊、沼泽等水域包括在内的地面水体构成，他们不断循环，并且其中溶解、夹带着各种环境物质，还存在着各种生物。除此之外，天然水系还能与大气、土壤等环境发生接触，发生一系列反应，是一个庞大的体系。

地面水体中放射性污染的主要来源为放射性废水的排放，大气中的放射性物质沉积到地表径流也会形成一定程度的污染。排入环境受纳水体中的放射性废水，其浓度经过水体的输送与弥散而不断下降；同时，某些放射性核素会向水体底部沉积。人类饮用含有放射性物质的水会对人体造成内照射，水生生物会因为水体的污染而受到污染，用污染的水灌溉农田会导致污染物通过食物链进入人体内。水体底质会对人造成直接外照射，如果该水体有滩涂带，还将会对停留在滩涂和岸边沉积带的公众构成外照射的威胁。

水是一种十分活跃的流体，如果放射性核素进入水中，将发生一系列的物理、化学和生物反应，放射性核素很快向环境中迁移扩散，进而影响环境安全，这比在大气中的反应更为复杂，影响因素更多，分析更为困难。物理过程包括污染物在水中的弥散及固体颗粒状污染物在水中的沉积与再悬浮；化学过程包括放射性物质在水中的水解、络合、氧化还原、沉淀、溶解、吸附、分解等化学反应；生物过程包括水生生物对放射性物质的吸附、吸收及代谢等。

2. 地表水体中放射性核素的物理化学反应

放射性物质在水体中的存在形态因其来源及水体的种类等因素不同而异。放射性物质在水中的存在形态，概括起来有三种形式，分别是：溶存状态、胶体状态及微粒状态，其中微粒状态包括无机悬浮物，主要为沉积物；有机悬浮物，主要为生物残骸。各种放射性核素在海水中的存在形态比较单一，但也往往以多种价态存在。目前对海洋中的放射性核素的研究较多，海洋中已经监测到的放射性同位素有60多种，这些核素在海洋中扩散、转移、浓集，对海洋生物构成潜在的威胁。

地表水体中放射性核素的物理化学反应主要包括氧化还原反应、络合反应及吸附等。

（1）氧化还原反应

水体中的氧化还原反应主要由水中的氧化还原电势和 pH 值决定，而氧化还原电势主要取决于含氧量。水中的溶解氧随着水深的增加而减少，同时它也与温度和季节气候等有关。

在通常情况下，环境水中含有足够量的氧，具有较高的氧化还原能力，使多价态元素由低价氧化成高价。当水体中的游离氧减少，有机物含量增加时，可发生还原反应。有机物和微生物对水体的氧化还原反应起着重要的作用，其中微生物对水体中的还原反应起到催化作用，影响着放射性核素的氧化及还原，从而影响它们在水中的迁移转化。

（2）络合反应

水环境中含有多种无机络合离子、有机络合离子、螯合物及有机高分子化合物等。这些配体可与水体中的放射性核素发生络合作用，使放射性核素以稳定的形式存在。

（3）吸附

水体中存在一定量的悬浮颗粒和胶体，可吸附水中的放射性物质，由于水中的大部分胶体带有负电荷，只有少数胶体带正电荷，故水体中的胶体多吸附阳离子，但是这种吸附也受到微粒的组分、水体的性质等因素影响。

废水中的放射性核素大部分呈溶解的离子状态，但废水排入地表水体后，由于介质环境的改变，离子状态的放射性核素可能被地表水中的胶体或悬浮物颗粒吸附。水体中的悬浮物吸附放射性核素与水体的 pH 值、悬浮物的特性、溶解物的种类等因素有关，会随着影响因素的改变而发生变化。

被吸附的放射性核素少数会被水生动植物摄入，从而进入食物链，甚至进入人体，其余大部分会逐渐沉降蓄积在水底。水体底部由于含氧量低，有机物含量高，形成了缺氧的环境，会引起放射性核素状态的改变，从而引起吸附强度的变化，在一定程度上改变水底放射性核素的沉积量。长期接受放射性废水的水体停止污染，也长期存在放射性污染。

3. 地下水体中放射性核素的物理化学反应

放射性物质在水体中的迁移一般可分为两个阶段，在第一个阶段中，放射性物质进入地下水，在水中富集；第二阶段即放射性核素随地下水的流动而迁移，其迁移强度和核素在地下水中的存在形式及水的运移方向和速度等因素有关。放射性物质进入地下水后，将随地下水的运动而弥散迁移，同时会因为机械过滤、吸附、沉淀、氧化还原等作用被截留。放射性物质在地下水中的迁移过程要比大气和地面水体中慢得多，但当溶解及微生物的分解等作用产生时，沉淀及吸附在矿物颗粒表面的放射性物质重新进入水体中，形成二次污染。

放射性物质在地下水体中的基本存在形态为溶解状态的无机离子、溶解状态的有机化合物及胶体。放射性核素在地下水中的物理化学反应如下：

（1）氧化还原反应

地下水中含有多种氧化性或还原性物质，因此放射性核素进入地下水后，常会发生氧化还原反应，使其离子价态发生改变，这对其在地下水中的存在形式及水迁移有重要影响。地下水中的氧化还原反应主要取决于氧化还原电位及 pH 值，而氧化还原电位与水中的含氧量有关。

（2）酸碱反应

一般情况下，地下水的 pH 值为 5—8.5，放射性元素在近中性条件的地下水中均易水解。

（3）离子交换和吸附

含水地层介质对地下水中放射性物质的离子交换和吸附，对放射性核素的水迁移能力有很大的影响，其吸着程度与地下水的 pH 值及化学组成、介质的性质、核素的浓度及地下水的成分等有关。

（4）核素的衰变

进入地下水中的放射性核素随着水的迁移而衰变，地下水流速较小，短寿命核素造成的污染范围极小。

四、食物链中核辐射迁移转化规律

1. 食物链中的放射性核素的迁移转化

由动物、植物和微生物互相提供食物而形成的相互依存的链条关系称为食物链。人处于整个食物链的最顶端，生态系统中的能量传递和物质迁移过程中，环境放射性水平及其变化，最终都会在不同程度上对人造成影响。

水、空气、土壤等非生物环境物质中的放射性核素，通过植物根部的摄入及叶片的吸收在一定条件下可使放射性物质进入植物组织中，并在其组织间运输，导致放射性核素与特定的部位进而产生蓄积。此外，植物根系上还经常黏附着一定量的放射性核素，水生植物通过吸附和吸收从水环境中摄取放射性核素。生物浓集放射性核素，提高了生物体内核素浓度，从而对物种本身和其他生物构成辐射危害，并可能在种群或群落水平上影响生态系统的稳定。

植物被食草动物食用，放射性物质从植物向动物转移。在动物的消化过程中，放射性物质在肠道中被吸收，随血液循环传输到某些器官或组织中蓄积起来。食草动物被食肉动物食用，放射性物质又得以在生物链中进一步转移。人作为食物链中最后一个环节，植物、食草动物及食肉动物都可为其食物来源，所以人体吸收、蓄积放射性物质具有多源性。放射性物质经由食物链向人体迁移的过程中，生物体内蓄积的放射性核素会逐渐增多，并在一定条件下趋于平衡。

动植物的尸体、分泌物等中的放射性核素伴随着这些物质成为有机垃圾，这些物质还可直接从空气或水中吸收放射性核素，也可在微生物的作用下分解矿化，使放射性核素重新进入食物链，开始新的循环转移。

释放到环境中的放射性核素在食物链中的迁移转化途径如图1—4所示。

2. 影响放射性核素迁移转化和蓄积的因素

（1）放射性核素的性质

① 放射性核素的半衰期

由于半衰期短的放射性核素会在很短时间内失去放射性，在环境中存

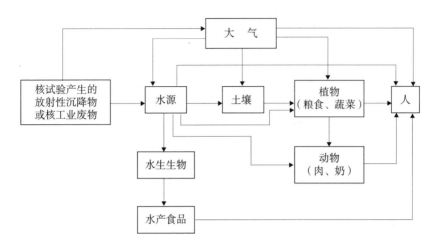

图 1—4　放射性核素在食物链中的迁移转化途径

在的时间很短，所以其在环境和食物链中的迁移范围有限，对环境和人体的影响不大。半衰期长的放射性元素在环境中存在时间久，不断地释放其放射性，在人体内的蓄积程度较高，但其对人造成的辐射剂量却是有限的。

②物理形态

放射性核素的物理形态对其环境行为有相当大的影响。一般来说，放射性核素颗粒越大，水溶性越小，生物可利用性越小。

③化学性质

放射性核素的化学性质对其在生物体内的吸收和蓄积有非常密切的关系。化学性质活泼的放射性核素，易被吸收和蓄积。

（2）生物的特性和行为

生物的某些固有特征和行为特征对其吸收、蓄积放射性核素的能力有很大的影响，同一环境内同一生物群落中不同种类的生物，其体内放射性核素的蓄积程度会有明显的差异，其原因在于不同种类的生物在形态、寿命、行为及生理特征等方面的差异。

①外表形态和表面性质

当体表吸附是生物蓄积放射性核素的主要途径时，其体表形态对吸附有很大影响。一般来说，生物的体形越小，其表面积——体积比较大，吸收蓄积的能力越大。生物体质量相同时，球形体的表面积——体积比最小。扁平、分支状和卷曲外形的生物体的体积比表面积较大。另外，有些植物的表面呈茸毛状，这种表皮结构能有效地蓄积吸附空气中的放射性微粒，其分泌物也能很好地吸附放射性核素。

②生理和代谢特性

生物从外界摄取营养物质和能量时，同时也会摄取放射性核素。化学性质与代谢活性元素类似的可溶性放射性核素，可通过生物膜被吸收而进入生物的器官和组织中。生物代谢速率快，其摄入的能量和无机物的量也越大，机体排泄速率也随之增快。但是，代谢速率的加快增加了生物对放射性核素的摄入和吸收，当这些核素与某些器官或组织结合后，不能以同样大的排泄速率排出体外，造成大量的蓄积。生物的生理和代谢作用随年龄、性别、温度、气候等多种因素而变化。

③寿命及生长期

生物的寿命会影响半衰期长的放射性核素的摄取过程，例如：放射性核素会随着年龄的增长不断摄入，特别是半衰期长的放射性核素，老年期的动物体内的放射性核素要比幼年期大。而对于半衰期短的放射性核素而言，寿命的长短对其作用不明显。

④生存环境和习惯

环境中的放射性污染分布不均，生活在放射性污染严重地区的生物体内的蓄积量要比正常未受污染地区的生物少。此外，动物的摄食习惯对放射性核素的吸附和蓄积也有一定的影响。

五、人体中核辐射迁移转化规律

1.放射性核素进入人体的方式

放射性核素经口摄入称为食入，经鼻吸进称为吸入。放射性核素经由呼吸道、胃肠道、皮肤或伤口进入人体体液的过程称为呼吸。放射性核素由摄入途径通过生物膜进入血液循环的过程称为吸收。其中，呼吸道吸收是放射性核素进入体内的主要途径。不论何种途径吸收，又如何转运，都要通过各种生物膜屏障进入细胞、组织和器官，因此跨膜转运是生物转运的基础。进入人体内的核素在体液、组织内的活度随时间的推延而动态地发生变化。

下面着重介绍一下放射性核素的吸收。

（1）呼吸道吸收

放射性核素经呼吸道吸收，以肺泡吸收为主，吸收速度相当迅速。肺泡的上皮细胞对脂溶性和水溶性分子或离子的通透性很高，而肺泡对难溶性化合物或难透过生物膜且难转移的放射性核素难以吸收，即使吸收后也很难被清除，导致其长期蓄积，造成人体内的内照射。

（2）胃肠道吸收

放射性核素经过食物链，通过胃肠道吸收进入人体。进入呼吸道内的一部分核素也可转移到胃肠道。各种元素由胃肠道的吸收率相差很多，主要取决于其溶解度和水解度，也会受到胃肠道功能、肠内容物多寡及性质等因素的影响。

（3）皮肤和伤口吸收

完好的皮肤对大部分放射性核素而言是有效的屏障，能阻挡核素的侵入，但皮肤也能吸收一部分放射性核素。核素经皮肤吸收，主要依赖于简单扩散的方式，先透过表皮脂质屏障进入真皮层，再逐渐移入毛细血管，也可经汗腺、皮脂腺和毛囊进入人体，但含量甚微。放射性核素经皮肤的吸收率除受到放射性核素理化性质影响之外，还受到皮肤被污染的面积、皮肤部位、持续污染时间等因素的影响。

2.放射性核素在人体内的分布蓄积和排除

放射性核素随血液循环分散到各器官组织的动态过程称为分布，放射性核素在器官组织内的数量，常以整个器官或组织内含量（放射性活度，Bq）器官组织的活动占摄入量或全身滞留量（放射性活度，Bq）的百分数表示。这些比值可以衡量放射性核素在人体内的滞留和蓄积情况。

各种放射性核素在体内的分布各有特点，选择其相同或类似之处，大体可归纳为 5 种类型：

（1）相对均匀分布

放射性核素能比较均匀地分布于全身各器官组织，符合这种分布类型的核素多半是机体内大量存在且均匀分布的稳定的放射性核素。+1 价的放射性核素均属均匀型分布和滞留。

（2）亲肝型分布

放射性核素离开血液后，主要分布在肝脏或网状内皮系统中，符合这种类型分布的核素主要是一些稀土族和锕系核素，这些核素在体液的 pH 条件下，极易水解成为难溶解性氢氧化物胶体颗粒，所以大多数情况下，会蓄积在肝脏或内皮系统器官组织中。

（3）亲骨型分布

此类放射性核素集中沉积于骨骼中，这类核素也被称为亲骨性核素，一般为 +2 价化合态的放射性核素。

（4）亲肾型分布

一些放射性核素较多滞留于肾脏。某些 +5—+7 价的放射性核素，也具有亲肾性。

（5）亲其他器官组织型分布

某些放射性核素可选择性地滞留蓄积于其他器官或组织。例如，放射性碘高度选择蓄积于甲状腺，分布到其他部位的量很少。有些难溶的放射性核素化合物，可在肺内 pH 条件下形成难溶性氢氧化物胶体，并大量蓄积在肺内或淋巴内。

放射性核素在体内迁移的最后过程为体内排除，如果吸收的放射性核素较少，又能较快地排出体外，则产生的内照射作用很小；反之，则影响严重。体内的放射性核素主要经肾脏排出为主，其次为肠道，其余途径还有呼吸道、汗腺、皮肤等。

第二章　核辐射损伤机理及对人体健康影响

人类生存环境无时无刻不受到环境中天然辐射源的照射，近代科学技术的发展又增加了人工造成的环境辐射。核能及放射性核素在国民经济各个部门的广泛应用，不仅给人类带来巨大利益，也对人类的生存环境造成一定的污染，并对人类的健康产生潜在危害。因此，深入研究电离辐射损伤机理和对人类健康的影响，对于减轻事故的人员的损伤，提高救治水平具有非常重要的意义，同时也能为人类合理、安全利用原子能、核技术和环境保护提供有必要的保障。

一、电离辐射的作用方式

天然和人工的辐射源广泛存在于人类的生存环境中，如：土壤、岩石、水等。辐射源通过各种途径作用于人体。依据辐射源和人体的相对位置可将电离辐射的作用方式分为外照射、内照射和复合照射。β 放射性核素的体表沾染是外照射的一个特殊形式，本文将此单独列为一个作用方式进行讨论。

1. 外照射

外照射指电离辐射源位于人体之外对人体造成的照射。常见的外照射，如：医院的放射科工作人员会受到漏射线和散射线的照射。

外照射慢性放射病，是指放射工作人员在较长时间内连续或间断受到超剂量当量限值的外照射，达到一定累积剂量当量后引起的以造血组织损伤为主并伴有其他系统改变的全身性疾病。

2. 内照射

放射性核素可通过各种环节和（或）多种途径进入人体，造成放射性核素内污染。内污染的放射性核素作为辐射源对人体的照射称为内照射，如：摄入被电离辐射污染的食物、水等。

内照射急性放射病，是指放射性核素滞留在靶器官或靶组织，医院的放射科工作人员受到的漏射线和散射线的照射。

3. β放射性核素体表沾染

放射β射线的放射性核素沾染人体表面（皮肤或黏膜）对人体产生的照射称β放射性核素体表沾染。常见于从事开放性放射性核素操作的工作人员。

4. 复合照射

复合照射指上述一种以上方式作用于人体，也可以指一种或一种以上作用方式与其他类型非放射性损伤复合作用于人体。

二、电离辐射的损伤效应

电离辐射对人体的损伤作用是一个极其复杂的过程，从人体吸收电离辐射的能量开始，到其产生生物效应，直至人体的器官损伤和个体死亡为止。该过程涉及许多不同性质的变化。在电离辐射的作用下，人体内的生物大分子，如核酸、蛋白质等会被电离或激发。这些生物大分子的性质会因此而改变，细胞的功能代谢亦遭到破坏，最终产生器质损伤，乃至个体的死亡。

在电离辐射与放射性核素应用的早期阶段，人类只看到其给社会带来了巨大的效益，并没有注意到电离辐射危害的存在。随着放射性核素及其射线的广泛应用和时间的推移，其危害才逐渐显现出来。在电离辐射研究早期人们对其可能带来的危害还没有充分的认识，加之研究条件的不足，一些从事电离辐射早期研究的科学家，如：研究使用X射线的物理学家和医生，以及发现并研究某些放射性核素的科学家，由于没有进行有效的防护而付出了惨痛的代价甚至生命。镭的发现者——居里夫人，由于长期从事电离辐射研究工作，骨髓遭到过量照射，最终患上再生障碍性贫血病，为科学事业献出了宝贵的生命。

　　这些惨痛的教训，使人们认识到了射线也是一柄"双刃剑"，因此加大了辐射效应和辐射防护的研究。目前认为，电离辐射的生物效应从总体上大致可分为两类：确定性效应、随机性效应。

　　1. 确定性效应

　　确定性效应是指生物体受到超过其阈值剂量的电离辐射的照射时，将会造成受照射组织中大量细胞的死亡，并且产生严重的机体结构与功能损伤的生物效应。其"剂量—效应"关系如图2—1所示。

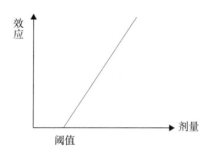

图 2—1　确定性效应"剂量—效应"关系图

　　确定性效应的生物学本质，是较大剂量电离辐射对生物细胞群体造成损伤作用。以细胞生存和增殖能力的丧失程度，来表达电离辐射损伤效应的严重性。当细胞群体中因电离辐射而损伤的细胞达一定比例时，则表现为机体组织结构与功能的改变，出现具有临床意义的病理学损伤与可觉察的客观体征及化验指标的异常变化。各个器官与组织病变的共同特征为炎性变化、出血和坏死等破坏性改变及代偿性修复（如纤维化等），导致器官功能低下。由于各器官组织功能不同，它们对特定放射性核素的敏感性有差异，因此响应的临床表现也各不相同。如造血器官受损表现为造血功能障碍，性腺受损则表现为生育能力低下等，血管受损则引起血管通透性和脆性的增加等损伤，某些器官与组织被纤维组织代替会使器官功能降低，如某些内分泌腺功能低下等。

（1）靶器官的损伤

① 骨髓损伤

放射性核素引起骨髓损伤的严重程度和特点与它的辐射特征和分布密切相关。亲骨性核素损伤的早期，骨髓充血，出现灶性出血和浆细胞浸润，分叶粒细胞减少，以中幼粒细胞、晚幼粒细胞和杆状核细胞为主，部分造血细胞坏死，出现核浓缩与核溶解。以后，由于造血功能受抑制及部分细胞坏死，骨髓内有形成分进行性减少，脂肪组织增多。再严重时，发展为再生障碍性贫血，骨髓衰竭，这与造血干细胞增殖分化受到严重抑制或破坏有关。非亲骨性核素如放射性碘、铯和钌等亦对骨髓有破坏作用，不过比亲骨性核素破坏作用小。

骨髓受到损伤时，外周血会出现相应的变化。损伤初期出现以嗜中性粒细胞为主的白细胞增多或波动；随即出现淋巴细胞减少，嗜中性粒细胞减少，血小板减少；以后可见粒细胞分叶过多、细胞溶解、核碎裂、空泡形成等。红细胞也出现一定的变化，如红细胞数量减少及大小不等。

② 骨骼损伤

放射性核素滞留骨内可引起骨组织破坏。初期骨质更新能力增强，出现含大量破骨细胞的成骨组织，骨髓腔内小静脉及毛细血管扩张。继而成骨组织减少，成骨细胞和破骨细胞几乎消失，骨髓及成骨组织被黏液样组织代替，小血管高度扩张，并有出血。后期，可出现骨质疏松、病理性骨折，特别是管状骨多见。骨折愈合较慢，有时可出现异常骨痂，又不被吸收，并会有不成熟的骨组织。

③ 肺损伤

难溶性放射性气溶胶、放射性气体等可通过呼吸运动进入肺部并滞留于肺泡壁上和肺淋巴结内。累积剂量达 10Gy 以上时能引起放射性肺炎、肺水肿，晚期出现肺纤维化。严重者可因呼吸功能不全、循环衰竭或窒息而死亡。由肺泡内转移到气管、支气管淋巴结的核素，可引起淋巴结炎、淋巴结纤维化和萎缩。

④ 胃肠道损伤

在全身或腹部局部接受外照射时，放射性核素尤其是难溶性核素在经胃肠吸收、排出过程或在其中滞留时可引起胃肠道损伤。急性损伤常出现胃肠功能紊乱、溃疡性胃炎、放射性肠炎及溃疡、便血和黏液、里急后重等。严重时出现水电解质平衡紊乱、菌血症。一般称这些变化为胃肠道损伤症候群。

⑤ 肾脏损伤

摄入可溶性铀的靶器官为肾脏。铀引起肾脏的主要病变是肾小管上皮细胞变性、坏死和脱落。大剂量时可引起肾小球坏死，导致动物死于急性肾功能衰竭。一般早期出现间质水肿，晚期则表现为肾曲管上皮萎缩，间质纤维增生。上述变化通常由皮质向髓质扩展，最终引起肾硬化。铀致肾功能损伤可导致一系列临床生化学变化，如尿蛋白出现和增高、尿过氧化氢酶增高、尿氨基酸与肌酐比值升高、尿碱性磷酸酶增高、血清非蛋白氮增高，进而引起酸中毒。

⑥ 肝脏损伤

亲网状内皮系统的放射性核素可引起肝损伤，其特点是灶性营养不良和坏死。一般先出现肝索解离，肝细胞退行性病变，室泡形成和内皮细胞肿胀；随后发展为脂肪变性和急性坏死；晚期出现间质纤维增生和肝硬化。放射自显影证明，上述病变处的吞噬细胞内有活性胶体颗粒，形成的辐射灶有径迹聚集的"星"状体。

⑦ 甲状腺和其他内分泌腺损伤

放射性碘选择性蓄积于甲状腺，进而损伤甲状腺。在组织学上可见到滤泡上皮细胞空泡形成，细胞肿胀和细胞核崩解，继而出现滤池上皮不规则生长、间质纤维增生、滤泡内胶质减少、甲状腺腺体萎缩。甲状腺功能受损时表现为吸碘率降低，在甲状腺内的有效半减期缩短。

放射性碘损伤甲状腺的同时，可波及甲状旁腺，使之肿大。亲骨性核

31

素的慢性损伤，可因磷、钙代谢异常伴有甲状旁腺肿大。

放射性核素内照射，也可因出现垂体—甲状腺系统的功能障碍，导致其他内分泌腺的变化，垂体可出现萎缩及营养不良性改变，腺体结构不规则、嗜酸性粒细胞增多等变化。

（2）物质代谢异常

内、外照射损伤可导致机体的物质代谢异常。实验研究可见，^{37}P 和 ^{90}Sr 能迅速抑制骨髓和淋巴细胞的氧化磷酸化过程，细胞的 ATP 生物合成被抑制。

机体受照射后，核酸与核蛋白合成代谢抑制，分解代谢增强。如机体受 ^{239}Pu 和 ^{222}Rn 等内污染时，都可见到组织内 DNA 和 RNA 因解聚而含量降低。这种解聚效应可随放射性核素摄入量的增加而加强。

较大剂量的内照射、外照射，可使蛋白质代谢的分解加强，合成抑制，导致负氮平衡。许多组织内的磷酸酶，胆碱酯酶和透明质酸酶等的合成功能遭到破坏。血清蛋白中白蛋白含量明显减少，A/G（白蛋白 / 球蛋白，简称白 / 球）比值倒置。血清蛋白分解产物如尿素、肌酐等的含量均增高，尤其是半胱氨酸的代谢产物牛磺酸由尿中的排出量显著增高。

放射损伤所致的另一种物质代谢异常是糖代谢障碍。早期由于组织蛋白质大量分解，提供了大量的生糖氨基酸，此时肝脏仍保持合成糖原的作用，故出现肝糖原增高和高血糖症。随着病程的进展，肝脏合成糖原的功能被破坏，糖原合成量减少，糖的分解和氧化过程发生障碍。通过 ^{14}C-葡萄糖示踪试验发现，呼出的 $^{14}CO_2$ 量比正常机体大力降低，同时肝内 ^{14}C 标记的脂肪含量迅速增多，说明 ^{14}C- 葡萄糖已转化为脂肪。

（3）免疫功能障碍

机体免疫系统最主要的效应细胞是具有各种不同功能的淋巴细胞。外照射损伤，或者某些放射性核素长期滞留于免疫器官如淋巴结及脾脏内，会使淋巴细胞的数量和功能下降，引起免疫功能的变化。

免疫功能障碍是导致机体发生并发症、影响损伤转归和远期病变发展的一个重要因素。照射损伤达到高峰时，对内源性和外源性感染的易感性增高，动物往往死于合并感染。

（4）致畸效应

放射性核素照射致畸效应，是妊娠母体摄入放射核素使胚胎受到内照射作用，干扰了胚胎的正常发育所致。由于胎儿的组织器官处于高度分化阶段，故其辐射敏感性较成人为高。

辐射致畸效应的表达，可因辐射作用于胚胎发育的不同阶段而异。在受精卵（配子）植入前或植入后最初阶段受到照射作用，可使胚胎死亡或不能植入。在器官形成期受照射，则可能使主要器官发育异常，诱发畸形。胎儿期受照射，也易发生出生后生长发育障碍和畸形，严重者可使成长后随机性效应发生的概率增高。

2.随机性效应

随机性效应是指发生概率与受照剂量大小有关的效应，并假定不存在剂量阈值。而确定性效应则是指严重程度随剂量而变化的效应，并且可能存在剂量阈值。随机效应的"剂量—概率"关系如图2—2所示。遗传效应和某些躯体效应为随机性效应。它是与个别细胞损伤有关，任何微小的剂量照射都不能排除发生的可能性。

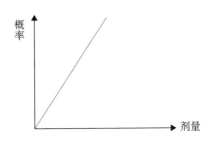

图2—2 随机性效应"剂量—概率"关系图

放射损伤可引起细胞遗传物质的变化。如果DNA分子受到损伤，并能通过各种机制进行修复，则细胞仍能继续生存并保持正常分裂增殖能力；但如果修复功能缺陷或错误修复，则可能导致细胞死亡或发生基因突变。体细胞突变会导致细胞恶性转化，使细胞不受正常调节机制的调控而异常增殖，出现辐射致癌效应。生殖细胞突变，则可能导致后代发生遗传性疾病，即遗传效应。辐射究竟能击中哪些细胞和细胞的遗传物质产生何种损伤都是随机过程，它取决于统计学概率，通常可以根据照射剂量估计出受照人群中随机性效应的发生率，但不能预知哪个受照者将发生这种效应。辐射致癌和遗传效应都属于随机性效应。

（1）致癌风险

电离辐射是一种天然存在的基因毒剂。它能直接穿透组织、细胞，并将能量以随机的方式沉积在细胞中，因此对机体的基因毒性作用又不同于化学基因毒剂。机体的任何组织、细胞都可受到电离辐射的攻击，其造成损伤的严重程度和引发的生物学后果除与受照射剂量大小有关外，与辐射源的物理参数也密切相关。辐射致癌效应可以是由 X 射线、γ 射线、中子等的外照射作用的结果，也可以是发生放射性内污染后由放射性核素发射 α 粒子等内照射作用的结果。

电离辐射是一个全致癌因子，即能在致癌过程的三个阶段：启动期、促癌期和进展期发挥作用。

① 辐射致突在启动期的作用

遗传突变是启动肿瘤形成的主要原因。辐射所致的原癌基因突变在肿瘤启动期起重要作用。在辐射诱导的鼠淋巴瘤形成过程中，N-ras、K-ras 的突变都发生在致癌的早期，它们的点突变能引起细胞异常增殖，这是导致肿瘤形成的原因。研究还发现 γ 线和中子诱导的 K-ras 的突变位点不同，说明射线的物理性质可能影响突变位点。2 号染色体的重排是辐射所致急性髓样白血病的结构特点。研究发现，照射后仅五天，异常增殖的造血细胞内就出现 2 号染色体的重排，而且断裂可能就发生在染色体特异的辐射敏感位点上。在一些白血病中，2 号染色体的重排能引起同源异形盒基因的缺失，这很可能是启动的原因。

辐射所致抑癌基因的失活也可能是肿瘤的成因。由于抑癌基因是显性的，一般来说只有两个等位基因都突变才能导致异常的细胞增殖，然而，对家族性肿瘤，如视网母细胞瘤，在合子形成前抑癌基因已发生一个等位基因的突变，只要第二点再发生一次突变即可启动成瘤，而且易并发由治疗引起的骨肉瘤。在某些散发性肿瘤中，存在着基因组印迹效应，如 RB 基因突变引起的骨肉瘤中，只要父源的低甲基化的等位基因发生突变，抑制蛋白产物就会急剧下降，导致异常增殖。细胞经多代增殖之后，母源性低活性等位基因容易自发丢失，就更增加了恶变的可能，可见抑制基因单个等位点的变化也可能导致肿瘤形成。

② 辐射在促瘤期的作用

通过对各类促癌剂的研究，人们发现促癌剂主要是通过蛋白激酶 C 途径起作用的。现在已知蛋白激酶 C 能激活 c-myc、c-fos 和 c-jun 等，使细胞生长控制失调，而在促癌的第二阶段——促进细胞增殖过程起作用，从而利于肿瘤的进展。

许多电离辐射能生成各种形式的自由基，现代医学研究表明，自由基可以使脂质过氧化从而破坏细胞内很多关键部位如线粒体、微管、酶和蛋白质的功能。另外，自由基可引起 DNA 损伤、染色体畸变和修饰基因表达，使细胞突变而恶化。

③ 辐射在恶变期的作用

进入恶变期，肿瘤具有高度的异质性，主要表现为分裂自主无限增殖、转移和侵袭性等恶性特征。肿瘤恶性程度越高，侵袭性越强。

辐射能促进肿瘤的转移，小鼠骨髓经 30Gy 的局部照射后，外源黑色素瘤细胞易在其中形成肿瘤灶并转移到骨骼系统。正常细胞能产生组织纤维蛋白溶酶原激活剂（t-PA），但水平低，能被调节。它的表达能使宿主组织屏障蛋白水解，利于细胞转移。用 X 线照射黑色素瘤细胞能使其 t-PA 的 mRNA 转录水平剧增 50 倍以上。

（2）遗传效应

在生殖细胞内与遗传有密切关系的重要物质是染色体和基因。放射性核素照射所致的遗传效应，是受照射者生殖细胞遗传物质的突变导致受照者后裔蒙受的危害效应。辐射所致遗传物质的突变，包括基因突变和染色体畸变。

① 基因突变

辐射所致的基因突变是 DNA 碱基顺序中基因位点的改变，又称为点突变。各种因素引起的基因突变，都有可能改变遗传特性。基因突变有显性和隐性之分，前者在子一代即可出现，后者则在子二代后方可能出现。近10年来，随着放射性核素的微观分布定位研究的进展，发现某些放射性核素，如 ^{14}C 和 ^{3}H 可嵌入遗传物质中，通过转换突变而引起基因突变。

② 生殖细胞的染色体畸变

生殖细胞的染色体是遗传信息的主要载体，它的畸变在遗传与变异中起着重要作用。生殖细胞的染色体对电离辐射有高度的敏感性。在研究辐射所致的遗传危害时，观察睾丸精原细胞染色体的损伤效应是一项很有意义的指标。值得注意的是，内照射诱发的生殖细胞染色体畸变，可在体内保持相当长的时间。近些年的研究认为，最有遗传意义的是稳定性畸变，它主要表现为初级精母细胞染色体相互易位。这种易位以链状多价体和环状多价体的形式出现。

三、电离辐射生物效应机制

对电离辐射作用的机制、特点及其影响因素的探讨，能使人们更全面地认识和了解这些放射性核素对人体作用的基本规律，以便在从事放射性物质对人体的危害研究中能够运用这些规律，达到尽一切可能减少放射性物质对人体引起的危害。

阐明放射性核素对生物体的作用过程，对于理解其放射生物学作用的本质以及防治放射损伤，都有重要意义。放射性核素进入机体后，释放出的 α 和 β 带电粒子以及 γ 射线的光子，都会对生物体产生一定的作用。

1. 带电粒子对生物体的作用

放射性核素释放的 α 和 β 带电粒子，在通过生物体时，可发生以下3种形式的能量转换：使生物体中的原子或分子激发或电离，将部分能量转化为激发能和电离能；带电粒子在生物体的原子核电场的作用下，运动方向和运动速度发生变化，使一部分动能转化为连续能量分布的韧致辐射；带电粒子通过同生物体的原子和分子发生不断的弹性碰撞，将带电粒子的一部分能量转化为热能。但在以上几种能量转换的比例中，电离能的转换是主要的。

2. γ/X 射线对生物体的作用

γ/X 射线通过生物体时，主要发生光电效应、康普顿效应和电子对生成 3 种作用过程。在机体软组织中，低能光子以产生光电效应为主，而中等能量光子以产生康普顿效应为主，高能光子则以电子对形成为主。

3. 辐射所致生物作用的分子机理

放射性核素释放的辐射能被生物体吸收以后，要经历辐射作用的不同时相阶段的各种变化。这些变化彼此相异，又相互影响。它们包括了物理、化学和生物学 3 个阶段，电离辐射作用的时间进程见表 2—1。当生物体吸收辐射能之后，在细胞内发生了电离作用，分子水平发生变化，引起分子结构的改变，对生物分子的损伤，尤其是对生物大分子的损伤。这种损伤既来自电离辐射的直接作用，也来自辐射诱发的自由基所致的间接作用。辐射的直接作用或间接作用所致的生物大分子的变化，有的发生在瞬间，有的需经物理和化学的以及生物的放大过程才能显示出所致组织器官的可见损伤，需时较久，甚至可延续若干年后才表现出来。

表 2—1　电离辐射作用的时间进程

物理阶段	
10^{-18}	快速粒子通过原子
10^{-12}	转动弛豫，离子水合作用
化学阶段	
$< 10^{-12}$	e- 在水合作用前与高浓度活性溶质反应
$1—10^3$	生物化学过程
生物阶段	
数小时	原核、真核细胞分裂受抑
若干年	癌症和遗传变化

（1）生物分子的电离与激发

在电离辐射作用下生物效应主要起源于组成生物系统的各种分子的电

离。由于电离是一种非选择性的过程，任何处在电离粒子径迹上的原子和分子都有可能被电离，因此，组成生物系统的主要成分的分子发生电离的机会最大。生物体细胞内的分子种类很多，其结构与功能的复杂程度也各不相同。但从放射毒理学的角度看来，其中以生物大分子和水分子更具有特别重要的意义。因为蛋白质和核酸等生物大分子是细胞生理功能和遗传信息传递的基础。分子生物学的研究证明，生物大分子的结构决定了它们的功能。结构上的任何改变都将导致功能的变化，从而对细胞的增殖、变异和遗传产生深远的影响。以 DNA 为例，辐射引起的重要结构改变是多聚核苷酸链的断裂和碱基结构与比例的改变等。前者又分为单链断裂和双链断裂；后者包括嘧啶在 5、6 双链上的羟基过氧化、嘧啶二聚体的形成和其他化学变化。

（2）直接作用和间接作用

在生物机体中，直接作用主要是指放射性核素所释放的粒子或射线直接对生物活性的分子激发和电离，从而引发正常功能和代谢障碍，继而导致具有生物活性的有机化合物分子如核酸、蛋白质等结构的变化。实验证明，放射性核素的辐射可以引起 DNA 键的断裂、解聚和黏度下降等。某些酶也可受辐射作用而降低或丧失其活性。此外，辐射亦可直接破坏膜系统的分子结构，如线粒体膜、溶酶体膜、内质网、核膜和质膜等的结构损伤，引起酶系释放，从而影响细胞的正常功能状态。

对大分子直接损伤的实验，都是在干燥状态或含水量很少的大分子或细胞上进行的。只有当物质的水分含量极低时，才可以说辐射效应的发生主要是由于直接作用。存在于细胞中一些 DNA 比较密集的部位，可能在辐射作用时直接吸收辐射能而出现结构和功能的变化，但其辐射效应不能单纯以直接作用来解释。

间接作用主要是指放射性核素的辐射通过水的原发辐解产物作用于生物大分子而引起损伤。鉴于机体多数细胞的含水量很高，可达 70% 以上，而细胞内生物大分子一般存在于含大量水分子的环境之中，因此间接作用在生物大分子损伤的发生上起着重要作用。

从总体上看来，电离辐射的直接作用和间接作用在细胞内是同时存在的，在放射损伤的发生发展中是相辅相成的。

（3）靶分子和靶结构

按照现代分子生物学的观点，DNA 和膜结构是射线作用的靶，是引起细胞一系列生化、生理和病理变化的关键。

DNA 对辐射非常敏感，而且由于具有非常重要的生理功能，所以，一旦受到辐射损伤，就会给机体造成严重的后果。实验证明，DNA 的辐射损伤（包括嘧啶二聚体的形成、链断裂的发生、DNA 与蛋白质的交连）在 DNA 分子上是非随机性分布的。在染色体中也存在对辐射敏感的脆性部位和不稳定的 DNA 序列。基因组 DNA 的非随机性损伤对辐射诱发突变、癌变、细胞老化和死亡都具有重要意义。

细胞膜结构也具有重要的生理功能和对电离辐射的高度敏感性。细胞膜可以看作一个巨大的分子复合体。其中包含着许多细胞成分，各种细胞器也是由膜结构包裹而成的，其靶面积大于 DNA。当细胞受照射后，膜上的鞘磷脂含量迅速下降，而它的酶解产物神经酰胺的含量迅速上升。已经证明，作为第二信使的神经酰胺可以介导细胞凋亡。而且 DNA 链必须附着在膜上或形成 DNA 膜复合物时才能复制。射线一旦破坏了这种附着点，DNA 复制就会停止。

四、影响电离辐射机体损伤的因素

关于影响辐射对机体损伤的因素，可以归纳为辐射本身的因素、机体的状态因素、介质因素以及放射与非放射因素的复合作用和不同类辐射的混合作用等几个方面。

1. 辐射因素

（1）照射剂量和剂量率

剂量越大，效应越显著，但并不全呈直线关系。在一般情况下剂量率越大，生物效应越显著，但当剂量率达到一定程度时，生物效应与剂量率之间则失去比例关系。

（2）辐射类型

辐射类型分为 α 粒子、β 粒子、质子，不带电粒子有中子以及 X 射线、γ 射线，其对机体的影响与其作用方式有很大的关系。

（3）照射方式

在外照射情况下，人体剂量分布受入射辐射角分布、空间分布以及辐射能谱影响，并与人体受照射姿势及在辐射场内的取向有关。呈现 γ 粒子＞β 粒子＞α 射线的辐射损伤效应。

在内照射情况下，人体剂量分布取决于进入人体内的放射性核素种类、数量、核素理化性质、在体内沉积的部位以及在相关部位滞留的时间等物理因素有关。呈现 α 粒子＞β 粒子＞γ 射线的辐射损伤效应。

（4）照射部位和面积

当照射剂量和剂量率相同时，腹部照射的全身后果最严重，其次依次为盆腔、头颈、胸部及四肢。

当照射的其他条件相同时，受照射的面积越大，生物效应越显著。

2. 机体因素

生物体具有放射敏感性，即指当一切照射条件完全一致时，机体或其组织、器官对辐射作用的反应强弱或速度快慢不同。若反应强、速度快，其敏感性就高，反之则低。生物种系的放射敏感性，总的趋势是：种系演化越高，机体组织结构越复杂，则其放射敏感性越高。

个体发育的放射敏感性，总的来说，放射敏感性随着个体发育过程而逐渐降低。胚胎植入前期，照射母体会导致胚胎大量死亡。器官形成期，受到照射会导致大量畸形。器官形成期后，个体的放射敏感性逐渐下降。胚胎和胎儿期受照射的儿童发生某些类型的癌症和白血病的危险度增高。

不同组织和细胞的放射敏感性，一般服从 Bergonie 和 Tribondeau 定律，即一种组织的放射敏感性与其细胞的分裂活动成正比而与其分化程度成反比，但卵母细胞和淋巴细胞例外，这两种细胞并不迅速分裂，但两者都对辐射极为敏感。

亚细胞和分子水平的敏感性满足 DNA>mRNA>rRNA 和 rRNA> 蛋白质这样的规律。

五、放射性核素对人体的影响

在接触放射性核素的生产实践、实验研究、核医学应用和核电站正常运行时，有可能因防护措施不当或操作上的失误造成放射性核素对人体产生损伤效应。特别是核武器爆炸及核电站泄漏事故的情况下，将有大量放射性核素释放于环境中。这些核素会对人体的健康构成重大威胁。

（1）代表性放射性核素对人体的影响特征

① 钚

钚，原子序数为 94，元素符号是 Pu，是一种具有放射性的超铀元素。人类合成的第一种元素，在自然界含量极微，因此，主要靠人工生产。它的稳定的同位素是钚 −244，半衰期约为八千万年，足够使钚以微量存在于自然环境中。钚最重要的同位素是钚 −239，半衰期为 24 100 年，常被用于制造核武器。钚 −239 和钚 −241 都易于裂变，即它们的原子核可以在热中子撞击下产生核分裂，释放出能量、γ 射线以及中子辐射，从而引起核裂变链式反应，并应用在核武器与核反应堆上。此外，钚 −238 的半衰期为 88 年，并释放出 α 粒子。

在钚诱发的生物效应中，最值得关注的是其致癌效应。大量的动物实验证明，钚能诱发骨肉瘤、肝癌和肺癌。可溶性钚能诱发骨肉瘤和肝癌；而吸入难溶性钚，沉积肺部易诱发肺癌。

② 碘

碘，原子序数为 53，元素符号是 I。碘 −127 为稳定性碘。碘 −131 具有放射性，是早期混合裂变产物中的主要成分之一。在核爆炸及反应堆事故时，它是辐射事故早期，污染环境的主要放射性核素之一。可以作为监测核爆炸或反应堆泄漏事故的信号核素。

进入体内的放射性碘主要滞留在甲状腺组织中，因而它对机体的危害主要表现为甲状腺的辐射损伤，导致甲状腺功能异常变化，甚至发生甲状腺癌。

服用稳定性碘，可以减少或阻止甲状腺对放射性碘的吸收，减少放射性碘对机体的损伤。

③氡

氡，原子序数为 86，元素符号是 Rn。氡是自然界唯一的天然放射性惰性气体，可以从镭的放射性衰变中以气体射气的形式得到。氡 -222 发射强 α 射线，半衰期 3.82 天。

氡对人体健康的危害主要有两个方面，即内照射和外照射，其中内照射危害最深。主要来自放射性镭在空气中的衰变，从而形成的一种放射性氡及其子体。被人体吸入时，氡衰变发生的 α 粒子可在人的呼吸系统造成辐射损伤，诱发肺癌。

④镭

镭，原子序数为 88，元素符号是 Ra。1898 年玛丽·居里和皮埃尔·居里从沥青铀矿提取铀后的矿渣中分离出溴化镭，1910 年又用电解氯化镭的方法制得了金属镭。镭能放射出 α 和 γ 两种射线，并生成放射性气体氡。镭放射出的射线能破坏、杀死细胞和细菌。因此，常用来治疗癌症等。

镭能引起内照射损伤，其主要表现为外周血象的变化、造血系统、骨骼系统和生殖系统的损伤，对肝、肺、肾和肠道亦有一定程度的损伤。造血系统的变化表现为贫血、血红蛋白和血容量的减少。骨髓、脾脏、淋巴结中的各个功能细胞的减少，并造成出血和细胞坏死。生殖系统的变化表现为生精细胞和精子的减少。

镭会对机体产生随机性效应，其主要发生在骨骼及周边，可能引起骨肉癌。

(2) 人体对辐射敏感的器官

电离辐射对组织器官的作用是很广泛的，可以影响到全身所有组织系统。但在一定剂量水平上，由于组织细胞的辐射敏感性不同，各器官的反应程度也不一致。总体来说，器官的敏感性取决于该器官中细胞分裂增殖的速度，分裂越迅速的细胞对辐射越敏感，处于休眠期的细胞相对不敏感。对应到人体，主要的辐射敏感器官有造血细胞、小肠黏膜等；而肌肉组织、内分泌腺（除性腺外）、心脏等器官则对辐射较为不敏感。另外有一些器官，如神经细胞，在形态和功能方面对辐射敏感的程度不同。

① 对辐射敏感的器官

造血器官是辐射敏感组织，电离辐射主要是破坏或抑制造血细胞的增殖能力，所以损伤主要发生在有增殖能力的造血干细胞、祖细胞和幼稚血细胞，对成熟血细胞的直接杀伤效应通常并不十分明显。

胃肠道也是辐射敏感器官之一，尤以小肠最敏感，胃和结肠次之。辐射对胃肠道的影响是多方面的，最显著的是照后早期恶心呕吐、腹泻和小肠黏膜上皮的损伤。辐射对胃肠道的运动、吸收、分泌功能也有影响，如胃排空延迟，胃酸分泌减少；早期小肠收缩和张力增高，分泌亢进，肠激酶活力增强，但吸收功能降低；后期运动、分泌功能都降低。

小肠黏膜绒毛表面覆盖着完整的上皮细胞，是保持小肠正常分泌吸收和屏障功能的基础。绒毛表面的上皮细胞是一种持续更新的细胞系统，肠上皮干细胞位于隐窝底部，不断增殖分化向绒毛表面移动。小肠上皮干细胞的辐射敏感性很高。照射后很快可见隐窝细胞分裂停止，细胞破坏、减少。其破坏程度与照射剂量有关。照射剂量小者，隐窝细胞数轻度减少，且很快修复，对绒毛表面细胞影响不大。照射剂量大时，隐窝破坏，隐窝数量减少。更大剂量照射时，可使大部以至全部隐窝被破坏，绒毛被覆上皮剥脱，失去屏障功能。

性腺是辐射敏感器官，睾丸的敏感性高于卵巢。睾丸受 0.15Gy 照射即可见精子数量减少，照射 2—5Gy 可暂时性不育，照射 5—6Gy 以上可永久性不育。睾丸以精原干细胞最敏感，D_0 值为 0.2Gy；其次为精母细胞，精细胞和成熟精子则有较高的耐受力。低剂量率慢性照射者，常出现性功能障碍。

卵巢是没有干细胞、不增殖的衰减细胞群，成年卵巢含有一定数量的不同发育阶段的卵泡。照射破坏部分卵泡可引起暂时性不育，若全部卵泡破坏，则可引起永久性不育。卵泡被破坏的同时，可引起明显的内分泌失调，出现月经周期紊乱，暂时闭经或永久性停经。

血管方面以小血管较为敏感，尤其是毛细血管敏感性最高。照射后早期即有毛细血管扩张，短暂的血流加速后，即出现血流缓慢。临床可见皮肤充血、红斑。红斑出现快慢与照射剂量有关，10Gy 照射后数小时即可出现，照射 1Gy 则数日后才出现。可见血管内皮肿胀，空泡形成，基底膜剥离，以及内皮增生突向血管腔，血管壁血浆蛋白浸润，继而胶原沉着，致使管腔狭窄甚至堵塞。小血管的这些病变是受损伤器官晚期萎缩，功能降低的原因。由于小血管内皮细胞损伤，血管周围结缔组织中透明质酸解聚增强，加上照射后释放的组织胺、缓激肽以及细菌毒素等的作用，小血管的脆性和通透性增加。

② 对辐射不敏感的器官

内分泌腺除性腺外，形态上对辐射亦不甚敏感，在致死剂量照射后垂体、肾上腺、甲状腺等功能都出现时相性变化，初期功能增强，分泌增多，随后功能降低。损伤的极期肾上腺功能可再次升高。低剂量率慢性照射时，肾上腺皮质功能常降低，血浆皮质醇含量和尿中 17- 羟类固醇排出量减少。

心脏对辐射的敏感性较低，10Gy 以下照射所见主要为造血损伤引起的出血和感染；10Gy 以上照射可引起心肌的变化，包括心肌纤维肿胀、变性坏死甚至肌纤维断裂等。

③ 其他

就形态而言，神经细胞对辐射不敏感，需很大剂量才能引起间期死亡。但就机能改变而言，0.01Gy 就可出现变化。在亚致死剂量或致死剂量照射后，高级神经活动出现时相性变化，表现为先兴奋而后抑制，最后恢复。各时相时间长短与剂量有关，较小剂量时，兴奋相较长，或不出现抑制相。剂量较大时，则兴奋相较短，较快转入抑制相。植物神经系统也有类似现象，被辐射后初期丘脑下部生物电增强，兴奋性增高，神经分泌核的分泌亦增强。

（3）辐射免疫

一般认为小剂量照射刺激机体免疫功能，中等以上剂量全身照射对机体体液和细胞免疫功能具有抑制作用。因此，可以利用小剂量辐射进行肿瘤治疗，其治疗原理为激发和增强机体的免疫功能，以达到控制和杀灭肿瘤的目的。辐射治疗可以对肿瘤产生生物效应和破坏作用，但在杀死肿瘤的同时，也会造成全身和局部的毒副反应，并且通过此法只能清除少量的肿瘤。

生物学研究显示：给小动物很小剂量的 γ 射线照射，然后再给一个 2 000mSv 高剂量照射，细胞突变数目比单纯接受 2 000mSv 高剂量照射要低一半。但是在 α 离子中看不到这种效应。

此外，大量实验研究和人体的观察资料证明，低剂量辐射作用于哺乳动物和人体，可诱导适应性反应，增强免疫功能，提高抗癌能力，此三者是彼此联系的，可能是同一本质过程的三个侧面，三者的发生机理可能有着内在的联系。而高剂量辐射可使免疫细胞 DNA 双链断裂，抑制 DNA 合成和增加细胞膜通透性等，严重的甚至可直接杀死细胞。辐射对机体的影响，与射线的种类、剂量、照射方式、动物种属和动物个体的差异等有关。对于免疫细胞及其相关的因子和受体来说，不同细胞对辐射有不同的敏感性。所有免疫细胞在 0.5Gy 的 X 射线照射后 24h，最敏感的是 CD8T 淋巴细胞，其次为 B 淋巴细胞、NK、CD4 淋巴细胞、粒细胞和单核细胞。

但是，辐射刺激效应在国际上争论很厉害，在防护领域不采用这种建议。但普遍仍然认为，只要受到照射就会产生损害。

（4）小结

实践中，辐射对人体的危害，也只能采用流行病学的统计方法来研究特定人群特定异常的发生率。流行病学研究要求人群越大越好，但人数多将导致统计复杂，因此目前研究面临的最大困难是究竟受到多大剂量才会对人体产生危害。

六、职业放射性疾病

2002 年 4 月 18 日卫生部、劳动和社会保障部印发的《职业病目录》中，职业性放射性疾病包括：外照射急性放射病、外照射亚急性放射病、外照射慢性放射病、内照射放射病、急性放射性皮肤损伤、放射性肿瘤、放射性骨损伤、放射性甲状腺疾病、放射性性腺疾病、放射性复合损伤以及根据《放射性疾病诊断标准（总则）》可以诊断的其他放射性损伤。

1. 外照射急性放射病

外照射急性放射病，是指人体一次或短时间（数日）内受到多次全身照射，吸收剂量达到 1Gy 以上外照射所引起的全身性疾病。病程具有明显的时相性，有初期、假愈期、极期和恢复期四个阶段。根据临床表现可分为三种类型。

骨髓型（1—10Gy）最为多见，主要引起骨髓等造血系统损伤。以白细胞数减少、感染、出血等为主要临床表现。具有典型阶段性病程。按其病情严重程度又分为：轻、中、重、极重四度。

胃肠型（10—50Gy）是以胃肠道损伤为基本病变，以频繁呕吐、严重腹泻、血水样便和水电解质代谢紊乱为主要临床表现。胃肠型放射病致死的根本原因是肠道的严重损伤，导致肠上皮失去再生能力，体液和蛋白质电解质紊乱，出现感染、中毒、出血，直至死亡。

脑型（>50Gy）：以脑组织损伤为基本病变，以意识障碍、定向力丧失、共济失调、肌张力增强、抽搐、震颤等中枢神经系统症状为特殊临床表现。

根据外照射急性放射病的病情程度和各期不同特点，患者应尽早采取中西医综合治疗措施。

骨髓型急性放射病的治疗原则：轻度患者一般不需特殊治疗，可采取对症处理，加强营养，注意休息。对症状较重或早期淋巴细胞数较低者，必须住院严密观察和给予妥善治疗；中度和重度患者需根据病情采取不同的保护性隔离措施，并针对各期不同临床表现，制订相应的治疗方案；极重度的患者可参考重度的治疗原则，但要特别注意尽早采取抗感染、抗出血等措施，并尽早使用造血生长因子。

肠型急性放射病的治疗原则：轻度肠型放射病病人尽早无菌隔离，纠正水、电解质、酸碱失衡，改善微循环障碍，调节植物神经系统功能，积极抗感染、抗出血，有条件时及时进行骨髓移植；对于重度肠型放射病病人应采用对症治疗措施减轻病人痛苦，延长生命。

脑型急性放射病的治疗原则：减轻病人痛苦，延长病人存活时间。可积极采用镇静剂制止惊厥，快速给予脱水剂保护大脑，抗休克，使用肾上腺皮质激素等综合对症治疗。

2. 外照射亚急性放射病

外照射亚急性放射病，是指人体在较长时间（数周到数月）内受电离辐射连续或间断较大剂量外照射，累积剂量大于 1Gy 时所引起的全身性疾病。

外照射亚急性放射病可引起造血功能障碍，起病隐匿，病程较长。表现为造血组织破坏、萎缩、再生障碍；骨髓异常增生；骨髓纤维化。全血细胞减少，出现头昏、乏力、食欲减退；皮肤、黏膜少数出血点，或局灶性眼底出血。淋巴细胞染色体畸变率增高；免疫功能和生殖功能低下；一般抗贫血药物治疗无效。

依据受照史、受照剂量、临床表现和实验室检查所见，结合健康档案综合分析，排除其他疾病，做出正确诊断。

对于外照射亚急性放射病患者，可根据病情轻重及临床特点运用以下各项治疗方法：脱离射线接触，禁用不利于造血的药物；保护并促进造血功能的恢复，可联合应用男性激素或蛋白同化激素与改善微循环功能的药物；纠正贫血，补充各种血液有形成分以防治造血功能障碍所引起的并发症；增强机体抵抗力，肌注丙种球蛋白，较重病例有免疫功能低下者，可静脉输注免疫球蛋白，或应用增强剂；白细胞 $<1.0 \times 10^9$/L 时，实行保护性隔离；其他抗感染、抗出血等对症治疗；注意休息，加强营养，注意心理护理。

3. 外照射慢性放射病

指放射性工作人员在较长时间内连续或间断受到超当量剂量限值（0.05Sv）的外照射，累积剂量超过 1.5Sv 以上，引起的以造血组织损伤为主并伴有其他系统改变的全身性疾病。

多数患者有乏力、头昏、头痛、睡眠障碍、记忆力减退、食欲不振、易激动、心悸等植物神经功能紊乱综合征的表现。牙龈渗血、鼻衄、皮下瘀点、瘀斑等出血倾向。男性患者性欲减退、阳痿。妇女可表现有月经紊乱，经量减少或闭经。

临床表现为：外周血细胞有不同程度的减少，白细胞总数先增加，后进行性下降是辐射损伤最早出现的变化之一。外周血淋巴细胞染色体畸变（断片、双着丝点、环状）率是辐射效应的一个灵敏指标。骨髓造血细胞的增生活跃或增生低下；骨髓造血某一系统，特别是粒细胞系统成熟障碍。

凡诊断为外照射慢性放射病者，无论病情轻重，均应脱离放射线，接受治疗。治疗原则如下：需进行有针对性的中西医结合综合治疗，加强营养和适当的体育锻炼。轻度慢性放射病患者经过对症治疗，可以完全恢复健康，并可恢复放射性工作；中度慢性放射病患者经积极治疗后，多数病人可恢复或减轻，少数病人可能残留一些症状，或白细胞较长时间持续在正常水平以下，根据体力恢复情况，可适当参加一些力所能及的非放射性工作；重度慢性放射病患者的经积极合理治疗后，可能获得一些近期的疗效，可转入疗养院继续治疗和休养，不应再接触放射线。

4.内照射放射病

内照射放射病是指大量放射性核素进入体内，作为放射源对机体照射而引起的全身性疾病。内照射放射病比较少见，临床工作中见到的多为放射性核素内污染，即指体内放射性核素累积超过其自然存量。

内照射放射性的特点为：放射性核素在体内持续作用，内照射对机体的辐射作用，一直要持续到放射性核素排出体外，或经10个半衰期以上的蜕变，才可忽略不计；新旧反应与损伤和修复并存；临床上无典型的分期表现；靶器官的损伤明显；可以造成远期效应。

内照射放射病患者采取的治疗方法主要为通过减少吸收和加速放射性核素的排出，关键是争取时间及时用药。

经胃肠道吸收的放射性核素，可通过催吐、洗胃、服沉淀剂、吸附剂、导泻剂等方法，减少胃肠道内的吸收。锶、钡、镭等二价放射性核素可用硫酸钡、磷酸二钙、氢氧化铝凝胶等沉淀剂，或用吸附剂活性炭处理。褐藻酸钠有阻止锶、镭等放射性核素从胃肠道吸收的作用。

经呼吸道吸入放射性核素时，应及时用棉签拭去鼻腔内污染物，用1%麻黄素滴鼻，或鼻咽部喷入1:1 000肾上腺素使血管收缩，然后用生理盐水冲洗。也可用祛痰剂，使残留在呼吸道内的放射性核素随痰排出。

已进入体内的放射性核素，应及时选用合适的促排药物加速从体内排出。氚进入人体后，在体内很快与水达到平衡，可通过大量饮水加速水代谢的方法，以达到加速氚排出的目的。

5.放射性复合伤

放射性复合伤是指在战时核武器爆炸和平时核事故发生时，人体同时或相继发生以放射损伤为主的复合烧伤、冲击伤等的一类复合伤。辐射损伤常与机械、热或化学损伤一起发生，这种复合作用可使预后不好，死亡率明显增加。

根据受照剂量和其他因素，可将辐射复合损伤分类如下：放烧（热）复合伤：外照射和（或）内照射复合热烧伤；辐射机械复合伤：外照射和（或）内照射复合外伤、骨折，或出血；辐射化学复合伤：外照射和（或）内照射复合化学灼伤或化学中毒。

放射性复合伤的治疗和处理，要迅速撤离污染区；急救包括：止血、包扎、骨折固定、防休克、防窒息；早期预防感染；保护和改善造血系统防止出血；纠正水电解质紊乱。

6.急性放射性皮肤损伤

急性放射性皮肤损伤，是指身体局部一次或短时间（数日）内受到多次大剂量照射所引起的皮肤损伤。包括急性放射性皮炎和急性放射性皮肤、黏膜溃疡等。表2—2为急性放射性皮肤损伤分度诊断标准。

表2—2 急性放射性皮肤损伤分度诊断标准

分度	初期反应	假愈期	临床症状明显期	β 射线的参考剂量 Gy
I			毛囊丘疹、暂时脱毛	≥3
II	红斑	2—6 周	脱毛、红斑	≥5
III	红斑、烧灼感	1—3 周	二次红斑、水疱	≥10
IV	红斑、麻木、瘙痒、水肿、刺痛	数小时—10 天	二次红斑、水疱、坏死、溃疡	≥20

慢性放射性皮肤损伤，由急性放射性皮肤损伤迁延而来或由小剂量射线长期照射(职业性或医源性)引起的慢性放射性皮炎及慢性放射性皮肤、黏膜溃疡。表2—3为慢性放射性皮肤损伤分度诊断标准。

表2—3 慢性放射性皮肤损伤分度诊断标准

分度	临床表现（必备条件）
I	皮肤色素沉着或脱失、粗糙，指甲灰暗或纵嵴色条甲
II	皮肤角化过度，皲裂或萎缩变薄，毛细血管扩张，指甲增厚变形
III	坏死溃疡，角质突起，指端角化融合，肌腱挛缩，关节变形，功能障碍（具备其中一项即可）

第三章 核反应堆技术介绍

一、核电技术发展历史

早在 1929 年，科克罗夫特就利用质子成功地实现了原子核的变换。但是，用质子引起核反应需要消耗非常多的能量，使质子和目标的原子核碰撞命中的机会也非常少。

1938 年，德国人奥托·哈恩和休特洛斯二人成功地使中子和铀原子发生了碰撞。这项实验有非常重大的意义。它不仅使铀原子简单地发生了分裂，而且裂变后总的质量减少，同时释放出能量。尤其重要的是铀原子裂变时，除裂变碎片之外还射出 2—3 个中子，这个中子又可以引起下一个铀原子的裂变，从而发生连锁反应。

1939 年 1 月，用中子引起铀原子核裂变的消息传到费米的耳朵里。当时他已逃亡到美国哥伦比亚大学。但是一听到这个消息，费米马上就直观地设想了原子反应堆的可能性，开始为它的实现而努力。费米组织了一支研究队伍，对建立原子反应堆问题进行彻底研究。费米与助手们一起，经常通宵不眠地进行理论计算，思考反应堆的形状设计，有时还要亲自去解决石墨材料的采购问题。

1942 年 12 月 2 日，费米的研究组人员全体集合在美国芝加哥大学足球场的一个巨大石墨型反应堆前面。这时由费米发出信号，紧接着从那座埋没在石墨之间的 7 吨铀燃料构成的巨大反应堆里，控制棒缓慢地被拔了出来，随着计数器发出了咔嚓咔嚓的响声，到控制棒上升到一定程度，计数器的声音响成了一片，这说明连锁反应开始了。这是人类第一次释放并控制了原子能的时刻。

1954 年苏联建成世界上第一座原子能发电站，利用浓缩铀做燃料，采用石墨水冷堆，电输出功率为 5 000 千瓦。1956 年，英国也建成了原子能电站。原子能电站的发展并非一帆风顺，不少人对核电站的放射性污染问题感到忧虑和恐惧，因此出现了反核电运动。其实，在严格的科学管理之下，原子能是安全的能源。原子能发电站周围的放射性水平，同天然本底的放射性水平实际并没有多大差别。

1979 年 3 月，美国三里岛原子能发电站由于操作错误和设备失灵，造成了原子能开发史上前所未有的严重事故。然而，由于反应堆的停堆系统、应急冷却系统和安全壳等安全措施发挥了作用，结果放射性外逸量微乎其微，人和环境没有受到什么影响，充分说明现代科技的发展已能够保证原子能的安全利用。

总之，由于反应堆是一个巨大的中子源，因此是进行基础科学和应用科学研究的一种有效工具。目前其应用领域日益扩大，而且其应用潜力也很大，有待人们的进一步开发。

苏联于 1954 年建成了世界上第一座原子能发电站，掀开了人类和平利用原子能新的一页。英国和美国分别于 1956 年和 1959 年建成原子能发电站。到 2004 年 9 月 28 日，在世界上 31 个国家和地区，有 439 座发电用原子能反应堆在运行，总容量为 364.6 百万千瓦，约占世界发电总容量的 16%。其中，法国建成 59 座发电用原子能反应堆，原子能发电量占其整个发电量的 78%；日本建成 54 座，原子能发电量占其整个发电量的 25%；美国建成 104 座，原子能发电量占其整个发电量的 20%；俄罗斯建成 29 座，原子能发电量占其整个发电量的 15%。我国于 1991 年建成第一座原子能发电站，包括这一座在内，现在投入运行的有 9 座发电用原子能反应堆，总容量为 660 万千瓦。我国另有两座反应堆在建设中。另外，还帮助巴基斯坦建成一座原子能发电站。

二、第二代主要核反应堆

第二代（GEN-II）核电站是 1960 年后期到 1990 年前期在第一代核电站基础上开发建设的大型商用核电站，它们大部分已实现标准化、系列化和批量建设，主要种类有压水堆（PWR）、沸水堆（BWR）、重水堆（CANDU）和石墨水冷堆（RBMK）等。目前，世界上的大多数核电站都属于第二代核电站。

1. 压水堆

20 世纪 80 年代，压水堆被公认为技术最成熟、运行安全、经济实用的堆型。其装机总容量约占所有核电站各类反应堆总和的 60% 以上。压水堆由压力容器、堆心、堆内构件及控制棒组件等构成，压力容器的寿命期为 40 年，堆心装的是核燃料组件，燃料为低浓铀。另外，它是使用加压轻水（即普通水）做冷却剂和慢化剂，且水在堆内不沸腾的核反应堆。压水堆是最早用于核潜艇的军用反应堆。[①] 1961 年，美国建成世界上第一座商用压水堆核电站。

压水堆核电厂主要由压水反应堆、反应堆冷却机系统（简称"一回路"）、蒸汽和动力转换系统（又称"二回路"）、循环水系统、发电机和输配电系统及其辅助系统组成（如图 3—1 所示）。通常将一回路及核岛辅助系统、专设安全设施和厂房称为核岛。二回路及其辅助系统和厂房与常规火电厂系统和设备相似，称为常规岛。

一回路：一回路内的高温高压含硼水，由反应堆冷却剂泵（主泵）输送，流经反应堆堆芯，吸收了堆芯核裂变放出的热能，再流进蒸汽发生器，通过蒸汽发生器传热管壁，将热能传给二回路蒸汽发生器给水，然后再被反应堆冷却剂泵送入反应堆。如此循环往复，构成封闭回路。整个一

---

① 刘庆鑫收集整理，中国核电安全性能介绍。

回路系统设有一台稳压器，一回路系统的压力靠稳压器调节保持稳定。一回路的水放射性很强。

二回路：蒸汽发生器 U 形管外的二回路水受热从而变成蒸汽，送至汽轮机推动汽轮发电机做功，把热能转化为电力，做完功后的蒸汽进入冷凝器冷却，凝结成水返回蒸汽发生器，重新加热成蒸汽。这样的汽水循环过程，被称为二回路。二回路放射性很弱，可以保证在汽轮机厂房内人的安全。

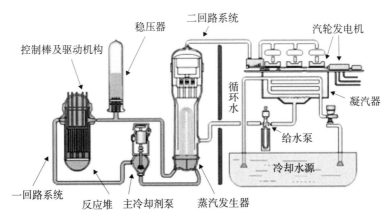

图 3—1　压水堆工作原理图

从生产角度来讲，核岛利用核能生产蒸汽，常规岛用蒸汽生产电能。

2. 沸水堆

沸水堆是轻水堆的一种，它是由压力容器及其中间的燃料元件、十字形控制棒和汽水分离器等组成。沸水堆核电站工作流程是：冷却剂（水）从堆芯下部流进，在沿堆芯上升的过程中，从燃料棒那里得到了热量，使冷却剂变成了蒸汽和水的混合物，经过汽水分离器和蒸汽干燥器，将分离出的蒸汽来推动汽轮发电机组发电（如图 3—2 所示）。

（1）沸水堆工作原理

来自汽轮机系统的给水进入反应堆压力容器后，沿堆芯围筒与容器内壁之间的环形空间下降，在喷射泵的作用下进入堆下腔室，再折而向上流

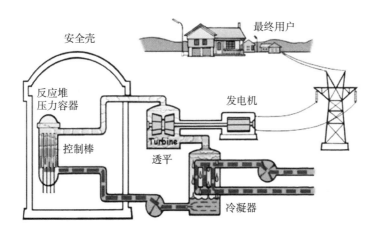

图 3—2　沸水堆工作原理图

过堆芯，受热并部分汽化。汽水混合物经汽水分离器分离后，水分沿环形空间下降，与给水混合；蒸汽则经干燥器后出堆，通往汽轮发电机，做功发电。蒸汽压力约为 7MPa，干度不小于 99.75%。汽轮机乏汽冷凝后经净化、加热再由给水泵送入反应堆压力容器，形成一个闭合循环。再循环泵的作用是使堆内形成强迫循环，其进水取自环形空间底部，升压后再送入反应堆容器内，成为喷射泵的驱动流。目前日立和 GE 开发的 ABWR（先进沸水堆）用堆内循环泵取代再循环泵和喷射泵。

（2）沸水堆与压水堆的比较

① 沸水堆与压水堆同属轻水堆，都有结构紧凑、安全可靠、建造费低、负荷跟随能力强等优点，其发电成本已可与常规火电厂竞争。两者都使用低浓铀燃料，并使用饱和汽轮机。

② 沸水堆系统比压水堆简单，特别是省去了蒸汽发生器这一压水堆的薄弱环节，减少了一大故障源。沸水堆的再循环管道比压水堆的环路管道细得多，故管道断裂事故的严重性远不如后者。某些沸水堆还用堆内再循环泵取代堆外再循环泵和喷射泵，取消了堆外再循环管道，使事故发生概率进一步降低。

③ 沸水堆的失水事故处理比压水堆简单，这是因为沸水堆正常工

作于沸腾状态，除事故工况与正常工况有类似之外，压水堆正常工作于过冷状态，失水事故时发生体积沸腾，与正常工况差别较大。其次是沸水堆的应急堆芯冷却系统中有两个分系统都从堆芯上方直接喷淋注水，而压水堆的应急注水一般都要通过环路管道才能从堆芯底部注入冷却水。

④ 沸水堆的流量功率调节比压水堆有更大的灵活性。

⑤ 沸水堆直接产生蒸汽，除了直接接触堆芯的高温蒸汽的放射性问题外，还有燃料棒破损时的气体和挥发性裂变产物都会直接污染汽轮机系统，故燃料棒的质量要求比压水堆更高。

⑥ 沸水堆由于其燃耗深度（约 28 000MW·d/t）比压水堆低，虽然燃料的富集度也低，但相同发电量的天然铀需要量比压水堆大。

⑦ 沸水堆压力容器底部除有为数众多的控制棒开孔外，尚有中子探测器开孔，增加了小失水事故的可能性。控制棒驱动机构较复杂，可靠性要求高。

⑧ 沸水堆控制棒自堆底引入，因此发生"未能应急停堆预计瞬态"（指发生某些事故时控制棒应插入堆芯而因机构故障未能插入）的可能性比压水堆的大。

⑨ 从维修来看，压水堆因为一回路和蒸汽系统分开，汽轮机未受放射性的污染，所以容易维修。而沸水堆是堆内产生的蒸汽直接进入汽轮机，这样，汽轮机会受到放射性的污染，所以在这方面的设计与维修都比压水堆要麻烦一些。

针对沸水堆（BWR）在技术上和安全性能上的不足之处，美国 GE公司联合日本日立和东芝公司在 BWR 的基础上开发设计了比 BWR 更先进、更安全、更经济、更简化的先进沸水堆 ABWR。ABWR 的最终设计已获得美国核管会（NRC）的批准。世界上首台 ABWR，日本的柏崎刘羽 6 号机组于 1991 年开工、1996 年正式投入商业运营。

3. CANDU 重水堆

重水堆（HWR）是以重水（D2O）做慢化剂的反应堆，是发展较早的一种堆型。在重水堆的发展过程中曾经出现了多种类型，如有轻水（普通水）冷却的，也有重水冷却的；有压力容器式的，也有压力管式的，但迄今已实现商业规模推广应用的只有加拿大发展起来的 CANDU 型重水堆。[①]

（1）CANDU 重水堆的特点

① 它有鲜明的结构。CANDU 反应堆采用压力管式（代替压水堆的压力容器）的本体结构设计，整个反应堆由 380 个呈正方形排列的压力管所组成。其反应堆的容器和压力管都是水平布置的。

② 用重水作为慢化剂和冷却剂，即为重水慢化、重水冷却的压力管式反应堆。

③ 以天然铀做燃料，采用不停堆更换燃料。重水堆的突出优点是能最有效地利用天然铀。由于重水慢化性能好，吸收中子少，这不仅可直接用天然铀做燃料，而且燃料烧得比较透。另外，从堆芯燃料管理的角度，CANDU 型反应堆与通常采用停堆方式进行换的反应堆（如压水堆）显著的差别就是其在线换料的特点。

④ 在技术经济上可与轻水堆竞争。重水堆比轻水堆消耗天然铀的量要少，如果采用低浓度铀，可节省天然铀 38%。在各种热中子堆中，重水堆需要的天然铀量最少。此外，重水堆对燃料的适应性强，能很容易地改用另一种核燃料。

（2）CANDU 重水堆工作原理

既做慢化剂又做冷却剂的重水，在压力管中流动，冷却燃料。像压水堆那样，为了不使重水沸腾，必须保持在高压（约 90 大气压）状态下。这样，流过压力管的高温（约 300℃）高压的重水，把裂变产生的热量带出堆芯，在蒸汽发生器内传给二回路的轻水，以产生蒸汽，带动汽轮发电机组发电。如图 3—3 所示。

---

① 高雪东：《CANDU 核反应堆换料算法研究》，上海交通大学硕士学位论文，2007 年。

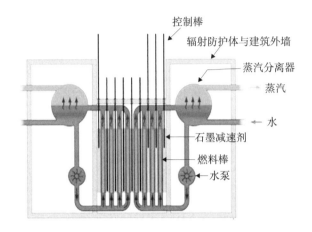

图 3—3　CANDU 重水堆工作原理图

4. 石墨水冷堆

第一座石墨水冷堆核电站是俄罗斯(苏联)建造的奥布宁斯克核电站，电功率 5 000kW。美国自 1943 年起建造了 8 座石墨水冷军用钚生产堆，1 座生产发电两用堆（NPR），后者热功率为 4 000MW。

20 世纪 60 年代中期开始，苏联将建堆重点转向石墨水冷堆，在其技术改进上花费了很多工夫。一方面设法加大单堆功率；另一方面设法简化系统，将加压水载热改为沸水载热。按照这条技术路线开发出了单堆电功率为 1 000MW 的 RBMK 机组。1973 年起，俄罗斯建造运行了一批这种核电站，苏联境内共建了 20 台机组。[1]

但自 1986 年 4 月 26 日切尔诺贝利核电站 4 号机组发生超临界爆炸事故后，这种堆型暴露出许多核安全方面的固有缺陷。苏联政府决定，现有 RBMK 型堆核电站针对发现的这些问题认真整改后继续运行，但不再建造新的 RBMK 型核电站。切尔诺贝利核电站全部机组均已停运。

（1）石墨水冷堆特点

石墨水冷堆技术源于军用钚生产堆。该种堆是以石墨为慢化剂和反射

---

[1]　张锐平等：《世界核电主要堆型技术沿革》，《中国核电》2009 年第 4 期。

层材料，以去离子水为冷却剂，具有如下特点。[1]

① 未设置安全壳

石墨水冷堆的厂房不密封，不能作为放射性核素向外环境扩散的屏障。

② 放射性工艺系统布置分散

一般PWR、BWR和PHWR型核电站的放射性工艺系统分别布置于2—3个厂房内，并且主要布置于安全壳内。石墨水冷堆的放射性工艺系统分别布置于10多个厂房和构筑物内。

③ 系统大而多

石墨水冷堆由20多个放射性工艺系统组成，其活化材料约10 000吨，污染材料约30 000吨。

④ 堆本体庞大

石墨水冷堆的堆芯是由石墨块堆砌而成，总重量为1 000吨级。

⑤ 反应性小

天然铀石墨水冷堆的重要特点之一是后备反应性很小，存在反应性正温度效应，控制棒组落棒速度过慢引进正反应性。

早期石墨水堆的反应性随其温度升高而升高，堆功率也随之升高（即所谓的正温度效应），从而又导致了反应性上升，直到反应堆置于外部引入中子吸收体（控制棒等）的控制下，或造成堆芯熔化等恶性事故。1986年，切尔诺贝利核事故后，正温度效应问题更加引起各方面的重视，在堆物理设计方面必须获得负温度效应，以确保反应堆具有至关重要的自稳性。

此外，还存在操作人员培训严重不足等安全文化建设方面的问题。

（2）石墨水冷堆工作原理

堆芯用大量核纯石墨砌体堆砌而成。石墨砌体内设有两三千个垂直孔道，内插可更换的石墨套管。套管中再插入铝合金工艺管，将冷却水同石

---

[1]　赵世信：《石墨水冷型反应堆工程退役方案》，《核动力工程》1994年第6期。

墨慢化剂隔开。工艺管内装有棒状或管状燃料元件。冷却水在堆芯的工艺管道内吸热沸腾而产生蒸汽，去推动汽轮发电机组发电。

在堆内天然铀中的铀-235吸收中子发生核裂变反应，放出中子和能量。这些中子一部分用于维持链式核裂变反应，另一部分则为天然铀中的铀-238所吸收，转化为钚-239及其他钚同位素。

三、第三代主要核反应堆

第三代（GEN-III）核电站的研发开始于1986年的苏联切尔诺贝利核事故后。为了消除人们对核电站安全问题的担忧，进一步改善核电的经济性，美国电力研究所（EPRI）制定适用于下一代轻水堆核电站设计的"用户要求文件"（URD），欧洲国家共同制定了类似的"欧洲用户要求文件"（EUR），国际原子能机构也对其推荐的核安全法规（NUSS系列）进行了修订补充，进一步明确了防范与缓解严重事故提高安全可靠性和改善人因工程等方面的要求。人们把按URD或EUR的要求开发或改进的核电机组称为第三代核电机组，典型代表是美国通用电气公司（GE）的ABWR、美国西屋公司(WH)AP1000、法德联合开发的欧洲压水堆(EPR)等。[①]

1. ABWR核电技术安全设施简介

ABWR的设计理念：大容量，高效率反应堆；采用改进型堆芯；采用内置泵的反应堆再循环系统；改进型控制棒驱动机构；三区危急堆芯冷却系统；确保钢筋混凝土反应堆安全壳等可靠性高、安全性高的反应堆系统；采用了运行性能良好的先进仪器控制设备；有效地布置汽轮机系统设备；以彻底降低废物发生量为目标的废物处理系统等。[②]ABWR的内部结构如图3—4所示。

---

① 姜巍等：《低碳压力下中国核电产业发展及铀资源保障》，《长江流域资源与环境》2011年第8期。

② 汪胜国等：《日本的改进型沸水堆（ABWR)》，《东方电气评论》1999年第3期。

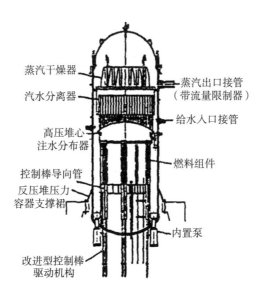

蒸汽干燥器
汽水分离器
蒸汽出口接管
（带流量限制器）
给水入口接管
高压堆心
注水分布器
燃料组件
控制棒导向管
反压堆压力
容器支撑裙
内置泵
改进型控制棒
驱动机构

图 3—4　ABWR 反应堆压力容器及堆内构件

ABWR 安全设施系统：

安全 2 级主循环泵；

安全 2 级主蒸汽管道（隔离阀上游）；

主蒸汽和主给水：安全 2 级隔离阀和安全 2 级安全阀；

安全 4 级和非核级设备冷却常用水系统和设备；

安全 4 级和非核级空调，通风系统（主控室除外，与安全有关）；

安全 4 级油箱，油泵；

安全 4 级或非核级发电机。

2. AP1000 核电技术安全设施简介

AP1000 的设计理念：在传统成熟的压水堆核电技术的基础上，安全系统"非能动化"，如图 3—5 所示。不需要能动设备的运行和外部动力，依靠状态的变化、储能的释放或自主的动作来实现安全功能，系统配置简化，安全支持系统减少，在设计中充分考虑了严重事故的预防和缓解措施；安全级设备和抗震厂房大幅减少，应急动力电源和很多动力设备被取消。采用了非能动设计大幅度减少了安全系统的设备和部件，与正在运行电站的设备相比，阀门、泵、安全级管道、电缆、抗震厂房容积分别减少

核辐射环境管理

了约 50%、35%、80%、70% 和 45%。

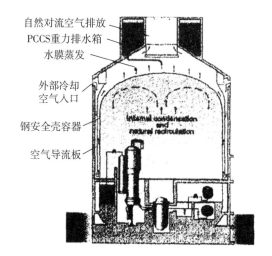

图 3—5 **AP1000 非能动堆芯冷却系统**

AP1000 的安全壳与大亚湾不同，安全壳外部是保护厂房，是混凝土结构，内部是安全壳厂房，包括钢安全壳和其内部构筑物。安全壳设计压力 5.0bar.g。

AP1000 主要包括如下非能动专设安全系统：

非能动安注系统；

非能动余热排出系统；

非能动安全壳冷却系统，有效防止安全壳超压；

非能动主控制室居留系统；

非能动安全壳氢控制；

非能动 MCR/I&C 室冷却；

非能动安全壳 pH 控制；

非能动安全壳大气放射性导出。

在发生堆芯熔化事故时，堆腔淹没系统将水注入压力容器外壁和其保温层之间，可靠地冷却掉到压力容器下封头的堆芯熔融物，能将堆芯熔融物保持在压力容器（IVR），保证压力容器不被熔穿，避免了堆芯熔融物和混凝土底板发生反应。主回路设置了4列可控的自动卸压系统（ADS1、2、3和4），其中1列卸压管线通向安全壳内换料水储存箱，1列卸压管线通向安全壳大气。通过冗余多样的卸压措施，能可靠地降低一回路压力，从而避免发生高压熔堆事故。安全壳内部设置冗余、多样的非安全级的氢点火器（64台）和非能动自动催化氢复合器（2台），消除氢气，降低氢气燃烧和爆炸对安全壳的危险。设置冗余、多样的自动卸压系统（ADS），避免了高压蒸汽爆炸发生。而在低压工况下，由于IVR技术的应用，堆芯熔融物没有和水直接接触，避免了低压蒸汽爆炸发生。

3. EPR核电技术安全设施简介

EPR的设计理念：采用成熟的设计技术，充分吸收现役核电厂的运行经验，增加安全系统冗余度，简化安全系统配置设计、改善电站运行条件、提高维修水平、减少人因失误、在设计中充分考虑严重事故的预防和缓解措施等，使EPR的安全水平明显提高。安全系统提供4×100%的冗余，允许随时进行预防性维修。

EPR专设安全设施系统：

（1）4个独立的中压和低压安注系统；

通过设计简单化、功能多样化和冗余系统确保安全功能。EPR配置四个同样的安全系统，具有非正常状态下冷却堆芯的功能。每个系统都能完全独立发挥其安全功效。这四个系统分别设在四个厂房，实行严格的分区实体保护。因内部事件（水灾、火灾等）或外部事件（地震）造成某一系统失灵时，另一系统代替有故障系统行使安全职能，实现反应堆安全停堆。这些结构性的安全系统将把在役压水堆极低的堆芯破损概率再降低一个10次方。

（2）安全壳内的换料水箱系统；

（3）低压安注系统兼作余热排出系统；

（4）2个独立的硼化系统；

（5）4个独立的应急给水系统；

（6）非能动安全壳氢控制系统（68台氢复合器，8台氢点火器）；

（7）安全壳具有非常高的密封性。

EPR的密封水平是国际上唯一的，反应堆厂房非常牢固，混凝土底座厚达6米，安全壳为双层，内壳为预应力混凝土结构，外壳钢筋混凝土结构，厚度都是1.3米。2.6米厚的安全壳可抵御坠机等外部侵袭。即使发生概率极低的熔堆事故，压力壳被熔穿，熔化的堆芯逸出压力壳，熔融物仍封隔在专门的区域内冷却。这一专门区域的内壁使用了耐特高温保护材料，能够保证混凝土底板的密封性能。EPR的熔堆事故影响严格限制在反应堆安全壳内，核电站周边的居民、土壤和含水层都受到保护。图3—6为双层安全壳示意图。

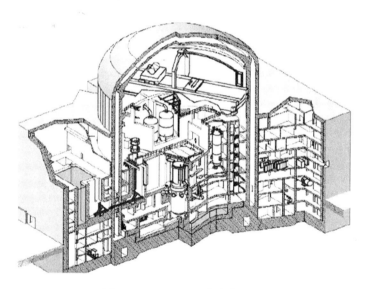

图3—6　EPR双层安全壳示意图

四、第四代核反应堆简介

第四代核反应堆系统（Gen-IV）是当前正在研究的一组理论上的核反应堆，其概念最先是在1999年6月召开的美国核学会年会上提出的。美国、法国、日本、英国等核电发达国家在2000年组建了Gen-IV国际论坛（GIF），并完成制订 Gen IV 研发目标计划。预期在 2030 年之前，这些设计方案一般不可能投入商业运行。核工业界普遍认同将目前世界上在运行中的反应堆列为第二代或第三代反应堆系统，以区别已于不久前退役的第一代反应堆系统。在八项技术指标上，第四代核能系统国际论坛已开始正式研究这些反应堆类型。这项计划主要目标是改善核能安全，加强防止核扩散问题，减少核燃料浪费和自然资源的利用，降低建造和运行这些核电站的成本。并在 2030 年左右，向商业市场提供能够很好解决核能经济性、安全性、废物处理和防止核扩散问题的第四代核反应堆。

对于第四代核能系统标准制定且可靠的经济评价，一个完整的核能模式显得十分重要。对于采用新型核能系统的第四代核电站的经济评估，人们需要采用新的评价手段，因为它们的特性大大不同于目前的第二代和第三代核电站。目前的经济模式不适合于不同的核技术或核电站，而是用于比较核能和化石能源。

最初，人们设想过多种反应堆类型，但是经过筛选后，重点选定了几个技术上很有前途且最有可能符合 Gen-IV 初衷目标的反应堆。它们为几个热中子核反应堆和三种快中子反应堆。有关 VHTR 潜在的可供应高温工艺热以用于制氢的设想也正在研究中。快中子反应堆可使用锕系核素为燃料，以便进一步减少产生核废物，且能够增殖出大于消耗的核燃料。这些核能系统在可持续性，安全性，可靠性，经济性，防止核扩散和人体防护方面，拥有重大的改进和提升。下面依次简要介绍每种反应堆。①

（1）热中子反应堆

热中子反应堆是一种安全、干净的经济能源。在目前及今后一段时间内它将是发展核电的主要堆型，已经实用化的热中子堆有轻水堆和重水

---

① 徐及明：《对中国实验快堆（CEFR）某些系统和设备核安全分级的探讨》，《核科学与工程》1999 年第 4 期。

堆。然而，热中子反应堆所利用的燃料铀 -235，在自然界存在的铀中只占 0.7%，而占天然铀 99.3% 的另一种同位素铀 -238 却不能在热中子的作用下发生裂变，不能被热中子堆所利用。Gen IV 中有三种最有希望的热中子概念堆。

（2）超高温气冷反应堆（VHTR）

VHTR 是高温气冷堆的进一步发展，采用石墨慢化、氦气冷却、铀燃料一次性循环方式。该反应堆的预期出口气体温度可达 1 000℃，这种热能可用于工业热工艺生产。例如：氢气的制备，VHTR 可有效地为热化学碘硫循环制氢工艺提供热能；还可为石化工业和其他工业提供热能等。600MWth 的示范堆堆芯连接一个中间热量交换器以传递热能。反应堆堆芯可为棱柱砖形，如在日本运行的 HTTR；也可为球床形，如在中国运行的 HTR-10。VHTR 具有很好的"被动安全"特性，热效率超过 50%，易于模块化，经济上竞争力强。

VHTR 设计上保持了高温气冷堆具有的良好安全特性，同时又是一个高效核能系统。它可以向高温、高耗能和不使用电能的工艺过程提供大量热量，还可以连接发电设备以满足热电联产的需要。如此一来，在保证高温气冷组合式所需安全特性的前提下，VHTR 系统即可向广泛的热加工过程供热，也可高效率地生产电力。该反应堆也可适用于铀 / 钍燃料循环方式，以便最低限度的产生高放核废料。该系统还具有采用铀 / 钍燃料循环的灵活性，产生的核废料极少。参考堆的热功率为 600MW，堆芯通过与其相连的一个中间热交换器传递热量。超高温气冷堆（VHTR）已被选为下一代核电站计划（NGNP）的目标堆型，并计划在 2021 年以前建成。

（3）超临界水冷反应堆（SCWR）

超临界水冷反应堆（SCWR）系统是一个高温、高压水冷反应堆，运行在水的热力学临界点（374℃，221MPa/705℉，3 208psia）以上。超临界水冷堆（SCWR）利用超临界水作冷却剂流体。这种水既具有液体性质又具有气体性质，热传导效率远远优于普通的"轻水"。所有 SCWR 基本上都是轻水反应堆（LWR），工作在高温高压下的直接一次性燃料循环的反应堆。最常见的设想是，像沸水堆（BWR）一样，其采用直接燃料循环工作方式。但由于它利用超临界水（不可与临界质量相混淆）作为工作流体，同压水堆（PWR）一样，只有一种相态。它可以在比目前的 PWR 和 BWR 更高的温度下运行。

超临界水冷反应堆（SCWR）是大有前途的先进核电系统。超临界水冷却剂可使反应堆热效率大约高出目前轻水堆的三分之一（热能效率可高达 45%，目前大部分 LWR 的效率约 33%）并使电站辅助设施（BOP）大大简化。这是因为冷却剂在堆内不发生相变，而且直接与能量转换设备连接。SCWR 示范堆的热功率为 1 700MWe，工作压强 25MPa，反应堆出口温度 510℃（有可能高达 550℃），使用铀的氧化物为燃料。SCWR 具有类似于简单沸水堆的"被动安全"特性。

SCWR 系统主要设计用于高效廉价发电，以及可能的锕系元素管理。其堆芯设计有两种：热中子和快中子反应堆。后者是一种封闭循环式快中子反应堆，在中心设有先进的水处理工艺，以充分重复利用锕系元素。SCWR 建立在两项成熟技术上：轻水反应堆技术，这是世界上建造最多的发电反应堆；超临界燃煤电厂技术，也在世界各地被大量地使用。由于系统简化和高热效率（净效率达 44%），在输出功率相同的条件下，超临界水冷堆只有一般反应堆的一半大小，预计建造成本仅 900 美元 /kW。发电费用可望降低 30%，仅为 0.029 美元 /kWh。因此，SCWR 在经济上有极大的竞争力。目前，有 13 个国家的 32 个组织展开了 SCWR 的研究。

（4）熔盐反应堆（MSR）

熔盐核反应堆的冷却剂为一种熔融盐氟化物。由于熔融盐氟化物在熔融状态下具有很低的蒸汽压力，传热性能好，无辐射，与空气、水都不发生剧烈反应。20 世纪 50 年代人们就开始将熔融盐技术用于商用发电堆。许多方案中已提出这种反应堆和建造几个示范性电站。早期和目前的许多设想都认同将核燃料溶解在熔融的氟化盐，如四氟化铀（UF_4）中，流体流入石墨堆芯后将达到临界状态，石墨还可充当堆芯的慢化剂。目前许多观点认为，核燃料应同熔盐一起分散在石墨矩阵内，熔盐可提供低压、高温冷却方式。

熔盐反应堆中，燃料是钠和锆与铀的氟化物的流动熔盐混合物，堆芯包括无包壳的石墨慢化剂。在大约700℃和低压下，熔盐混合物能形成熔盐流，熔盐型燃料流过石墨堆芯通道时释放出超热粒子。熔盐流体内的热能通过一个中间热交换器被转送给二次熔盐冷却剂回路，生成的蒸汽再由三次热交换器转送给发电系统。裂变产物溶解在熔盐里，经过一个在线后处理回路，可持续清除并用钍232或铀238替换这些裂变产物。然而仍将锕系元素保留在反应堆里直到它们裂变或转变成更高的锕系元素。

参考核电站的功率为1 000MWe。堆芯冷却剂的出口温度为700℃，（也可高达800℃，以提高热效率）。反应堆可为超热中子反应堆，MSR采用的闭式燃料循环能够获得钚的高燃耗和最少的锕系元素。MSR的熔盐流燃料中可添加锕系核素（钚）燃料，从而免去必要的燃料加工。锕系元素和大多数裂变产物在液态冷却剂中形成氟化物。由于熔融氟化盐具有很好的传热特性和很低的气压，因而可以降低容器对导管系统的压力。

熔盐反应堆燃料循环吸引人的特性还包括：高放废物只包含裂变产物，因此都是短寿命的放射性；产生的武器级裂变材料很少，因为所产生的钚的同位素主要是钚-242；燃料使用量少；由于采用非能动冷却，做成任何尺寸的这种反应堆均十分安全。

（5）快中子反应堆

在Gen-IV六种最有希望的概念堆中，快中子堆有三种。热中子反应堆不能利用占天然铀99%以上的铀-238，而快中子增殖反应堆利用中子同时实现核裂变及增殖，可使天然铀的利用率从1%提高到60%—70%。据计算，裂变热堆如果采用核燃料一次循环的技术路线，则全世界铀资源仅供人类数十年所需；如果采用铀钍循环的技术路线，发展快中子增殖堆，则全世界的铀资源将可供人类使用千年以上。

（6）气冷快中子堆（GFR）

气冷快堆（GFR）是快中子谱反应堆，采用氦气冷却、封闭式燃料循环，可实现铀238的高效转化和锕系核素的管理。与氦冷热中子谱反应堆一样，GFR 的堆芯出口的氦气温度很高。堆芯出口的氦气温度可达850℃，可采用直接氦气循环的涡轮机发电，也可将其热能用于热化学制氢和供热。

参考堆的电功率为 288 MWe，当采用直接布雷顿循环气轮机发电时，具有很高的热转换效率，热效率可达48%。人们正在选择几种可运行于非常高的温度下，并能极大地保留裂变产物的燃料：复合陶瓷燃料，改进的颗粒燃料，或陶瓷外壳包裹的锕系混合物。堆芯的设置可基于引棒或板型燃料组件或棱柱形砖。参考的 GFR 系统还包括一个完整的现场乏燃料处理和重加工工厂。

产生的放射性废物极少和能有效地利用铀资源是 GFR 的两大特点：通过结合快能谱中子和锕系元素完全再循环技术，GFR 大大减少了长寿期放射性废物的产生；对比采用一次性燃料循环的热中子气冷反应堆，GFR 中的快能谱中子技术，可更有效地利用可用的裂变及增殖材料（包括贫铀）。因氦气密度小，传热性能不如钠，要把堆芯产生的热量带出来就必须提高氦气压力，增加冷却剂流量，这就带来许多技术问题。另外，氦气冷却快堆热容量小，一旦发生失气事故，堆芯温度上升较快，需要可靠的备用冷却系统。

（7）钠冷快中子反应堆（SFR）

SFR 是采用液态钠为冷却剂，铀和钚的金属合金为燃料的快中子谱反应堆。燃料置于不锈钢包壳内，燃料包壳间的空间充满液态钠。采用封闭式燃料循环方式，能有效地管理锕系元素并转换铀-238。这种燃料循环可实现锕系完全循环利用，可用的堆型有两种：一种为中等功率（150—500MWe）的钠冷堆，使用铀—钚—少量锕系—锆合金燃料，采用设备上与反应堆集为一体的基于高温冶炼工艺的燃料循环方式；另一种为使用铀、钚混合型 MOX 燃料的中到大等功率（500-1 500MWe）的钠冷堆，

69

采用位于堆芯中心位置的基于先进湿法工艺的燃料循环方式。两者的出口温度大约都为550℃。一个燃料循环系统可供应多个反应堆。

SFR项目计划建立在两个密切相关的现有方案上，即液体金属快速增殖反应堆（LMFBR）与整体式快速反应堆（IFR），IFR是专门为核燃料循环而设计的一种核反应堆。目的是通过增殖生产钚和消耗超铀元素的方式，提高铀的利用效率。反应堆设计上使用未慢化的堆芯以运行快中子，因而可以裂变利用任何超铀元素（某些情况下当作燃料）。除了可在废物循环中除去长半衰期的超铀元素的优点外，当反应堆过热时，SFR中的燃料会发生膨胀，从而自动放慢链式反应。这种方式是被动安全的。

钠在98℃时熔化，883℃时沸腾，具有高于大多数金属的比热和良好的导热性能，而且价格较低，适合用作反应堆的冷却剂。但是，金属钠的另外一些特性，又使得在用液态金属钠做快堆冷却剂的同时带来许多复杂的技术问题。这些特性包括：钠与水接触发生放热反应；液态金属钠的强腐蚀性容易造成泄漏；钠在中子照射下生成放射性同位素；钠暴露在大气中，在一定温度下与大气中的水分作用引起着火。钠的这些特性给钠冷快堆设计带来许多困难，因此，钠冷快堆设计要比压水堆设计复杂得多。这些可以通过反应堆结构及选材来解决。

SFR的设计目的是管理高放废物，特别是钚和其他锕系元素。这个系统重要的安全特性包括：长热力响应时间、冷却剂沸腾时仍有大的裕量空间、主系统运行在大气压力附近、主系统中的放射性钠与发电回路的水和蒸汽之间有中间钠回路系统，等等。随着技术的进步，投资成本会不断降低，钠冷快堆也将能投产于发电市场。与采用一次燃料循环的热中子谱反应堆相比，SFR中的快中子谱，使得更有效地利用可用的裂变和增殖材料（包括贫铀）成为可能。

由于具有燃料资源利用率高和热效率高等优点，SFR从核能和平利用发展的早期开始就一直受到各国的重视。在技术上，SFR是Gen-IV6概念中研发进展最快的一种。美国、俄国、英国、法国和日本等核能技术发达国家在过去的几十年都先后建成并运行过实验快堆，通过大量的运行实验已基本掌握快堆的关键技术和物理热工运行特征。

(8) 铅冷快中子反应堆（LFR）

LFR 是采用铅或铅 / 铋低熔点液态金属作冷却剂的快中子堆。燃料循环为封闭式，可实现铀 -238 的有效转换和锕系元素的有效管理。封闭式燃料循环。通过设置中心或区域式燃料循环设备，LFR 能实现锕系燃料完全再利用。可以选择一系列不同容量的机组：50—150MWe 级，其两次燃料换装的间隔时间很长；300—400MWe 级的模块化核能系统和 1 200MWe 级的大单元集成电站（每种机组具有长寿命，工厂制造的核心，无须任何补偿的电—化学能量转换）。燃料采用包含铀 238 或超铀核素的金属体或氮化物。LFR 采用自然对流方式冷却，反应堆出口冷却剂温度为 550℃，采用先进材料则可达 800℃。较高的温度还可用于热化学制氢。

50—150MWe 级的 LFR 小容量交钥匙机组，可建造在工厂内，以闭式燃料循环运行，采用长换料周期（15—20 年）的盒式堆芯或可更换的反应堆模块。其具有供给小电网市场电力需求的特性，也适用于那些不准备在本土建立燃料循环体系来支持其核能系统的发展中国家。这种核能系统可作为小型分布式发电，也可用于生产其他能源，包括氢和饮用水的生产。

铅在常压下的沸点很高，热传导能力较强，化学活性基本为惰性，以及中子吸收和慢化截面都很小。铅冷快堆除具有燃料资源利用率高和热效率高等优点外，还具有很好的固有安全和非能动安全特性。因此，铅冷快堆在未来核能系统的发展中可能具有较大的开发前景。

第四代核能系统技术具有覆盖范围广阔、多堆型、可持续运行、更安全可靠、更廉价、更能防止核扩散的特点，给世界各国提供了更多的选择，以满足不同环境和生产条件的需要。对此，中国应抓住机遇，尽早申请成为第四代核能系统国际论坛的正式成员，以广泛吸收第四代核能系统国际论坛成员国拥有的第四代反应堆研发经验，提升中国第四代反应堆的自主研发能力。随着各国的密切合作和核能技术的不断进步，我们可以乐观地相信：核能一定会给人类带来更安全、更清洁、更廉价的能源，同时减少温室效应的影响，也可能最终解决人类发展的能源难题。

五、日本福岛第一核电站沸水堆技术安全性分析

2011 年 3 月 11 日 13：46，日本仙台外海发生里氏 9.0 级地震。地震引发大规模海啸，造成重大人员伤亡，并引发日本福岛第一核电站发生核泄漏事故。图 3—7 为福岛第一核电站厂区布置图。

图 3—7 福岛第一核电站厂区布置图

核事故按严重程度划分为七个等级，1—3 级称为核事件，4—7 级称为核事故，5—7 级要启动厂外应急响应。美国三里岛核事故为 5 级，苏联切尔诺贝利核事故为 7 级。福岛第一核电厂日本原子力安全委员会初期定为 4 级（3 月 14 日），法国核安全当局定为 6 级（3 月 15 日），3 月 16 日国际原子能机构接受 4 级的评定。以后，随着事故的扩大，4 月 12 日将此次福岛核事故定为 7 级。

福岛第一核电站 1 号机组于 1967 年 9 月动工，1970 年 11 月并网，1971 年 3 月投入商业运行，输出电功率净值为 439MW，负荷因子为 49.9%。2 号至 6 号机组分别于 1974 年 7 月、1976 年 3 月、1978 年 10 月、

1978 年 4 月、1979 年 10 月投入商业运行。2 号至 5 号机组为 BWR-4 型，784 兆瓦，6 号机组为 BWR-5 型，1 067 兆瓦。六台机组全是"沸水型"核反应堆。[①]

　　究竟是何原因导致如此严重的核事故？一方面，存在地震、海啸的客观原因；另一方面，福岛沸水堆本身就存在安全隐患（图 3—8 为福岛核电站内部结构）。主要的问题有：

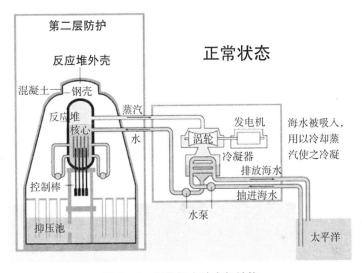

图 3—8　福岛核电站内部结构

　　（1）设计的历史阶段

　　福岛第一核电厂是 20 世纪 60 年代设计，70 年代初投入运行的早期沸水堆型核电厂，其设计和安全标准满足当时的要求。各种设备和管道都已老化，甚至存在锈蚀状况，所以最容易出现问题。设备老化也是此次事故的重要原因之一。

　　（2）堆型

　　福岛沸水堆核电站属于两回路设计，通过反应堆堆芯的一回路冷却剂

---

　　①　日本福岛核事故初步分析与 AP1000 核电技术。

直接变成蒸汽，驱动汽轮机发电。包容带有放射性冷却剂的一回路与最终热阱只有一道屏障。同时，两回路设计使得一回路放射性的冷却剂与外部环境也只有一道屏障。

（3）最后屏障——安全壳设计

福岛核电厂安全壳为双层安全壳（如图3—9所示），内层为钢制安全壳，外层为非预应力钢筋混凝土安全壳，钢制安全壳的内部总容积仅数千立方米，在事故情况下，一旦反应堆内释放出高温高压介质时，其升温升压进程会较快，短时间内即可能达到其设计的承压极限，导致安全壳内放射性物质向环境释放的可能性加大，由此可以看出，其在事故期间对放射性物质的包容性相对较弱。而非预应力钢筋混凝土结构的外层安全壳，承载能力相对较差，与先进压水堆的钢筋预应力混凝土安全壳相比，在事故情况下，其失效风险相对较高。

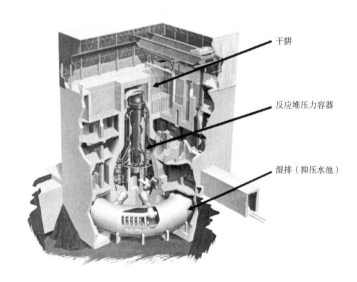

干阱

反应堆压力容器

湿排（抑压水池）

图3—9 福岛核电站安全壳

（4）安全设计

① 对外部电源的依赖性

福岛沸水堆在丧失全部交流电后，不得不依靠堆芯隔离冷却系统

（RCICS）来实现堆芯冷却和堆芯注水，该系统由蒸汽驱动。这个系统最重要的动力源，是需要蒸汽驱动汽轮机带动一个水泵。蒸汽在堆芯产生，经过顶部的汽水分离器，进入主蒸汽管线，然后驱动这个汽轮机，带动水泵，把上方的冷凝水箱的水注入堆芯中，以此达到堆芯冷却的目的。

②消氢装置的设置

作为20世纪60年代的标准设计，福岛核电厂针对严重事故工况下反应堆可能释放出的氢气，未安装相应的氢气浓度探测装置和消氢装置。因此，在本次事故进程中，造成1、2、3号机组最终因为氢气浓度不断增加而发生氢爆，破坏了包容放射性物质的最后一道屏障。

③极端事故情况下堆芯熔融物的滞留

福岛第一核电厂的沸水堆在设计时并未考虑反应堆堆芯的风险及应对措施，这就导致在极端事故情况下，压力容器存在被熔穿的风险，即无法避免堆芯熔融物和混凝土底板发生反应，进而产生大量的氢气。但从日本官方公布的数据和监测结果进行分析，没有迹象表明福岛核电厂发生了反应堆压力容器熔穿事故。

六、我国代表性堆型技术安全性分析

1. 我国核电站简介

我国是核能资源丰富的国家，从20世纪50年代中期开始建设核工业，现在已具备了建造核电站的物质和技术基础。我国政府对建立核工业非常重视，成立了核领导小组和核工业部，积极引入国际上已成熟的核技术，根据我国的实际情况，着重发展压水堆核电站。

2011年，在中国运行的6座核电站共11台机组，总核电容量有900多万千瓦，仅占全国总发电量的2%。按照《核电中长期发展规划（2005—2020年）》，到2020年，中国将增建多座核电站，当前已经从广东、浙江、山东、江苏、辽宁、福建、广西等沿海城市确定了13个优先选择的厂址，预计到时总投产核电容量达到 4 000 万千瓦，核电年发电量达到 2 600 亿千瓦小时，可占全国发电量的 6% 以上。并且，根据当前的核电建设，这个目标预计还可以上调。

我国核电站分布情况见表 3—1。

表 3—1　我国核电站分布情况

省份	序号	核电站名称	简　介
海南	1	昌江核电站	4 台 65 万千瓦压水堆核电机组，采用 CNP600 标准两环路压水堆核电机组
浙江	2	秦山核电站一期	30 万千瓦压水堆核电站
	3	秦山核电站二期	2×60 万千瓦商用压水堆核电站
	4	秦山核电站三期	建造两台 70 万千瓦级核电机组，采用坎杜 6 重水堆核电技术
	5	三门核电站	装机总容量将达到 1200 万千瓦以上
广东	6	大亚湾核电站	两台单机容量为 984MWe 压水堆反应堆机组
	7	岭澳核电站	两台百万千瓦级压水堆核电机组
	8	阳江核电站	六台百万千瓦级的核电机组，采用国际最先进的第三代核电技术
	9	台山核电站	一期工程建设两台 EPR 三代核电机组，单机容量为 175 万千瓦
福建	10	宁德核电站	4 台百万千瓦级核电机组
	11	福清核电站	6 台机组，采用二代改进型成熟技术
山东	12	海阳核电站	一期建设两台百万千瓦级压水堆核电机组，规划容量为六百万千瓦级核电机组
	13	华能石岛湾核电厂	20 万千瓦高温气冷堆核电站
江苏	14	田湾核电站	一期建设 2 台单机容量 106 万千瓦的俄罗斯 AES-91 型压水堆核电机组
辽宁	15	红沿河核电厂	一期规划建设 2 台百万千瓦级核电机组
湖南	16	桃花江核电站	规划装机容量为 400 万千瓦
广西	17	防城港核电站	规划建设六台百万千瓦级核电机组

下面就具有代表性的核电站进行简要介绍。

（1）秦山核电站

秦山核电站（如图3—10所示）一期工程是中国自行设计、建造和运营管理的第一座30万千瓦压水堆核电站，采用目前世界上技术成熟的压水堆，核岛内采用燃料包壳、压力壳和安全壳3道屏障，能承受极限事故引起的内压、高温和各种自然灾害。一期工程1991年建成投入运行，设计寿命30年。二期工程将在原址上扩建2台60万千瓦发电机组，1996年已开工。三期工程由中国和加拿大政府合作，采用加拿大提供的重水型反应堆技术，建设两台70万千瓦发电机组，于2003年建成。

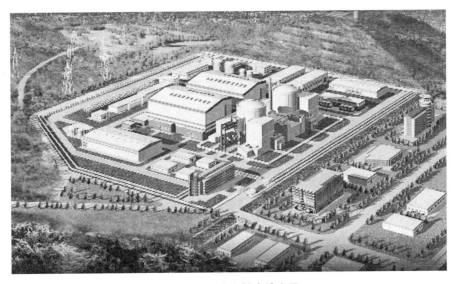

图3—10　秦山核电站全景

（2）田湾核电站

一期工程建设2台单机容量106万千瓦的俄罗斯AES-91型压水堆核电机组，设计寿命40年，年平均负荷因子不低于80%，年发电量达140亿千瓦时。1、2号机组分别于2007年5月17日和8月16日投入商业运行，田湾核电站二期工程2009年10月开工建设。如图3—11所示。

（3）大亚湾—岭澳一、二期核电站

大亚湾1、2号机组是两台900MW压水堆核电机组，岭澳一期1、2

图 3—11 田湾核电站全景

号机组为 1 000MW 压水堆核电机组，均引进法国核反应堆技术。岭澳二期核电站（如图 3—13 所示）是由中广核按照岭澳一期（如图 3—12 所示）"翻版加改进"的思路建造的第一座具有独立知识产权的 CPR1000 技术核

图 3—12 岭澳一期核电站全景

图 3—13 岭澳二期核电站全景

电站。中广核自称属于"二代 +"。阳江核电已经核准的1—6 号机均采用
CPR1000 技术。

大亚湾核电站核燃料有三道安全屏障:一、燃料包壳;二、压力容器;
三、90cm 厚的钢筋混凝土安全壳,并内衬 10cm 厚全密封钢板。

图 3—14 和图 3—15 分别为大亚湾核电站全景和大亚湾—岭澳一、二
期核电站全景。

由此可见,中国大陆目前只有压水堆(PWR)和重水堆(CANDU)
核电站运行,且均属于第二代核电站。

(4)在建核电站简介

已获得核准开工建设的核电站主要有:浙江三门、山东海阳核电采用
AP1000 第三代核电技术,中广核辽宁红沿河、广西防城港、广东阳江、
福建宁德、湖北咸宁核电均采用 CPR1000 核电技术,属于"二代 +",广
东台山核电采用 EPR 三代核电技术。

另外,我国在建设核电项目的同时,将同步建设中低放射性废物处置
场,用来处理核电发展不断增加的中低放射性废物,并在 2020 年前建成
收藏高放射性废物的地下室。

图 3—14　大亚湾核电站全景

图 3—15　大亚湾—岭澳一、二期核电站全景

在大力发展核电的同时，我国核电事业也需要直面安全挑战，同时保证公众的知情权和参与权。除了核电站，在农业、医疗、科研等领域广泛应用的辐射装置的安全性也应受到足够关注。

2. CPR1000 核电技术安全设施简介

从大亚湾、岭澳一期，到岭澳二期、红沿河，不到 30 年的时间，经过循序渐进、持续改进、自主创新，我国已经形成了具有自主品牌的中国改进型百万千瓦级压水堆核电技术 CPR1000。

（1）CPR1000 的安全设计准则是：

① 屏障的独立性

在任何情况下，三道屏障中任何一道屏障的破坏，不应该引起其他屏障的破坏。例如，一回路的破裂不应导致燃料包壳的熔化和安全壳的损坏。

② 多重性原则

每一系统内的重要设备都是冗余的，其支持系统（如电源）不同系列，每一套设备都能保证其整体功能的完成，满足单一故障准则。

③ 设备的可靠性

关键装置都有应急电源，并在失电时处于安全状态，需要冷却的设备（泵、热交换器等）应有备用水回路。另外，回路设计成即使在反应堆正常运行时也能进行试验。

④ 按设计基准事故（即最大的预想事故）确定设备能力，保证：

燃料元件包壳的峰值温度低于 1 200℃ ；

由水或蒸汽与包壳反应产生氢气量不超过假设所有包壳都与水或蒸汽起化学反应所产生氢气量的 1% ；

安全壳内的压力低于设计压力（0.52MPa）；

可允许失去正常电源。

当 CPR1000 的一回路系统发生失水事故或二回路的汽水回路发生破裂或失效时，为了确保堆芯热量的排出和安全壳的完整性，限制事故的发展和减轻事故的后果，核电站设置了专设安全设施。专设安全设施包括：安全注入系统（RIS）；安全壳喷淋系统（EAS）；辅助给水系统（ASG）；安全壳隔离系统（EIE）。

（2）典型事故

① 一回路小破口事故（破口当量直径 9.5—25mm）

当一回路的泄漏量很小时，通过增加 RCV 的上充流量就可以补偿泄漏的流量。但是，当泄漏量较大时，就必须投入安注系统以补偿泄漏，限制稳压器水位和压力的降低。为了减少泄漏量和增大安注流量，以避免造成堆芯裸露，需要尽快使一回路降温降压。但是，由于泄漏量较小，在开始时泄漏可能不足以带出堆芯的余热，必须及时投入 ASG，保证排出堆芯余热。蒸汽发生器的蒸汽通过汽机旁路 GCT 排入凝汽器或者排入大气。

② 一回路大破口事故（破口当量直径＞345mm）

一回路的主管道突然产生脆性断裂是典型的大破口失水事故。这是一种专设安全系统的设计基准事故。这时专设安全设施的作用体现在以下几个方面：

（Ⅰ）投入安注系统（包括高压安注、中压安注和低压安注）向堆芯注水，防止或限制堆芯的裸露，保证燃料元件的完整性；

（Ⅱ）进行安全壳隔离，以防放射性物质通过安全壳的贯穿件泄漏到安全壳以外；

（Ⅲ）投入安全壳喷淋系统，使安全壳内大气降温降压，保证安全壳（第三道屏障）的完整性；

③ 二回路大破口事故

主给水管道大破口事故。如果主给水管道断裂（主给水设备失效后果相同），则需要及时投入辅助给水系统，以排出堆芯的余热。

蒸汽管道断裂事故这时需要采取以下措施，以限制事故的扩大：

（Ⅰ）启动安注系统向一回路注入高浓度硼酸溶液，防止由于蒸汽流量突然增大使一回路冷却剂温度过冷而引入正反应性，使堆芯重返临界；

（Ⅱ）启动辅助给水系统，保证蒸汽发生器的给水，以导出堆芯的余热，一直到余热排出系统 RRA 投入为止；

（Ⅲ）如果蒸汽管道的破口出现在安全壳内，则需要启动安全壳喷淋系统，以保证安全壳的完整性；

（Ⅳ）为了避免三台蒸汽发生器排空，需要进行蒸汽管道隔离。

第四章　放射性废物的处理技术

目前，世界各国正积极推行低碳经济，清洁能源的呼声越来越高，中国正积极发展核电。因此，全面和正确地认识放射性废物的处置就尤为重要。核电站放射性废物主要指的是放射性固体废物、放射性废液、放射性废气，俗称"三废"。

一、放射性固体废物处理技术

核电站在运行过程中会产生大量的放射性废物，其中固体放射性废物数量占有相当大的比例。我们必须对这些放射性废物进行有效的管理，以确保人类生存环境的安全和可持续发展。

目前，放射性固体废物处理技术主要包括：固化技术和减容技术。

1. 固化技术

固化是将废液转化为固体的过程，该固体被称为废物固化体，固化废液的材料被称为固化基材，例如玻璃、水泥、沥青等。

将废物转化成一种适当固体形态，以减少其在贮存、运输和处理期间由于自然过程而可能造成的放射性核素迁移或弥散，这一过程被称作核废物的固定，它一般是指将放射性固体废物与某些固化基材一起转化成某种稳定、牢固、惰性固体物的过程。在习惯上将放射性废物的固化和固定统称为广义的放射性废物固化。固化是核废物处置前最重要的处理措施之一。

（1）固化技术一般要求

固化核废物的基本要求是：① 固化体应具有良好的导热性、化学稳定性、辐射稳定性和一定的机械强度；② 固化体具有较低的浸出率；③ 固化体无爆炸性、自燃性，对废物容器无腐蚀性；④ 固化过程具有较明显的减容效果，具有较大包容量；⑤ 固化时应尽量少产生二次废物；⑥ 高机械强度，在装卸运输过程中，保持结构完整性，不致出现粉碎破裂；⑦ 固化工艺流程简单，能远距离操作、维修，处理费用较低。

表 4—1 列出了放射性废物固化方法名称、固化对象、主要优缺点等。其中，沥青固化和水泥固化是当代工业规模固化低、中放废液的主要方法；玻璃固化是固化高放废液的常用工艺；其他固化方法尚处于开发研究阶段。

表 4—1　放射性废物主要固化方法

方法名称	固化对象	主要优点	主要缺点	应用状况
玻璃固化	高放废物	浸出率较低，减容比较大，辐射稳定性和导热性较好	成本较高，工艺复杂，产生二次废物，固化体的热稳定性较差	工业规模应用
陶瓷固化				
玻璃陶瓷固化				处于试验阶段
人造岩石固化		固化体浸出率低，包容比大，辐射稳定性和化学稳定性较好	工艺较复杂，成本高	由实验转入应用阶段
煅烧固化		减容比大（7—12），无侵蚀性、导热性、抗辐射性、热稳定性较好	浸出率高，化学稳定性较差	流化床法已得到工业规模应用
热压水泥固化		固化体的浸出率较低，热性能、机械强度、抗辐射性等较好，工艺简单、成本较低	研究不够	处于试验阶段
复合固化		固化体的机械强度大，浸出率低，抗辐射性好	工艺较复杂，成本高	处于试验阶段

续表

方法名称	固化对象	主要优点	主要缺点	应用状况
沥青固化	低放废物	固化体的浸出率较低，工艺简单，成本低廉，废物包容量大，减容比小（1.5—2）	固化体的导热性、抗热性、抗辐射性较差，易爆、易燃	工业规模应用
水泥固化		工艺简单，成本低廉，固化体热稳定性、抗辐射性较好，机械强度较大，无二次废物生成	增容明显（0.5—1倍），固化体浸出率较高	工业规模应用
聚合物固化		工艺简单，减容比大（2—5），固化体的浸出率较低，热稳定性、导热性等较好，废物包容量较大	成本高，设备较复杂	部分得到小范围应用

（2）常用的固化技术

① 玻璃固化

玻璃固化是将高放废液与玻璃基材以一定比例混合后，置于装有感应炉装置的金属固化设备中高温熔融，经过退火后成为包容有放射性废物的非晶质固化体。该法始于 20 世纪 50 年代，法国 1977 年建成世界上第一座玻璃固化工业设施。

该方法目前在国际上工艺较成熟，应用最广的高放废液固化术。优点为浸出率较低，减容比较大，辐射稳定性和导热性较好。缺点为成本较高，工艺较复杂，产生二次废物，固化体的热稳定性较差。

玻璃固化基材可以分为以下 5 个种类：

硼硅酸盐玻璃：最常用的玻璃固化基材，其固化体称为标准固化体，作为与其他种类固化体对比的参物。

铝硅酸盐玻璃，其化学成分为 Na_2O、CaO、SiO_2 等。

磷酸盐玻璃：世界上最早开发研究的一种玻璃固化基材。

高硅玻璃：化学稳定性好。

玻璃复合基材：在玻璃固化体表面包覆金属或陶瓷层，或将其埋入金属（铅或铅合金）基体中。

② 陶瓷固化

将高放废液与一种或数种天然矿物或人工化合物一起经高温煅烧、热压等，制成稳定固化体。

陶瓷固化与玻璃固化的本质区别是：玻璃固化体是经熔融、快速冷却后形成的非晶质体，而陶瓷固化体是经熔融、缓慢冷却后形成的晶质体。

放射性核素在陶瓷固化体中主要以固溶体和独立矿物形式存在。

陶瓷固化可按不同的分类标准进行分类。如按固化基材分为：硅酸盐陶瓷、钛酸盐陶瓷、铝酸盐陶瓷、磷酸盐陶瓷。按固化基材和工艺流程分为：烧结陶瓷（铝酸盐矿物固化）、二氧化钛陶瓷、独居石陶瓷（磷酸盐矿物固化）和玻璃陶瓷等。

（Ⅰ）烧结陶瓷固化

烧结陶瓷固化又称为铝酸盐矿物固化。

添加剂为：Al_2O_3、TiO_2、ZrO_2、SiO_2、稀土氧化物、沸石、黏土等。

放射性核素被固定在新生矿物中，如磁铁铅矿、尖晶石、晶质铀矿、刚玉、霞石和钙钛矿等。

（Ⅱ）二氧化钛陶瓷固化

二氧化钛在地下水中具有很高的稳定性。

添加剂：锐钛矿（TiO_2）粉末（0.4—0.7μm）。

放射性核素呈固溶体或独立矿物形式被金红石（TiO_2）包容。

（Ⅲ）独居石陶瓷固化

独居石陶瓷固化又称为磷酸盐矿物固化。

（Ⅳ）玻璃陶瓷固化

介于玻璃固化和陶瓷固化之间的高放废液固化工艺。

将高放废液与固化基材在高温条件下熔融，快速冷却（玻璃化）、再加热及缓慢冷却（晶质化），最后形成玻璃和晶质各半的固化体。

放射性核素呈类质同相形式被固定在晶质相中，或呈固溶体形式分散于玻璃相中。

该技术是今后最具有发展前途的高放废物固化方法之一。现已开发的有：榍石玻璃陶瓷、钡长石玻璃陶瓷、硅钛钡石玻璃陶瓷、玄武岩玻璃陶瓷、透辉石玻璃陶瓷等。

③ 人造岩石固化

人造岩石（Synroc）固化的实质是一种钛酸盐陶瓷固化工艺。由澳大利亚人1987年发明的一种高放废液固化技术。

优点：耐浸出性极好，包容比大，机械强度、热稳定性、化学稳定性和抗辐射性好。

缺点：工艺复杂，成本较高。

④ 复合固化

鉴于各类固化体均不同程度地存在缺点，近年来开发出了第二代高放废物固化工艺——复合固化。

优点：导热性能好，机械强度高，浸出率、渗透率和外部辐射剂量低。

缺点：工艺复杂，成本较高。

（Ⅰ）包覆固化

首先对高放废液固化，然后在固化颗粒表面再包覆玻璃、陶瓷、金属碳化物等物质层，最后被包容在金属或石墨基体中，制成多重屏障废物固化体。

（Ⅱ）金属包埋固化

将高放废液固化成玻璃或陶瓷固化体颗粒后，包埋入金属基体（铅合金）中的一种复合固化技术。

⑤ 水泥固化

水泥固化放射性废物的应用在核工业和核研究中心已超过40年，是放射性废物处理的一种常用的方法，为放射性废物以安全稳定的固体状态封存提供了一种经济有效的办法。

（Ⅰ）低、中放废物水泥固化

低、中放废物水泥固化是将废液或湿固体废物、水泥、水、添加剂按一定比例混合，在常温下硬化成废物固化体。硬化方法有：桶外法、桶内法和大体积浇注法。

优点：工艺简单，成本低，机械强度较大，热稳定性、抗辐射性较好，无二次废物生成。

缺点：增容明显（0.5—1倍），浸出率较低。主要用于低、中放废物的处置。

（Ⅱ）中、高放废物热压水泥固化

热压水泥固化是用普通水泥、添加剂、核废物和水混合在一起，在一定温度下、压力下热压固化的一种中、高放废液固化工艺。

⑥ 沥青固化

放射性废物的沥青固化技术在核工业的应用已经有40多年，曾有过20个以上的国家使用沥青固化放射性废物。沥青固化是指将加热的沥青与放射性废物一起混合，然后再处置桶内冷却，形成硬的固化体，将放射性废物转化成稳定的状态，以便于废物管理和适合的最终处置。

优点：工艺简单，浸出率较低，成本低廉，包容量大。

缺点：导热性、抗热性、抗辐射性较差，易燃、易爆。

⑦ 聚合物固化

聚合物固化是将核燃料的循环过程、核电厂运行、同位素生产和核研究活动中产生的湿固体废物转变成稳定的固体形态，减小放射性核素释放到环境中的可能性。聚合物大多为热塑性塑料和热固性塑料，前者经过高温状态后冷凝能恢复到原来状态，而后者不能。

优点：工艺简单，浸出率较低，热稳定性、导热性较好，包容量较大。

缺点：设备较复杂，成本高。

2. 减容技术

压缩和焚烧是目前世界各国对放射性固体废物减容的重要手段。放射性固体废物的压缩、焚烧等减容效果，用减容比（或减容系数）表征，其为处理前后核废物的体积之比。减容比越大，减容效果越好。

（1）焚烧

　　焚烧是对可燃性废物减容的常用处理技术，将可燃性（固体、液体）废物置于高温焚烧炉内焚烧，产生的惰性熔渣或灰烬（具有比原来高得多的比活度）供进一步固定等。

　　核废物焚烧一般可分为干法焚烧和湿法焚烧两大类(如表4—2所示)。其中干法焚烧工艺的开发研究最早，目前应用最广，处置效率较高，但其尾气净化工艺复杂；湿法焚烧工艺尚处于研究开发阶段，其处理效率较低，但易于回收灰烬中的钚和铀，且尾气处理工艺较简单。

　　干法焚烧炉的炉型繁多，其中最重要的是过量空气焚烧炉和热解焚烧炉。干法焚烧炉一般具有以下结构系统：焚烧系统、净化系统、控制系统、通风系统。

　　湿法焚烧工艺可分为预处理（监测、分类、切割）、酸浸煮、尾气处理、酸分馏和残渣处理等流程。该法尤其适用于焚烧 α 废物，其减容比最大可达 70%—80%，并可回收废物中 95% 以上的钚、铀，因而也适用于处理含钚废物。

表4—2　放射性废物焚烧炉炉型及其特点

焚烧方式	炉　型	工艺特点	优缺点
干法焚烧	过量空气焚烧炉	这是最古老，也是目前应用最广泛的焚烧炉型；过量空气氧化使固体、气体组分直接燃烧（800—1100℃）	结构简单，操作方便；有较多飞灰进入尾气系统；能耗高；不易自动化
	控制空气焚烧炉	首先在第一燃烧室空气不足的条件下燃烧（500—800℃）；所成氧化物和挥发进入第二燃烧室空气过量条件下完全燃烧（800—1100℃）	可控制焦油、烟灰的生成，飞灰少，适合于处理可燃性塑料类，以及发热量大、烟灰量多的废物
	热解焚烧炉	与控制空气焚烧炉相同	适于焚烧塑料类；易产生焦油；燃烧时间长
	流化床焚烧炉	被破碎废物加进流化床中，在剧烈搅动状态的惰性介质（例如碳酸钠颗粒物等）中，充分燃烧（800℃）	燃烧中产生的酸性气体随之被床料中和，不产生二次废物；床料需不断更新

焚烧方式	炉型	工艺特点	优缺点
干法焚烧	熔盐焚烧炉	废物在熔融状碳酸钠或硫酸钠的空气中燃烧，其残渣和灰分进入熔融盐中	不需除酸和捕集烟尘，净化设备简单，易回收有用核素；需要更换熔盐介质，增加二次废物量；加料装置复杂；炉衬易熔融
	高温熔渣炉	被切碎（15cm 大小）废物进入装有燃烧器的燃烧室中（1500—1600 ℃），高温焚烧成熔融渣	炉温高，废物可夹杂少量不可燃烧物；熔渣可直接处置，无须固定，无灰烬，尾气过滤简单
	旋风焚烧炉	利用炉箅的运动使废物运动，由冲击式加料器把可燃物料不断加入圆筒形炉床中，再靠旋转机械搅拌器桨叶的作用完全燃烧	焚烧聚氯乙烯时，一经搅动就黏结成大块，转动装置易发生故障
	回转焚烧炉	主燃烧室是一个水平圆筒，随其中心纵轴旋转，搅动废物，促进燃烧	适于焚烧湿固体废物、热塑性塑料；焚烧聚氯乙烯、热固性树脂时通道易堵塞
湿法焚烧	热浓 H_2SO_4–HNO_3	借浓热 H_2SO_4 炭化有机物，进而依靠浓 HNO_3 氧化碳化物，可完全氧化分解	操作温度低（250℃），可回收钚、铀；尾气处理简单；大部分酸可回收复用；操作简单，处理量小（约1.5kg/h），腐蚀性大，设备要求高
	浓 H_2SO_4–H_2O_2	第一步：H_2SO_4 碳化有机物 第二步：H_2O_2 氧化碳化物	可回收废物中的钚、铀；尾气处理简单，处理量小
	H_2O_2（Fe^{2+}）	用 35 % H_2O_2，以 Fe^{2+}（500×10^{-6}）作催化剂，在 100℃ 常压下氧化分解有机废物	在常温、低压下操作，尾气处理简单，腐蚀性较酸法小；适合焚烧废树脂；处理率较低

（2）压缩

借压缩机械将废物压实减容。

压缩效果用减容比表征。

减容比＝压缩前废物体积/压缩后废物体积

放射性废物压缩处理的减容比一般为 2—6，若采用高压压缩机，则减容比可达 100，甚至将金属压缩至其近似理论密度。

优点：成本较低；几乎不产生二次废物；设备简单，操作方便，易实现自动化。

缺点：减容效果较焚烧法差，且减容不减重。

用于压缩固体废物的压缩机种类繁多，按压缩方式可分为单向压缩机、三向压缩机、卧式压缩机、立式压缩机、固定式压缩机、车载流动式压缩机等，按压力大小可分为低压压缩机（数十吨至 100 吨压力）、中压压缩机（数百吨至 1 000 吨压力）和高压压缩机（数千吨压力）。压缩机的驱动力可为水压、油压和气压等。低压压缩机一般在固体废物产生现场使用，高压压缩机（移动式、固定式）则常置于处置场（库）使用。

二、放射性废液处理技术

在放射性"三废"中，放射性废水所占的比例相当大，因此对放射性废水的处理尤其应当重视。

放射性废水是指核燃料前处理和后处理，原子能发电站，应用放射性同位素的研究、医院、工厂等排出的废水。按废水所含放射性废水浓度分为高水平、中水平与低水平放射性废水。按废水中所含射线种类，还可以分为 α、β、γ 三类放射性废水。

1.放射性废液的来源及特点

在核工业部门、一些科研部门，如核电站反应堆、铀钍的湿法冶金厂、医院、同位素试验堆及生产堆等都会产生放射性废水，表4—3归纳了部分主要的放射性废液的来源。

表4—3　主要放射性废液的来源

工厂及设施	废水来源	废水特征
铀燃料制造工厂	天然铀加工过程废水	铀开采、加工过程中产生的含微量铀、镭、钍的废水，危害性小
	浓缩铀加工过程废水	废水的放射性活度大、危害大

工厂及设施	废水来源	废水特征
反应堆	反应堆冷却水	冷却水中的部分杂质受到中子照射产生活化物，半衰期较短，危害性小
	乏燃料储存水池废水	储存池中的废水一般不含放射性，但当发生燃料元件破损事故时会有大量裂变元素泄漏于水池中，造成污染
	燃料装卸冲洗废水	一般只含有微量放射性物质
	研究反应堆及其他特殊反应堆废水	含有可能产生的不同类型的各种放射性物质

在核电站运行和停运过程中，都会形成放射性活度不同的废水。这些废水的特点是组分复杂、浓度和水量的变化幅度较大，这种变化与核电站反应堆类型、电站的管理水平以及水化学工况等有关。放射性废水因含有放射性元素或裂变产物，会损害人的身体健康，一旦进入人体，极易在器官内沉积，乃至危害生命，所以要经过严格处理才能排放。

2.放射性废液的处理方法

放射性废液具有重金属元素种类多和浓度高、具有放射性、对人和动物危害大的特点。从根本上来讲，放射性元素只能靠自然衰变来降低以及消除其放射性。故其处理方法从根本上说，无非是贮存和扩散两种。对于高水平放射性废物，一般妥善地贮藏起来，与环境隔离；对中低水平的放射性废物，则用适当的方法处理后，将大部分的放射性废物转移到小体积的浓缩（压缩）物中，并加以贮藏，而使大体积废物中生育的放射性小于最大允许排放浓度后，将其排于环境中进行稀释、扩散。

（1）高放废液处理技术

高放废液通常是指放射性水平高、放射性核素寿命长、放射毒性高的放射性液体废物（其放射性活度大于 $3.7 \times 10^{10} Bq/L$）。它主要产生于核燃料后处理厂的水相萃残液、反应堆的乏燃料及同位素生产线，其组分中含有大量长寿命裂变产物（如 ^{129}I、^{99}Tc 等）、锕系放射性核素（如 ^{239}Pu、^{243}Am、^{247}Cm、^{238}U 等）及活化产物，致使高放废液具有较高的放射性活度、较多的衰变热和极高的放射性毒性，它需要衰减数十万年后才能达到安全水平。

自 20 世纪 40 年代美苏等国开始研究放射性废物管理技术以来，低、中放废液的管理技术已发展得比较成熟，而高放废物由于产生的数量少、处理难度大、技术复杂、耗资大等原因，致使目前在这方面的管理技术进展缓慢。将目前发展中的高放废液处理技术归结起来，即为废液预处理、废液固化和废物最终处理三个阶段。[①]

① 高放废液预处理

高放废液的预处理是高放废液固化和最终处理前的处理过程，此阶段包括高放废液暂存（减少废物液的释热量）、过滤浓缩和浓缩液储存三个过程。目前对废液进行暂存及贮存技术较为成熟，过滤浓缩是此阶段技术的难点。

（Ⅰ）过滤

过滤，其目的是用过滤器从废液中滤去沉淀物和悬浮固体颗粒，以免废物在容器上结垢难以处理，它包括去污和净化。过滤技术的发展主要在于过滤设备的改进。核工业中现有的过滤设备为：一般的去污设备和后来开发的有净化功能的特殊去污设备（如有机和无机离子交换树脂床等）。由于绝大多数高放废液含盐度及悬浮固体颗粒较多，使某些特殊的去污设备难应用于高放废液，致使现有的高放过滤设备通常以一般过滤器为主。

随着材料技术的兴起，为了进一步提高过滤效果，人们已开发了无机离子交换剂，如黏土类、沸石类等及人工改性合成产品，但目前它们均存在某些缺点，难以进行大规模的工业应用，可见开发具有双重过滤效果的高放过滤设备，并实现工业应用仍是该领域的发展方向。

（Ⅱ）高放废液的浓缩

浓缩是高放废液管理不可逾越的一步，其目的是减少废物庞大的体积，便于贮存并降低废液的后处理量，同时也利于放射性核素和硝酸回收

---

① 全林等：《高放废液管理技术发展及研究》，《高技术通讯》2002 年第 7 期。

再利用。高放废液浓缩技术已比较成熟，其方法有蒸发和煅烧两种，工业中通常以蒸发技术为主。

煅烧是较早的浓缩方法。此法在处理废液过程中，无须过滤而直接将高放废液煅烧浓缩成易于管理的固体废物，但它会产生大量的放射性废气，且处理费用极高。现代的废液处理厂多选用蒸发方案。蒸发即通过汽化或沸腾除去挥发性组分（以水为主），实现挥发性和非挥发性组分分离，从而浓缩高放废液。它产生的放射性蒸汽易于回收和处理，是理想的废液浓缩方案。

蒸发浓缩与净化一样，其技术的发展在于设备的进步。目前以自然循环式蒸发器在工业中应用最为广泛。此外，人们还成功地开发出多种具有特殊功效的蒸发设备，如薄膜蒸发器（能将高放废液蒸干）、多效蒸发器（带有除雾沫装置）、双级蒸发器（降低能耗）、红外加热蒸发器（对废液进行表蒸发，无沸腾，净化因子极高）等。但设备的结垢和防腐问题尚有待进一步解决。

（2）高放废液的固化处理

对暂存后的浓缩废液有两种处理方案：其一，液体直接进行最终处理；其二，固化后形成固体进行最终处理。目前由于技术所限，后者是考虑最充分、最现实的一种处理工艺，为高放废液长期安全处置提供了条件。其工艺过程为高放废液固化和固化体包装后运输到指定地点进行可回收式暂存。

① 高放废液的固化

高放废液进行固化处理的思想，始于 20 世纪 50 年代的"不释放环境"的废料处理法。其原理为将高放废液通过合适的固化方法，把放射性核素固定成稳定、牢固、惰性的固体废物，从而减少废物体积，以便于管理，同时避免由于废液长期贮存使贮存罐腐蚀而引起核泄漏。由高放废液的特性决定，常规的中、低放废液固化方法，难以满足固化产物（称固化体）在机械强度、抗浸出性、热稳定性及耐辐照性等方面的较高要求，致使目前用于工程实践中的方法极其有限，并都存在某些不足，大部分方案正处于试验研究及开发阶段。在此，按固化基材的差异，将高放废液的固化技术归纳为以下三类：

（Ⅰ）第一类固化方案

第一类固化发源于浓缩处理，它是不加任何固化剂的高放废液固化处理技术，其实现手段包括煅烧、蒸干和熔融三种方法。

煅烧和蒸干过程与浓缩相同，其产物成为较稳定的固体氧化物。但它的表面积大、化学稳定性差、浸出率高达 0.1—1.0g/(cm².d)，作为最终处理固化体效果不太理想。随着高放废液玻璃固化技术的不断成熟，它们很快被当作固化的中间产物考虑。

熔融固化是将煅烧后的高放废液在高温（1 150℃）条件下熔融，冷却后装桶的一种高放废液固化技术。其生成物为复杂的多相体系，性能优于煅烧或蒸干的固化体。此方法减容比较好，工艺简单，但目前试验表明，其固化体的抗浸出性及机械强度等方面与目前各国拟定最终处理方案的要求还有一定的差距。因此该技术发展的余地较小，但也不排除第三类固化方案或固化体最终处理技术的进一步发展，会为它带来较好的应用前景。

（Ⅱ）第二类固化方案

第二类固化是在高放废液中加入一定量的固化基材（玻璃、陶瓷等）的固化方法。它是目前各国研究的重点，包括水泥、玻璃、陶瓷及其增强型四种方法。

传统的硅酸盐水泥是最早的放射性废液固化添加剂。当中、低放射性废液水泥固化成功后，人们试图用它来处理高放废液，随即开发了热压水泥固化法。但试验结果表明该法水化产物吸附能力仍然较差，固化效果极不理想。近些年来人们在碱矿渣水泥中加入沸石、硅灰等材料后，在固化高放废液方面开展了大量的研究，实验效果比较理想，从而为高放废液水泥固化带来了一线希望。此外，水泥固化法能避免煅烧后引起的二次污染问题，但其配方精确度要求较高，且增容较大等缺点是目前阻碍其工业应用的关键。

玻璃、陶瓷及其增强型固化都是改进型的煅烧固化法。在 20 世纪 70 年代，玻璃固化被公认为最好的方法，现在它已发展成为多种成分（如硼硅酸盐、铝硅酸盐、磷酸盐等）、多种工艺方法（如 AVM 法、PAMELA 法、HARVEST、现场固化等）、多种煅烧设备（焦耳加热炉、焚烧炉、直流等离子体炉、高频感应加热炉等）的高放废液玻璃固化技术。这是目前用于固化高放废液最成熟的技术（以硼硅酸盐玻璃固化最常见）。玻璃固化技术不仅广泛应用于常规高放废液固化，而且随着现场玻璃固化技术的问世，玻璃固化在紧急处理地下局部核泄漏方面显示了独特的功效。玻璃固化技术虽比较成熟，但玻璃体存在自发结晶现象，致使固化体热力学性能不稳定，而陶瓷体则可弥补玻璃体在热力学性能方面的不足，于是人们开发出了陶瓷固化法。目前开发的固化形式有玻璃体陶瓷固化、烧结陶瓷固化、二氧化钛固化、独居石陶瓷固化及钛酸盐陶瓷固化等。但由于其工艺复杂，大都处于研究阶段。玻璃体陶瓷固化，是介于玻璃和陶瓷间的一种固化方法，它能有效地弥补玻璃体热稳性、机械强度不好和陶瓷体导热性差的缺点，在国际上很受重视，目前在铝硅酸盐玻璃陶瓷固化技术方面发展较快。为了弥补陶瓷体导热性能的不足，人们开发了增强型陶瓷和增强型玻璃陶瓷固化方法，其基本思想为在陶瓷原料中加一定比例的金属以改善固化体的某些性能。该法又叫人工合成岩石固化。目前该技术尚处于开发阶段，人们在钛酸盐陶瓷固化方面开展的研究工作较多，实验表明富钙钛锆石型人造岩石是废物包容量大的理想固化介质。目前少数国家已将该技术转入小规模工业应用，从应用的情况看，如能进一步研究克服成本高、工艺复杂等问题，该法将能得到推广。

(III) 第三类固化方案

第三类固化方案即复合固化技术。它是为增强以上固化体的某些性能而发展起来的固化方法，其处理对象为固化体。该方法在 20 世纪 70 年代被开发，实践证明玻璃和陶瓷固化体经金属包埋后，其热导性、固化体的机械强度及浸出率、外部表面辐射剂量等都有明显改善。由于该处理方法成本高、工艺复杂，目前难以工业应用。今后该类处理方案若能直接以第一类固化体（尤其是蒸干固化体）为处理对象，或者发展新材料降低固化成本，简化工艺，它将会有工业应用前景。

由上可见，在高放废液固化技术中目前仅硼硅酸盐玻璃固化技术达到了工业应用，但它不是最好的固化方法。随着固化技术的进一步发展，它逐渐会被陶瓷、玻璃陶瓷及其增强型固化所取代，固化体性能也正在向更适合于永久埋葬要求靠近。

② 固化体包装

选择合适的包装容器保证废物在贮存和处理中的安全也是很重要的。随着高放废液固化体包装（形式和材料）技术的改进，将会对废液的固化及最终处理带来极大的益处，同时包装材料的进一步发展，也将会推动太空处理方案的进一步发展。

目前高放固化体的包装成功地采用了多层结构相结合的形式，取得了较好的效果。在包装材料上改变了过去单一钢桶的形式，发展成为有钢、各种合金、三氧化二铝、氧化锆及特殊陶瓷混合使用的复合体系。随着双组分环氧树脂涂料的诞生，容器的防腐措施也取得了较大的进展。尽管如此，随着材料科学的发展，固化体的包装处理方面还有很大的研究潜力。

③ 固化体的暂存

为了便于固化后固化体的施热等需要，需在地质处理前对固化体进行暂存。目前国际上均采用表面储存法，其原理为把高放废物固化体运至特别建筑的屏蔽室内（由重混凝土、钢、水、铅、泥土等屏蔽材料组成）储存，让其衰变至不足以危害环境的程度。表面储存包括陆地储存和离岛储存两种。为了便于利用仪器追踪探测放射性物质衰变及泄漏情况，其储存地以易于对废物监测运输及地质稳定的陆地为主，并广泛应用于工程实践，且具体方法以水冷的钢制水槽储存在工程中最为常见。

废物表面储存易于管理，高放废物的最终处理目前大都停留在此阶段，但从长远的发展来看，它难以满足高放废物地质稳定储存10万年的要求，因此，人们正在积极探索各种有效的方法，对它进行最终处理。

（3）高放废物的最终处理

高放废物的最终处理，是对其管理的最后环节，它包括对高放废液直接进行最终处理和经固化后进行最终处理两类。

① 固化体最终处理方案

高放废液经固化后进行最终处理，其目的是将包装后的固化体在不要求人照料的条件下与环境隔离，以尽量减少对人类和自然界的危害。这是目前处理高放废液拟订的主要方案。现已提出的方案可归纳为地质处理和非地质处理两类。

（Ⅰ）地质处理

地质处理比非地质处理已渐成熟，它分为深埋处理法和浅埋处理法两种。

深埋处理法

就地质稳定性而言，深部地质介质的演化较缓慢，为避免表面暂存处理的不足，人们提出了对高放废液固化体进行深埋，以达到将废物体与生物圈永远隔离的目的，它包括陆地、离岛、深海和冰层深埋。

陆地和离岛埋葬，其工艺为将固化体进行深埋（数百米甚至几万米深）后，添加回填材料将其永久密封。其埋葬方法有深岩穴处理库处理法、深钻孔处理法和岩石熔融处理法三种。其中深岩穴处理库处理方法具有处理深度大、安全性好、不占大面积土地、处理量大等优点，且核素迁移极其微弱，因而成为大多数专家建议采用的一种高放废物地质处理方法。大多数工业发达、人口密集的国家已开始了深岩洞处理库的建设（如美国、德国等），而废矿井、深巷隧道等存在固有的不良处理条件，迄今很少被各国采用。深钻孔处理法，其要求是将高放废物容器储存数千米甚至上万米深的钻孔中，由于操作的灵活性和处理量较小，难实用于玻璃固化体，因而目前研究较少，发展前景不大。为了克服深层埋葬的缺点，回填材料的好坏对埋葬效果有较大的影响，添加回填材料技术的进步取决于材料本身的性能。经过多年的研究和探索，目前膨润土被认为是高放废物地质处理库的最理想的缓冲／回填材料，但用钠基膨润土还是钙基膨润土，这是值得矿物学家和放射化学家今后研究的课题。

海底是最稳定的地区，水是辐射防护的理想材料，其处理费用也远低于陆地和离岛埋葬。在 20 世纪 80 年代，科学家就认为深海床埋葬是一种潜在的代替高放废物陆地埋葬的方法。其原理为选择底部沉积物为黏土的深海区，将高放废物容器置入深海（4 000—6 000m）底部黏土沉积物（深度大于 20—30m），借海底固结黏土和海水永远隔离放射性废物。目前人们在这方面提出的方案多达 19 种，如自由落入法、绞车沉淀法、钻孔法和沟埋法等，但由于不清楚此处理方法是否会对人类和海洋生物产生影响，至今未得到实践。

20 世纪 60 年代人们提出南极冰层深埋的构想。这是较经济的最终处理方案，但南极冰层稳定性还需进一步得到考证。从近 30 年极地的地貌变化情况看，冰帽有逐渐萎缩的趋势，故该方案至今没有任何进展，实现的可能性较小。

浅埋处理法

在高放废液地质最终处理中，目前深岩穴埋葬处理是较为切实可行的方法，也是各国拟订对固体废物进行最终处理的首选方案，但建库的工程量及花费都比较大。为了克服深层埋葬的缺点，通过对大约位于地下168—278m 深部黏土层的研究，发现它也是处理高放废物的理想场所。目前该技术正处于实验论证阶段，有较大的发展前景。

同前述可见，尽管目前人们在地质深埋方面开展的研究工作较多，但它对地质稳定性依赖较大，因此不会是最佳的高放废物最终处理方案。

（Ⅱ）非地质最终处理

面临地质处理的疑问，人们构想了更安全的非地质处理。目前提出的方案仅有宇宙空间处置法，有四种不同的空间轨道（发射到高地轨道、发射到太阳上去、发射到太阳轨道、发射到太阳系外）被认为可以放置废物体。由于将废液固化后进行核素分离回收利用价值不大，人类的活动领空又日益变广，故将废物体抛射得越远越安全，即本方法的安全程度依赖于固化体包装材料和宇航运输工具的发展。目前由于技术所限，该方案还只是理论设计,今后它将会在固化体包装材料和宇航运输工具可靠性得到充分保证的前提下成为可能。

②高放废液最终处理方案

废液固化后进行地质处理,其处理库的选址十分困难,建造和运行费用昂贵。现在科学家们正热衷于对高放废液分离后直接进行最终处理研究,并取得一定的进展。适宜的处理方案亦有地质处理和非地质处理。目前此技术还处于起步阶段,但它有较好的发展前景。

(Ⅰ)地质最终处理

高放废液的地质最终处理不能用常规的低、中放废液直接地质处理的方法。受高放废液陶瓷固化方法的启迪,人们提出了高放废液岩石熔融处理的设想:即无须固化处理,借用地下深层岩石和高放废液的特性,自行生成另一种岩石的陶瓷固化体,简化高放废液管理程序,达到永久深埋的目的。目前由于无法清楚 2 000—3 000m 深的地下水运动规律,岩石能否熔融并与高放废液自发反应,且抽吸反应后析出的低放废水处理难度较大等原因,至今还只是一种方案设计,而没有任何进展。

(Ⅱ)非地质最终处理

高放废液非地质最终处理是有发展前途的处理方法,目前包括废物销毁和废物利用两种。它们的发展起源于化工分离提纯,其基本思想为从高放废液中提取重要核素,将高放废液转变成易于处理的中、低放废液,达到处理高放废液的目的。

实现高放废液核素分离难度较大,目前人们在此方面开展了大量的工作,开发了 DIAMEX、CTH 及 TRPO 等流程,但都存在某些不足。该技术仍处于起步阶段,离嬗变及废物利用处理方法的要求还有较大的差距。

废物销毁

废物销毁也叫核嬗变技术,其原理是将以上提取的危害性大的裂变产物(如 ^{99}Tc、^{90}Sr、^{129}I 和 ^{137}Cs)和长寿命的锕系元素利用核反应的方法,转变为稳定或短寿命的核素,以达到销毁放射性危害的目的。理论上可以应用的方法有带电离子(加速器)和中子(热中子堆、快中子增殖堆、受控热核反应堆）辐照法。每种方法各有所长，如用带电离子转变裂变产物比较方便，但处理锕系元素效果不太好，却花费太高；反应堆在处理锕系元素方面较好，但在消除裂变产物的同时，会产生几乎同样多的裂变产物，存在二次污染等问题。尽管如此，该处理法对消除放射性危害还是十分直接有效的，目前该技术还处于研究探索阶段，寻找有效的途径克服以上的不足是该方法得以发展的关键。

废物利用

核素利用，是近年来各国核化工研究和工业界的热门话题。高放废液中含有大量有潜在价值的金属和辐射源，如高放废液中铂族金属是珍贵的稀有金属，^{90}Sr、^{137}Cs、^{85}Kr、^{238}pu、^{241}Am 等都可以作为工业中的辐射源，同时超铀核素大部分可作为次临界堆的核燃料等。工业中若能将其提取出来进一步加以利用，这种变废为宝的方法既安全地处理了高放废液，又获得了直接的经济效益，是高放废物最终处理永不过时的最佳方案。但现实中由于高放废液毒性大，成分复杂，虽然近些年来在废液的精确分离提纯和辐射源的有效管理等方面取得了一些进展，但与该法的要求差距很大，还有待化学界进一步研究。

以上两种方法对提取物纯度要求较高，且实现指定核素完全从高放废液中分离难度较大，需耗费巨资，预计在几十年内，难以获得实际应用。随着化工和核技术的发展，这两种方法将会解决高放废液管理周期长带来的一系列问题，特别是废物利用方法的成熟，不仅能解决高放废液放射性危害的问题，还将会为社会提供极大的经济利益。

（4）低、中放废液处理技术

低放废液主要指的是放射性比活度小于 $3.7 \times 10^2 Bq/g$ 的废物液体，即如核反应堆中的去污水、循环冷却水，选矿水，核设施地面排水、洗涤水等。

中放废液是指放射性水平介于低放废液和高放废液之间的放射性废液。中放废液主要来自核反应堆、乏燃料后处理第二次和第三次循环溶解萃取液、净化溶剂废液、洗涤废气的废液、去污泥浆和低放废液的浓缩液等。

目前，世界各国对低、中放废液仍主要采用蒸发浓缩法、化学沉淀法、离子交换法和膜处理法。

① 蒸发浓缩法

蒸发浓缩法是将待处理废液送入蒸发器加热管中，同时将工作蒸汽通入加热管外侧空间，通过对管壁加热将管中废液加热沸腾，使水蒸发、冷却、凝结后排放或再处理后排放，蒸发残液经固化后处理。除氚、碘等极少数元素外，废水中的大多数放射性元素都不具有挥发性，因此用蒸发浓缩法处理，能够使这些元素大都留在残余液中而得到浓缩。

蒸发法的优点是浓缩效果较好，处理效率较高，去污倍数高。特别适合于处理含盐中等至高等（200—300g/L）、成分较复杂、且浓度范围变化较大的废液，使用单效蒸发器处理只含有不挥发性放射性污染物的废水时，可达到大于 10^4 的去污倍数，而使用多效蒸发器和带有除污膜装置的蒸发器时更可高达 10^6 到 10^8 的去污倍数。此外，蒸发法基本不需要使用其他物质，不会像其他方法因为污染物的转移而产生其他形式的污染物。

蒸发法的缺点是处理费用较高、动力消耗大、不适于处理含有结垢，具起沫性、腐蚀性、爆炸性的废液。因此，本法较适用于处理总固体浓度大、化学成分变化大、需要高的去污倍数且流量较小的废水，特别是中放废液。

新型高效蒸发器的研发对于蒸发法的推广利用具有重大意义，为此，许多国家进行了大量工作，如压缩蒸汽蒸发器、薄膜蒸发器、脉冲空气蒸发器等，都具有良好的节能降耗效果。另外，对废液的预处理、抗泡和结垢等问题也进行了不少研究。

② 化学沉淀法

化学沉淀法是将适当化学絮凝剂（如硫酸钾铝、硫酸钠、硫酸铁、氯化铁等）加进待处理废液中，有时还需要投加助凝剂，如活性二氧化硅、黏土、聚合电解质等，经搅拌后发生水解、絮凝，使废液中的放射性核素发生共结晶、共沉淀，或被凝絮、胶体吸附后进入沉淀泥浆中，以此达到分离、去污、浓缩废液的目的。

化学沉淀法的优点是：方法简便、费用低廉、减容效果较好（浓缩系数为 80—800）、去除元素种类较广、耐水力和水质冲击负荷较强、技术和设备较成熟。缺点是：去污效果较差（去污系数约 10—200）；产生的污泥需进行浓缩、脱水、固化等处理，否则极易造成二次污染。

化学沉淀法适用于宜处理、去污要求不高的大体积低放废液；对中放废液，该法一般作为必须处理手段与其他处理方法结合使用。

③ 离子交换法

离子交换法是以离子交换剂上的可交换离子与液相中离子间发生交换的分离方法，即采用离子交换剂从待处理废液中有选择地去除（呈离子状态的）放射性核素，从而净化废液的一种处理方法。目前，离子交换法已广泛应用于核工艺生产工艺及放射性废水处理工艺。

许多放射性元素在水中呈离子状态，其中大多数是阳离子，且放射性元素在水中是微量存在的，因此很适合离子交换出来，并且在无非放射性粒子干扰的情况下，离子交换能够长时间工作而不失效。

离子交换法的缺点是，对原水水质要求较高；对于处理含高浓度竞争离子的废水，往往需要采用二级离子交换柱，或者在离子交换柱前附加电渗析设备，以去除常量竞争离子；对钌、单价和低原子序数元素的去除比较困难；离子交换剂的再生和处理较困难。

离子交换剂可分为有机和无机两大类，在有机离子交换剂中应用最广泛的是离子交换树脂，其次为磺酸型离子交换树脂。天然无机离子交换剂有膨润土、蒙脱石、伊利石、高岭土等。

用离子交换法净化废液的方式有两种：间歇式处理法和连续式处理法。该法适用于处理含盐度较低（< 1g/L）、含悬浮固体物质较少（< 4g/L）的低、中放废液。

（Ⅰ）间歇式处理法：将待处理废液注入混合接触池中，并向其中加入一定量的离子交换剂；不断搅拌，以使废液与离子交换剂充分接触，然后用重力沉淀、离心分离过滤等方法将两相分开。

（Ⅱ）连续式处理法：将离子交换剂制成离子交换柱，使待处理废液连续流经该柱（固定式）或将离子交换柱在待处理废液中来回移动（移动式），从而达到净化废液的目的。

④ 膜处理法

膜处理作为一门新兴学科，正处于不断推广应用的阶段。它有可能成为处理放射性废水的一种高效、经济、可靠的方法。目前所采用的膜技术主要有：微滤（MF）、超滤（UF）、反渗透（RO）、电渗析（ED）、电化学离子交换（EIX）、铁氧体吸附过滤膜分离等方法。与传统处理工艺相比，膜技术在处理低放射性废水时，具有出水水质好、浓缩倍数高、运行稳定可靠等诸多优点。不同的膜技术由于去除机理不同，所适用的水质及现场条件也不尽相同。此外，由于对原水水质要求较高，一般需要预处理，故膜处理法宜与其他方法联用。比如铁絮凝沉淀—超滤法，适用于处理含有能与碱生成金属氢氧化物的放射性离子的废水；水溶性多聚物—膜过滤法，适用于处理含有能被水溶性聚合物选择吸附的放射性离子的废水；化学预处理—微滤法，通过预处理可以大大提高微滤处理放射性废水的效果，且运行费用低，设备维护简单。因此，对不同的对象，宜进行工程试验，以便选择恰当的处理和处置的方法。

中科院上海原子核研究所曾提出，用超滤（UF）—反渗透（RO）—电渗析（ED）组合工艺（简称"URE 流程"）来处理低水平放射性废水。实验证明，超滤工艺废水体积减缩比高，运行稳定，操作方便；反渗透既可除去离子，也可除去复杂的大分子等物质，使净化效果提高。

三、放射性废气处理技术

放射性废气是核电站正常运行和维修过程中不可避免的产物，根据废气来源以及组成不同，压水堆核电站所产生的工艺废气可分为含氢废气和含氧废气两大类。含氢废气来源于一回路冷却剂，主要由核裂变反应所产生的氙和氪等惰性气体和氢气、氮气组成，此类废气虽然量少但放射性水平较高，必须经过特殊处理后才能向环境排放；而含氧废气来源于各种放射性液体贮槽的呼吸排气，主要成分是被放射性污染的空气，虽然数量大但放射性水平较低，一般经过简单处理就可满足排放要求，有的核电站甚至将它与核岛厂房排风一并处理。

所以通常所说的放射性废气一般是指含氢放射性废气，目前处理此类废气的方法主要有采用衰变箱加压贮存和活性炭滞留床吸附两种。[①]

1.加压贮存处理

该方法是当前处理压水堆核电站放射性废气的最常用的且最成熟的工艺。含有氢气、氮气以及氙、氪等裂变产物的放射性气体先进入一个缓冲槽，用压缩机压缩至 0.6—0.7MPa，送入衰变箱中贮存，经过一段时间的自然衰变，等废气中所含的短寿命放射性核素变成稳定核素，根据取样分析结果，如果合格，则通过过滤后排入环境；如果不合格，则继续处理。

目前国内以大亚湾核电站为代表的 M310 机组，以及秦山一期核电站等大多数压水堆核电站都采用此工艺处理放射性废气。

大亚湾核电站采用两台机组共用一套废气处理系统，工艺流程如图4—1 所示。

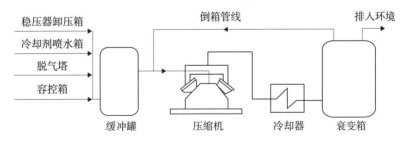

图 4—1 大亚湾核电站废气处理系统流程图

来自稳压器卸压箱、容控箱、反应堆冷却剂疏水箱、脱气塔的放射性废气先汇集到一根母管上，进入一个容积为 $5m^3$ 的缓冲罐，废气平均流量为 $2.1Nm^3/h$。为监测废气中的氧含量，在缓冲罐上游的母管线上设

---

① 陈良等：《加压贮存和活性炭吸附在核电站放射性废气处理中的应用》，《中国核电》2009 年第 3 期。

置了氧含量分析仪，当系统中氧含量过高时，用氮气稀释。系统设置了两台流量为 38Nm³/h 的压缩机，一主一备。当缓冲罐中废气压力升高至 0.025MPa 时，启动主压缩机；当压力继续升高至 0.03MPa 时，启动备用压缩机；当压力低于 0.005MPa 时，压缩机自动停运。废气经压缩并冷却至 50℃ 后轮流送入 6 个容积为 18m³ 的衰变箱中贮存，废气在衰变箱的贮存压力为 0.65MPa，贮存时间为 45 天（负荷跟踪运行工况）或 60 天（基本负荷运行工况），使其中短寿命核素尽可能衰变完，以降低其放射性浓度。经取样分析合格后，废气经核岛辅助系统通风系统 DVN 除碘后排入烟囱，废气的排放速度由调节阀控制，以维持 DVN 系统中氢气含量不超过 4%，当衰变箱中的压力降低至 0.02MPa 时，排放阀自动关闭，避免空气进入系统。在各衰变箱之间连有倒箱管线，在紧急情况下可以将废气从一个衰变箱倒入其他衰变箱；为避免氢浓度过高而发生爆炸，在系统中还设置了氮气吹扫管线。

自系统投运以来，已经安全运行 10 多年，处理后的废气满足排放要求。但在运行中也发现衰变箱容量较紧张，尤其是在对容控箱定期吹扫或大修期间对一回路吹扫时，最大废气流量达 75Nm³/h，衰变箱容量更显不足，后来通过技术改造增设了两个 18m³ 的衰变箱；其次是缓冲罐的容量也较小，废气流量大时，压缩机启动频繁，容易损坏压缩机的薄膜。

在改进的 CPR 机组中，增大了衰变箱的容量，一共设计了 4 个 18m³ 和 4 个 60m³ 的衰变箱。

2. 活性炭滞留床吸附

活性炭滞留床是利用疏松多孔的活性炭对放射性惰性气体进行吸附，当放射性气体进入滞留床后，其中的放射性核素如氙、氪的同位素因分子量较大而被活性炭所优先吸附，与其他分子量较小的非放射性的载带气体如氢气和氮气等分离，由于这些放射性核素在活性炭上的移动速度非常缓慢，在移动的过程中，它们不断地衰变成其他稳定核素，随即又不断地被后面的载带气体从活性炭上洗脱下来，形成吸附→滞留→衰变→洗脱的动态平衡，洗脱下来的新核素随载带气体一起排出。活性炭滞留床对惰性气体的滞留时间受多种因素的影响，包括活性炭类型、系统温度、压力和湿度等，在一定条件下活性炭滞留床对惰性气体的滞留时间可以由以下公式算出：

$T = k_d \cdot M/Q$

式中：T——平均滞留时间，s；

k_d——活性炭对惰性气体的动态吸附系数，cm^3/g；

M——活性炭的装填质量，g；

Q——气体流量，cm^3/s。

当前国内采用活性炭滞留床吸附工艺的压水堆核电站有田湾核电站以及正在建设中的 AP1000 机组。

田湾核电站则采用活性炭滞留床处理放射性废气，在每台机组都设置了两条完全相同的活性炭滞留床处理线，一主一辅。主线处理来自除气器、稳压器卸压箱和反应堆冷却剂喷水箱的含氢放射性废气，流程如图4—2所示。

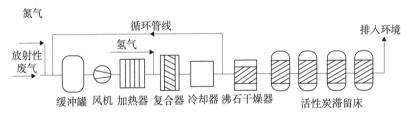

图4—2　田湾核电站废气处理系统流程图

在正常运行工况下废气流量为 $2.26Nm^3/h$，最大为 $5Nm^3/h$，放射性水平为 10^8—$10^{13}Bq/m^3$。由于来自除气器的废气中氢气含量高达30%—50%，为使废气中的氢含量不超过2.5%，进入缓冲罐的废气采用 $234Nm^3/h$ 的循环氮气稀释。稀释后的废气与外加的氧气一起被加热至140℃并在复合器中由 PtO_2 催化复合成水，复合后的氢气含量不超过0.2%。为监测复合效果，在复合器前后都设置了氢气和氧气监测仪表。尾气经冷却后，其中的绝大部分返回缓冲罐循环，其余部分（2—$4Nm^3/h$）

通过进一步冷却除湿，并经沸石床干燥，进入 4 个串联的活性炭滞留床。为保证活性炭的处理效果，进入滞留床的废气湿度限值在 0.5g/Nm^3 以下。滞留床装填 CKT-3 型活性炭，总量为 20m^3，在 30℃ 和常压条件下对氙和氪的吸附系数分别为 280 和 14，平均滞留时间分别为 72.1 天和 3.6 天。处理后的废气经剂量监测后从烟囱排入环境。废气排放管线上设置了辐射监测仪表，当测得废气中的放射性浓度超过 3×10^7Bq/Nm^3 时，系统报警；当放射性浓度超过 1×10^9Bq/Nm^3 时，系统将被自动切换。活性炭滞留床前还设置有空气吹扫管线，以便在其停运时进行吹扫。

辅线处理来自冷却剂贮槽、补给水箱和含硼喷水箱的废气，废气流量正常运行工况下为 2Nm^3/h，在一回路大流量换水工况下最大为 61Nm^3/h，废气放射性水平为 10^6—10^{10}Bq/m^3。由于该废气中的含氢量较少，废气直接经冷却除湿和沸石干燥后，进入活性炭滞留床进行处理，处理后的废气用风机排入环境，系统运行压力为 −0.1MPa，为保证风机的恒流量运行，在风机的入口处设有平衡管线，从房间抽取空气。当主线在故障时，其废气将自动切换到辅线处理，而原来由辅线处理的废气将切换到含氧废气处理系统进行处理。

田湾核电站的两台机组的废气处理系统自投入运行以来，都安全运行了两个燃料循环周期，处理后的废气满足排放要求。运行中的主要问题是废气中湿度过高，沸石干燥器很快就失效，引起系统频繁报警，后来通过变更，将主线的湿度限值修改为 5g/Nm^3，辅线的湿度限值改为 10g/Nm^3，但沸石干燥器仍然需要每周再生一次。

AP1000 机组也采用活性炭吸附处理放射性废气，放射性废气设计流量为 0.85Nm^3/h，废气经冷冻除湿后依次进入一个保护床和两个 2×100% 功能的活性炭滞留床，保护床中的活性炭可定期更换，滞留床可以单独使用，也可串联使用。处理后的废气排入核辅助厂房的通风系统。整个处理系统为非能动设计，废气在系统中的动力来源于自身压力。在系统上还设置了氮气吹扫管线，当废气压力太低时，由氮气吹扫系统，保证系统内有一定正压，避免外部空气进入。

3.结论

加压贮存法处理放射性废气,其安全性和操作的方便性都不如活性炭吸附法,但系统结构简单,适合处理流量变化较大的放射性废气,加上多年的运行经验,已经成为非常成熟的废气处理工艺,今后仍将会在一些压水堆核电站得到应用。如果能够将废气中的氢气预先复合后再加压贮存,不仅可以提高系统安全性,还可以减少衰变箱的体积。

活性炭吸附是近几年才发展起来的新工艺,具有安全性高、设备占用空间小、操作简单的特点,适合于处理流量较小的放射性废气。目前该工艺的运行经验还不多,随着新一代压水堆核电站的建设,会得到更多的应用和进一步完善和发展。选择高性能的活性炭不仅可以延长对惰性气体的滞留时间,提高处理效果,而且还可以减少活性炭的装填量,从而减少二次废物量。

四、放射性污染去污技术

在核电生产及乏燃料后处理过程中,尽管采取了一系列辐射防护措施,使照射剂量降低到可合理达到的尽可能低的水平,但仍不可能排除对设施表面和人员体表皮肤的放射性污染,因此必须高度重视放射性去污。[1]

1.概念

放射性污染去污[2]是指采用不同的手段从放射性污染物的表面或内部,全部或部分除去污染的放射性核素所进行的操作,以尽量防止和减少放射性核素对人和环境的危害,减少放射性固体废物产生量。

2.主要放射性污染去污技术介绍

放射性去污主要分为化学去污和物理去污两类。化学去污包括泡沫

---

① 何佳恒等:《核设施用去污技术》,《辐射防护通讯》2007年第5期。

② 李江波等:《核设施化学去污技术的研究现状》,《铀矿冶》2010年第1期。

法、化学凝胶法、氧化还原处理法等，而真空处理法、磨料喷射法、高压水喷射法等则属物理方法。

（1）化学去污法

化学去污主要应用于管道、设备、部件和设施表面放射性污染物的去除。化学去污法对无孔设施表面的去污效果较好。

化学去污的原理是用化学去污剂溶解被污染管道设备、部件及设施表面的油污及氧化膜，从而去除黏附在油污及氧化膜内的放射性核素，达到去污目的。

化学去污剂由氧化剂、还原剂、螯合剂、缓蚀剂和表面活性剂等组成。良好的去污剂应具有对去污表面浸润性好、对腐蚀产物和放射性物质溶解能力强、不造成基体金属材料的显著腐蚀、去污系数值大小适当、在去污过程中金属溶解物不生成二次沉淀、产生的二次废液容易处理和处置、价格便宜、操作简便等特点。去污效果与去污剂种类、浓度、作用时间、湿度、搅拌情况等因素有关。一般情况下，采用多种去污剂交替去污比采用单一去污剂连续重复去污效果要好一些。常用化学去污剂列于表4—4中。

表4—4　常用化学去污剂

种　类	名　称	效　果
无机酸及其盐类	硝酸、硫酸、盐酸、磷酸等及其盐类	去污效果好，溶液浓度越高则腐蚀性越大
有机酸及其盐类	草酸、柠檬酸、酒石酸、甲酸等及其盐类	弱还原性，具有配合、螯合能力，腐蚀性小
氧化剂、还原剂	高锰酸钾、双氧水、过硫酸钾、肼、连二硫酸钠	改变氧化还原性，改变结晶结构，使不溶性转变为可溶性
螯合剂	EDTA、DTPA、HEDP	螯合能力强
碱类	氢氧化钠、氢氧化钾	常与其他络合剂一起使用
表面活性剂	阴离子型、阳离子型、两性型、非离子交换型	适用范围广，特别适用于不锈钢表面去污
缓蚀剂	有机极性化合物，如苯硫脲	在金属基底表面形成钝化膜

① 泡沫法

泡沫法去污是利用表面活性剂产生的泡沫作为化学去污剂的载体，去污过程中产生的二次废物较少，但去污系数偏低。适用于各种金属表面和复杂设备部件的表面清洗去污，尤其适用于不锈钢表面去污。美国萨凡纳河工厂已将其用于阀门等的清洗，可减少70%的废物。

② 化学凝胶法

化学凝胶法去污是将凝胶作为化学去污剂的载体，将凝胶喷洒或涂敷于设施表面，等其凝固后再进行剥离、洗涤等处理的去污方法。常用的配方有硝酸—氢氟酸—草酸—非离子型表面活性剂—羧甲基纤维素—硝酸铝体系。该方法可有效地去除表面可擦去的污染物，去污系数高，产生的二次废物少，但技术比较复杂。

③ 氧化还原处理法

许多金属或其化合物在高氧化态下容易碎裂或溶解，故在去污中常将高锰酸钾、重铬酸钾、过氧化氢等用于处理金属表面的氧化物、溶解裂变产物、溶解各种化学物质、对金属表面进行氧化处理。目前国际上发展较为完善的是高锰酸钾去污体系，包括碱性高锰酸钾去污体系和酸性高锰酸钾去污体系。在高锰酸钾去污体系中还加入了柠檬酸铵（APAC 法）、草酸（APOX 法）、柠檬酸（AP2Citrox 法）等，以提高去污系数、降低对被污染表面的腐蚀作用。其中 APAC 法的平均去污系数为 50，但对于缝隙的去污效果很差，且去污过程中将产生大量废液；APOX 法对不锈钢表面的去污系数为 150，去污时间以 2 小时为宜；AP-Citrox 法则主要用于 300系列不锈钢和 inconel 合金的去污，缺点是容易生成草酸铁等物质。

④ 络合处理法

络合剂可与某些离子选择性地结合形成络合物，阻止一些金属离子形成沉淀物。在去污中最常用的络合剂有乙二胺四乙酸（EDTA）、羟乙基乙二胺三乙酸（HEDTA）、有机酸、有机酸盐等，这些物质和洗涤剂、氧化剂或酸混合使用，可以提高去污效率，如碱性高锰酸钾—柠檬酸铵—EDTA 体系等。有人曾将过氧化氢—碳酸盐—EDTA 混合溶液用于溶解污染物表面的二氧化铀，在 2 小时内去污效率可达 95%。

⑤ 可剥离涂料

可剥离涂料是具有多种功能团的高分子化合物。加入各种添加剂、络合剂、乳化剂、成膜助剂、浸润剂等，可以增强其去污能力并改善涂料的物理化学性能。可剥离涂料成膜前是一种溶液或水性分散乳液，用喷雾法或抹刷法将其涂于污染物表面，干燥成膜。成膜过程中与引起污染物的核素发生物理、化学作用，使其从污染物表面进入膜中，剥离涂膜从而达到去污目的。

人们对可剥离涂料的去污机理研究不多，主要有以下观点：① 表面吸附，将涂料喷刷到设备表面以后，利用涂料的表面吸附力，将松散的污染物吸附到涂料中，并在成膜后将污染物结合在膜中；② 黏力，涂料中的一些黏性物质与设备表面的污染物接触后会将其黏住，从而把这些半固态的污染物质黏沾在膜上；③ 化学络合，对于某些离子状态的沾污物，它与可剥离膜发生化学结合。

利用可剥离涂料去污的优点是操作简单，且只产生极少量易压缩或焚烧的固体废物。但对污染物沉积较厚，且对表面已腐蚀的不锈钢件则难以达到用酸性去污液浸泡和擦拭去污的效果。

金永东等发现聚乙烯醇是良好的成膜剂，但在酸性溶液的浓度较高时，会变脆不易剥离，此时加入少量明胶仍可得到较好的膜。

对于渗透到金属内部核素的去除，谭昭怡等采用涂膜及电化学法联用的方法，选用炭黑、$LiClO_4$ 及盐酸掺杂聚苯胺三种材料使高分子膜导电。增加涂膜后的电解工艺，其去污率可以提高 12% 左右。对于非金属表面（如玻璃、有机玻璃、塑料等）的光滑面，必须提高聚醋酸乙烯酯的含量；对于非金属的粗糙表面，则可考虑采用涂膜与超声去污结合的方法。

（2）物理去污法

① 真空吸（集）尘技术

真空吸（集）尘技术是用真空吸尘器吸除降落在物件表面的污染物。

其系统由抽气泵、旋风过滤器、高效过滤器和连接管组成。过滤污物粒径在 0.3μm 以上，污物截留率为 99.9%。该系统适用于天花板、管路系统、粗糙表面等可接近的表面上的非黏性粒子沾污物的去除。优点是简单易行，可以手提或遥控操作，收集的废物易处置；缺点是去除固定污染物效果差，工作人员受照剂量高。

②磨料喷射法

磨料喷射法是利用离心力或高速流体（压缩空气或水）的喷射力，使磨料冲刷物件表面而达到去污目的。该方法分为干法和湿法，其去污效果与喷射压力、喷射距离、喷射角度、喷嘴形状、磨料种类（如砂、氧化铝、金属和金属氧化物等）和颗粒大小等因素有关。湿喷较干喷的去污效果好，且可减少气溶胶的污染。磨料喷射法的优点是去污效果好，磨料可循环使用；缺点是废物量大，物件表面变粗糙，并且磨料有可能进入缝隙，也可能受气溶胶的污染。

20 世纪 70 年代，美国人在应用干冰时发现了其除垢性能，80 年代初，干冰清洗技术被用于实践。在干冰清洗系统中，液态二氧化碳通过干冰制备机制成干冰方块，再研磨成规格一致的干冰粒，以压缩空气加速干冰粒通过喷嘴，当喷射到物体表面时，干冰粒破裂所产生的动能使基体材料表面的污染物散开，从而去除基体表面的污染物。同时由于干冰碎片立即升华产生上升力，也加速了污染物的去除。挥发的二氧化碳可以直排大气，产生的废物少，与喷沙、喷冰去污相比有明显的优势。干冰清洗技术对塑料、陶瓷、复合材料和不锈钢均有效，但在密闭容器内使用二氧化碳可使人窒息死亡，工程上若采用密闭操作，则需提供良好的通风环境条件，工作场所容许最高浓度为 5 000mg/pL。目前，干冰清洗技术受干冰粒制备这一难题的影响。

③高压水喷射法

高压水喷射法主要是利用流体的冲击作用去除污染物，去污效果与水压、流量、喷射距离、喷射角等因素有关。该技术广泛用于核设施中泵内部件、阀门、腔室壁、冷却水池的乏燃料架、反应堆容器的壁和顶盖、燃料装卸设备等的内表面，能去除松散的或附着力属中等的污染物。此方法比较适用于比较大的平整表面，对窄通道和小裂缝中的污染也有去除作用，可远距离操作。该技术不能去除结合紧密的表面污染薄膜，对复杂和密闭系统的去污也存在困难。但超高压水喷射去污技术，则可以去除大表面物件结合紧密的污染，且效果不错。

④ 刷洗和擦拭技术

利用溶剂、洗涤剂和化学试剂刷洗和擦拭以去除设施表面的油污污染。该法特别适用于去除简单物件表面结合疏松的污染物。配有特殊设计的旋转刷可以伸入管道内擦、刷放射性污染物。但此方法因对污染表面进行扰动而产生气溶胶，需要有排气净化系统。该法的优点是简单易行，可以人工或遥控操作；缺点是人工操作劳动强度大、受照剂量高、含洗涤剂废液难处理。

⑤ 超声波去污法

超声波去污法常用于均匀污染的工具和物件，特别是精密部件的去污。去污是在超声槽中进行，利用高频（18—100kHz）机械振动（比动功率 1—5WPcm^2）在固液交界面产生空化作用而去污。当加入适当去污剂（重量百分比浓度小于 5%）时，可提高去污效果。其优点是可用于复杂结构部件的去污，操作人员受照剂量低，且产生的二次废物量比较少；缺点是受清洗槽尺寸限制，不能用于大物件的去污，不能去除厚的、胶黏状态的沉积物。

3.放射性污染去污技术发展趋势

在安全环保日益受重视的今天，寻找更加安全环保的核污染物清洗方法是核电事业健康发展的必经之路。电化学清洗去污因子高，产生的放射性污水少，是一种比较有前景的核污染物清洗方法。[①]

电化学去污是将去污部件作阳极，电解槽作阴极，在电流的作用下使表面污染物均匀溶解，污染核素进入电解液中。与传统去污技术相比电化

---

① 黄剑文等：《国内核污染清洗技术进展》，《广州化工》2010 年第 10 期。

学去污对金属基体损伤较小、工作效率较高、产生的废物少，应用前景较好。

美国桑地亚实验室报道了将电化学去污应用于钚污染的去除，尽管目前美国政府尚不允许一些文献对海外公开；但该成果仍被列为美国50年来取得的100项最重要的成果之一。目前，国内关于电化学去污方面的研究工作少见报道。

电化学法去污常用的电流密度一般为1 000—2 000A/m²。电解液通常为磷酸，如果物件不预备重复使用，可用硝酸做电解液并控制电流密度以达到理想的去污效果。近年来还开发了使用碱性电解液、中性电解液的电解去污法。但所需费用较高，需严格控制操作，不能用于非金属部件去污。

电化学技术治理污染有显著的优点，如设施简单，使用化学试剂量很少，因而产生二次废物也少。但由于该去污技术针对性不强，对装置依赖过度，而且对在各种实际去污场合下的去污装置和去污条件等的研究尚未深入开展，因而推广电化学去污技术尚需时日。需要进一步研究的问题是提高单位电极的表面积、缩短溶液中离子传输路径、提高离子迁移率、降低副反应，以便降低能耗和成本。

五、案例——核电站三废处理系统介绍

1. 大亚湾核电站放射性废物的处理技术

（1）放射性废物的形成与分类

核电站发电的动力来源是核裂变产生的裂变能，在裂变释放能量的过程中，会产生大量的裂变产物及活化产物。根据粗略估算，像大亚湾核电站这样的百万千瓦大型商用堆运行锏产生的裂变产物总量在10^{21}—10^{22}Bq，加上一回路结构材料的活化产生的活化产物就构成了反应堆放射性基本来源。

虽然反应堆的安全设计中有燃料包壳及一回路边界及安全壳的纵深防

御屏蔽措施，但是由于燃料包壳特殊情况下的少量破损，一回路的正常泄漏以及与一回路相连的堆安全设施和核辅助设施的少量泄漏，控制区的检修活动等都会产生放射性废物。这是核电厂区别于常规火电厂与水电厂的很大不同之处。

① 放射性废气的来源与分类

燃料包壳在正常运行期间由于在热应力、侵蚀或腐蚀作用下出现破损或由于加工过程中的缺陷出现破损，扩散到芯块之间的放射性裂变产物便会通过破损的包壳进入反应堆冷却剂。包括一些惰性气体（如氙、氪等）、卤素气体以及气溶胶等，这些构成放射性气体的基本来源。

一回路补给水中有溶解氧，冷却剂在堆芯经过辐照也分解氧，而氧是一种很活泼的腐蚀元素，且还是其他元素侵蚀反应堆结构材料的催化剂，因此除了在机组启动过程中向一回路添加联氨除氧，正常功率运行时还有意向一回路添加过量的氢气抑制水的辐照分解，有利于氢气和氧气朝重新化合的方向反应。这样一回路冷却剂中除了含有放射性气体外，还含有大量氢气，在吹扫过程及一回路废水的脱气过程中就会产生放射性含氢废气。

放射性废气除含氢废气外，还有含氧废气，这是因为核电厂当有若干在空气环境中运行的辅助系统及安全设施，其储存箱及系统的排气仅是一些含有氧气的低水平放射性废气。控制区内各厂房的通风排气，核岛厂房的定期泄压排气及一回路停堆氧化之后或每次反应堆启动除氧之前的排气。以上这些放射性废气统称为含氧废气。

② 放射性废液来源及分类

大亚湾核电站采用的是轻水反应堆，水冷反应堆的堆冷剂和乏燃料储存池的水是废液的主要来源。废液来源中还包括疏水，如地板冲洗水、洗涤废水等，一般而言，将其分为两类：

第一类可回收的废液是化学和容积控制系统下泄管线（RCV）及核岛排气和疏水系统（RPE）的可复用堆冷却剂。

第二类不可回收的废液包括工艺废水、地板废水、化学废水等。这些废水的成分和放射性活度变化很大，无法回收复用，因而需经废水处理系统处理。

③ 放射性固体废物的来源及分类

大亚湾核电站固体废物依其来源分为工艺废物和技术废物两大类。[1]

工艺废物包括：水处理系统产生的废树脂、水处理系统的过滤芯子、废液处理系统（TEU）和硼回收系统（TEP）的浓缩液、核岛疏水和排气系统（RPE）废水收集坑和 TEU 废水中的淤积物、控制区厂房通风系统的过滤器芯子和碘吸附器（活性炭吸附器）等。

技术废物指控制区检修活动产生的固体废物，包括：塑料布、吸水纸、手套、抹布、报废的工作服、气衣、报废的设备、零部件、保温材料、建筑材料等。这些废物通常活度较低，但不易管理。

（2）放射性废气的处理

对放射性废气的控制、收集、处理、输送、暂存和排放由废气系统承担。

废气系统包括：废气处理系统（TEG）和厂房通风系统（反应堆厂房通风系统、核辅助厂房通风系统、燃料厂房通风系统）。

① 含氢废气的排放

含氢废气通过缓冲罐经压缩机送入衰变槽，每只衰变槽可升压至 0.65MPa，容量为 18m³，当一个槽在接收废气时，其他槽有的装满废气，正在贮存衰变，有的则取样排放或排空备用。

② 含氧废气的排放

含氧废气系统包括：废气处理系统中的含氧废气子系统、厂房通风系统、二回路凝汽器抽气系统（CVI）。

核厂房通风系统作为废气系统的一个组成部分，其主要作用有：

一是控制空气气流从污染较少的区域向污染逐渐增大的区域流通，并使各厂房可能被污染区域的全部通风空气经过滤后，通过烟囱排放。

---

[1] 李靖：《大亚湾核电站放射性废物管理》，《中国电力》1999 年第 4 期。

117

二是保持整个厂房或厂房某些区域的压力略低于大气压，使电站在多种运行方式下由厂房泄漏的放射性最小或使放射性限制在某个区域内。

三是通过通风系统中安装的过滤器和碘吸附器对空气的过滤，使工作人员能进入厂房工作，同时也尽量减少气载放射性向环境排放。

含氧废气的排放占放射性废气排放的主要部分。为确保核电站对气载放射性流出物排放的管理，排放烟囱设置了电站辐射监测（KRT）的 3 个监测通道，烟囱内的气体取样装置和 KRT 通道设置的在线监测均是 2 套复式的。同时，其中的 2 个通道提供了气载放射性流出物连续排放定期（每周）监测取样点以及废气处理系统（TEG）和安全壳卸压的计划排放监测点。

（3）放射性废液的处理

① 可回收废液的处理

可回收废液的处理是由硼回收系统（TEP）完成的，它由净化、硼水分离、除硼 3 部分组成。设置 2 条完全相同的序列各用于 1 台机组，必要时又可相互备用。

② 不可回收废液的处理与排放

不可回收废液的处理由废液处理系统（TEU）承担。它包括 4 个组成部分：前置贮存、除盐、蒸发、过滤。

（4）放射性固体废物的处理

大亚湾核电站对放射性固体废物（中低放）的处理方法主要是依据废物的特性采用水泥固化、混凝土固定、压缩减容、暂存 4 种方法。采用的包装容器为 4 种型号的混凝土桶和 208L 钢桶。

2. 大亚湾核电站放射性废物管理体系

（1）放射性废物管理的基本法规及程序基础

大亚湾核电站的放射性废物管理是以国家相应法规和标准为基础（参考国际通行的放射性废物管理标准）。设计者及主承包商和大亚湾核电站共同编写了《环境影响报告书》和《最终安全分析报告》，在以上文件的基础上，参照参考电站法国格拉芙林电站 5、6 号机组的管理模式，形成了一整套"三废"管理的控制程序，《电厂质量管理手册》（PQOM）第七章各相关部门据此编写了各自的执行程序。

基本程序框架如下：

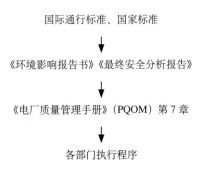

国际通行标准、国家标准

↓

《环境影响报告书》《最终安全分析报告》

↓

《电厂质量管理手册》（PQOM）第 7 章

↓

各部门执行程序

（2）放射性废物的管理模式

① 目标管理

在《广东大亚湾核电站环境影响报告书》中明确了国家对核电厂放射性流出物的年排放目标限值，它又分为两个层次：国家标准控制值，申请和批准的年排放量。

（Ⅰ）遵循的法规标准。根据国家标准《核电厂环境辐射防护规定》（GB249—86）中第 3 部分的要求，在正常运行工况下，每座核电站向环境释放的放射性物质对公众中任何个人（成人）造成的有效剂量当量，每年应小于 0.25mSv（25Rem）。

每座压水堆型核电厂气载和液体放射性流出物的年排放量，除满足小于 0.25mSv 剂量限值外，还应该低于下列控制值。

气载放射性流出物：

惰性气体　　　　　　　　　2.5×10^{15}Bq/a

碘　　　　　　　　　　　　7.5×10^{10}Bq/a

粒子（半衰期≥8d）　　　　2×10^{11}Bq/a

液体放射性流出物：

氚　　　　　　　　　　　　1.5×10^{14}Bq/a

其余核素 $7.5 \times 10^{11} \mathrm{Bq/a}$

（Ⅱ）申请和批准的年排放量。为了确保放射性流出物的年排放量低于上述控制值，广东核电合营有限公司于1992年11月向国家环境保护局申请了广东大亚湾核电站正常运行工况下放射性废物的年排放量：

放射性废气：

       惰性气体 $1.14 \times 10^{15} \mathrm{Bq/a}$

       碘 $3.4 \times 10^{10} \mathrm{Bq/a}$

       粒子 $3.8 \times 10^{9} \mathrm{Bq/a}$

放射性废液：

       除氚以外的核素 $7 \times 10^{11} \mathrm{Bq/a}$

       氚 $5.56 \times 10^{13} \mathrm{Bq/a}$

国家环境保护局于1993年4月印发的环监辐 [1993] 096 号文件对广东核电站正常运行条件下放射性流出物的排放量作了批准。并且指出："现批准的年排放量是有约束力的，它应该包括各种不利因素的最大可能值。广东核电合营公司应按合理、可能达到、尽量低（ALARA）的原则，设法减少排放量。"

（Ⅲ）公司规定的放射性流出物的排放量及放射性固体废物产生量的目标限值。公司根据国家法规和几年来电站运行经验，结合国际上同类型电站放射性废物管理经验及水平，在《公司第一个五年发展计划》中明确提出了1998年至2002年在放射性流出物的排放量及固体废物产生量方面的奋斗目标。详见表4—5所列数值。

表4—5 公司规定的放射性废物排放规划值

关键领域	1998 年	1999 年	2000 年	2001 年	2002 年
除氚以外放射性核素的排放量占年排放限值的百分比 /%	1.8	1.6	1.4	1.2	1.0
惰性气体排放量占年排放限值的百分比 /%	3.0	2.8	2.6	2.3	2.0
低放固体废物产量 /m³	210	200	190	170	140

② 有关放射性废液和废气排放的限制条件

公司为了确保核电站正常运行条件下放射性废液和废气的排放量控制在规定的排放限值以内，制定并实施了一系列的运行限制条件和排放程序，包括：3 道屏障的运行限制条件；有关放射性液体流出物的排放；有关放射性气体流出物的排放。

（3）现行管理组织

为了实现上述管理目标，保障放射性废物管理的有效性和持续性，必须要有相应的组织保证。大亚湾核电站采取以"生产厂长负责，电厂'三废'委员会及'三废'工作管理小组参与协调，各相关职能处科各司其职"的管理模式。

其管理架构如图 4—3 所示。

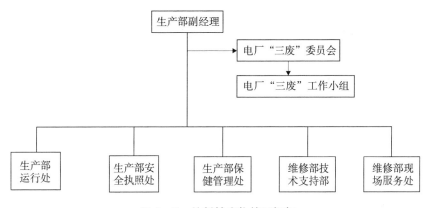

图 4—3　放射性废物管理框架

生产部副经理作为总负责人，领导全厂三废处理工作；三废委员会协助经理进行三废的管理及协调；三废工作小组负责三废相关技术及协调工作。各部门工作为：

① 生产部运行处负责三废系统的运行控制、一回路水放射性化学监督、废水处理的放射性化学监督。

② 生产部保健管理处负责环境监督、流出物排放分析、相关的辐射防护控制。

③ 生产部安全执照处负责流出物排放监督；各种环境数据的上报及与环保当局的联系等。

④ 维修部技术支持处负责：三废处理相关技术改造项目的审查与实施。

⑤ 维修部现场服务处负责：放射性固体废物的处理。

应该说，从管理组织架构上来讲，大亚湾核电站有其区别于常规电厂的特点，特别是电厂"三废"委员会、"三废"工作小组，是很有特色、卓有成效的组织形式。

电厂"三废"委员会负责制定政策，以减少"三废"的产生和排放，并协调"三废"管理与排放工作。其主持人为主管生产的副经理，成员包括上述各相关处的处长或副处长，运行处负责"三废"管理的工程师为该委员会的秘书。

电厂几年来的运行表明，电厂"三废"委员会的运作是卓有成效的，从管理角度上来讲，它有以下几个好处：(a) 有助于各部门各级领导及各成员之间紧密团结协作，在放射性"三废"的管理及环境保护方面取得一致的理念，防止由于思想的不统一造成各部门行动不协调，甚至南辕北辙、互不一致；(b) 便于迅速科学地决策，防止由于决策层的信息不全面或思路不明确而造成的决策失误。

电厂"三废"工作小组由生产系统各相关处的主管工程师、科长等组成，主要承担电厂"三废"委员会委托各项日常工作，对各种三废处理相关技术问题的讨论并形成相应的意见报送电厂"三废"委员会，以资决策。

同时，电厂"三废"工作小组代表各部门积极处理现场出现的"三废"处理方面的问题，并根据现场情况，积极提出有价值的意见和建议。

3. 放射性废物管理中遵循的原则

（1）基本原则

放射性废物管理应遵循的基本原则是 ALARA 原则，即合理可行尽量低的原则。IAEA 对此作了清楚的规定："放射性废物管理的基本目标是防止放射性核素以不可接受的量释放到环境中去，并安全而有效地处理和处置废物，使辐射对职业人员和公众在现在和将来造成的总的损害保持在允许水平以下和合理可达到的最低水平，从而保护人类及其环境。"

（2）一般原则

为了贯彻 ALARA 原则，在总结电厂运行的实践经验的基础上，形成了一整套完整的管理体系和结合大亚湾核电站的特点应该遵循的一般原则。

① 源项控制原则

首先，源项控制的关键是控制燃料制造质量及运行期间燃料包壳的完整性。在运行中，尽可能减少引起主回路工况及功率大幅度波动的瞬变，特别注意控制大修质量，包括运行及维修质量。一回路泄漏率的增加及燃料包壳破损的增加将大大增加"三废"管理的压力。

其次，大修停堆期间对氧化净化过程有效控制，尽可能降低一回路放射性水平，对减少放射性废物十分重要。

最后，源项控制的第二个关键是控制各种废水的来源，特别是减少废气，废水的跑、冒、滴、漏，减少运行操作失误，尤其是大修期间更是如此。另外，源项控制还包括应尽可能减少技术废物的产生量，如气衣、手套、面罩等，以控制固体性废物的源头。

② 纵深防御原则

由源项控制原则引申出纵深防御原则。纵深防御的实质是保障核安全各屏障的有效性。

但我们通常所讲的核安全三道屏障是指燃料包壳、一回路压力边界、安全壳。实际上对废物管理而言，所谓的屏障，除上述三道屏障外，还包括一回路辅助系统，废气、废液、废固处理系统，通风系统及废液排放系统。保护这些系统边界的完整性及系统运行的可靠性对"三废"管理非常重要。

"三废"控制屏障的概念是核安全三道屏障的合理外延。它使纵深防御原则有了更丰富的内容，使我们对"三废"管理所针对的"三废"控制屏障有了更完整、更清晰的认识。

③ 以时间换取空间原则

它包括两个方面的内容：一是对停堆检修等一回路的吹扫，应采用间歇吹扫的原则，即所有吹扫除去放射性气体的操作应每吹扫 10 分钟，停止吹扫 1 小时，以保证放射性气体充分释放，防止连续吹扫造成衰变，贮存箱容量紧张。二是对废液处理也应采取的时间换取空间的原则，大亚湾核电站废液处理系统设计上有明显的不足。一是废液前置贮存容量小，工艺废水贮罐的容积为 $2 \times 35m^3$，地板废水与化学废水贮罐的容积均为 $2 \times 20m^3$。二是大亚湾核电站是滨海电站，所处亚热带地区湿度较大，造成通风凝结水量大，因此地板疏水量较大，一般常年在 $10—20m^3/d$。因此，前置贮存容量不足的问题更显得突出。三是废液处理速度较慢。比如：废液的蒸发处理额定流量为 $3.15m^3/h$，除盐床处理速率为 $5m^3/h$ 外，在正常运行时，这样的速度是能够应付的。但是，如果突发性的大的跑水事件发生，则此时往往显得捉襟见肘。四是在大修过程中，一回路的硼浓度是 $2.1 \times 10^3mg/L$。这样的硼水一旦有泄漏，往往成为工艺废水，这样的废水如果一旦蒸发处理，就会成为硼的浓缩废液，经水泥固化后成为固体废物，造成资源浪费，环境负担及经济损失。

针对以上问题，采取以下措施：一是调整原有的操作程序，根据原规程的规定，操作人员首先用水箱接水，待水箱水位达到高水位后再打循环取样分析，接到分析结果后进行处理。根据大亚湾核电站运行特点，现在取消中间环节，规定对工艺废水箱及化学废水箱接水到 2 米后就可直接进行处理，不必进行分析。二是规定除非特殊情况，一般不允许对工艺废水进行蒸发处理，只能对工艺废水进行除盐床处理，同时为了进一步提高运行效率，规定采用两个工艺水箱经除盐床进行倒罐运行。即将水箱中的废水经除盐床送至另一空罐后，再反向操作。这样可大幅度提高除盐床运行效率。

④ 废液处理系统（TEU）向废液贮排系统（TER）的排放控制原则

经过几年的运行实践得到认识，废液处理系统向废液贮排系统的排放必须作为重点防御屏障进行控制。这是因为，几次比较重要的影响放射性废液排放的异常事件均是这个环节出了差错。一旦放射性水平比较高的废液进入废液贮排系统水箱，由于每个水箱容积为 500m³，水箱中废水被污染，将很难处理，即使将废水返回蒸发处理，由于废液处理系统蒸发器处理流量低，将花费很长时间并产生很多的固体废物。

因此，作出以下规定：

（Ⅰ）废液处理系统废水向废液贮排系统排放的放射性比活度应小于 1MBq/m³；

（Ⅱ）对超过 1MBq/m³ 的废水排放必须经厂长批准；

（Ⅲ）排放前的分析应进行双重分析，信息传送至主控室应采取电话说明和传真发送分析单两种方式，以防信息沟通上的失误。

⑤ 分类收集原则

分类收集的目的是根据工艺技术要求，将放射性废物分类收集，有效处理废物，减少排放量及产生量，如放射性废气分为：含氢废气与含氧废气；含氧废气一般采用高效过滤器和碘过滤器过滤，而含氢废气则需贮存衰变。

放射性废水则分为工艺废水、化学废水和地板废水。工艺废水用除盐床处理，化学废水用蒸发处理，地板废水则由于放射性水平很低可采取直接过滤排放的方式，特殊情况下也可蒸发处理。

放射性固体废物分为工艺废物和技术废物。工艺废物包括废树脂、过滤器滤芯、蒸发浓缩液等，一般均采用水泥固化的方式进行。

技术废物包括：气衣、废手套、废工作服、废工作鞋等，种类很多，但大致可分为压缩废物与不可压缩废物。可压缩废物压缩减容后，装到金属桶中，不可压缩废物若放射水平 <2mSv/h 则直接装金属桶，否则，装水泥桶。

分类收集有些在设计中已经通过相互独立的管网来实现，如废水、废气的收集，而有些则需人工分拣，如技术废物中绝大多数需要采取此种分类方法。

⑥ 持续改进原则

在确定年度目标时，根据实际情况，认识到一步达到世界先进水平是不可能的，所以本着持续改进的原则，渐次减少放射性排放量及产生量。

4. 大亚湾核电站放射性废物管理现状及挑战

经过 5 年来核电站的运行，摸索和实施了一整套行之有效的放射性废物管理手段，从表 4—6 可以看出，成效是显著的。

表 4—6　GNPS 历年气体、液体流出物及固体废物排放情况

项　目	年限制值	1994 年	1995 年	1996 年	1997 年	1998 年	法国同类(2 台机组)1993 年值
惰性气体 / TBq	1140	22.70 (2.00%)	80.20 (7.00%)	43.63 (3.83%)	31.06 (2.72%)	23.48 (2.06%)	15.60
放射性卤素 + 气溶胶 /MBq	38000	424.00 (1.10%)	720.00 (1.90%)	229.00 (0.60%)	116.00 (0.30%)	76.00 (0.20%)	220.00
除氚放射性核素 /GBq	700	89.20 (12.70%)	26.90 (3.84%)	9.31 (1.33%)	11.30 (1.61%)	2.52 (0.36%)	5.60
固体废物 /m³		100.00	252.00	184.00	208.00	178.00	266.00

注: 括号内的数值为年排放量占年限制值的百分比。

虽然，大亚湾核电站在放射性废物管理方面取得了显著成绩，但是仍存在一些问题:

一是放射性固体废物的处理工艺不够先进;

二是大修期间的跑水现象尚无法彻底消除。

随着核电站事业的发展，放射性废物管理任重道远，随着岭澳核电站的投产日期日益临近，如何加强放射性废物的统一协调管理，如何使放射性废物管理尽快达到并保持世界先进水平，是我国核电站面临的新课题，也是艰巨的挑战。

第五章　核辐射环境安全与管理

人们很早就认识到电离辐射对人体的危害，并注意到安全防护问题，辐射防护就是研究该问题的一个学科。严格说来，辐射防护是原子能科学技术的一个重要分支。它研究的是人类免受或少受电离辐射危害的一门综合性边缘学科。其基本任务是保护从事放射性工作的人员、公众及其后代的健康与安全，保护环境，促进原子能事业的发展。[①]

一、辐射防护原则

辐射防护的目的是防止发生有害的非随机效应，将随机效应的发生率限制在被认为是可以接受的水平范围之内，从而尽量降低辐射可能造成的危害。为了实现上述防护目的，在辐射防护中应遵循三项原则，即正当化原则、最优化原则和限值化原则。

1. 正当化原则

正当化原则要求，在任何包含电离辐射照射的实践中，应保证这种实践对人群和环境产生的危害小于给其带来的利益，即获得的利益必须超过付出的代价，否则不应进行这种实践。

---

① 郑世才:《第十一讲　辐射防护》,《无损检测》2000 年第 11 期。

需要注意的是：利益包括社会的总利益，不仅仅是某些团体或个人得到的好处。同样，代价也是指由于引进该项实践后的所有消极方面的总和，它包括经济代价、健康危害、环境影响，同时还包括心理影响和社会问题等。由于利益和代价在群体中的分布往往不相一致，付出代价的一方并不一定就是直接获得利益的一方。所以，这种广泛的利害权衡过程只有在保证每一个个体所受的危害不超过可以接受的水平这一条件下才是合理的。

2. 最优化原则

最优化原则也称可合理达到的尽可能低的照射水平原则。在考虑到经济和社会因素时，任何决策应经过防护的研究过程，用最小的代价获取最大的利益。任何必要的照射应保持在可以合理达到的最低水平，而不是盲目追求无限地降低剂量。

随机性效应不存在阈值，也就是不存在安全和危险的明显分界线，所以应当尽量避免一切不必要的照射。只要是合理的，都应当采取措施把辐照降到尽可能低的水平。但是过于要求更低的辐照，必将提高防护费用，而带来的好处只不过把已经低的随机性效应的发生率再降低一点，这不能认为是合理的。

辐射防护最优化在实际的辐射防护中占有重要的地位。在实施某项辐射实践的过程中，可能有一些方案可供选择，在对这些方案进行选择时，应当运用最优化程序，首先应该把辐照降到一定水平以下，然后应该在有可能做到的情况下把必要的照射降到尽可能低的水平，一直低到为降低单位集体剂量当量所花费的代价抵不上因减少危害所带来的好处时为止，如最优化示意图（如图5—1所示）中的 S_0 点。

在考虑辐射防护时，并不是要求受照剂量越低越好，而是通过利益/代价分析，在考虑了社会和经济的因素之后使照射保持在合理、可行、尽量低的水平。简言之，辐射防护最优化就是要使辐射实践的纯利益最大，代价最小。换句话说，也就是在防护方面投入最少，而降低的受照剂量最多。

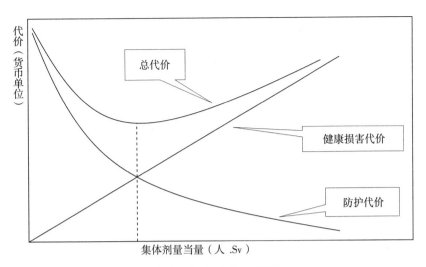

图 5—1　最优化示意图

3. 限值化原则

限制是指用剂量限值对个人所受的照射加以控制。正当化和最优化这两个原则是从实践总体或人员群体出发的，也就是说，虽然辐射实践满足了正当性要求，辐射防护亦做到了最优化，但还不一定能对每个人提供足够的和切实的辐射安全保护。

因为对于同一辐射实践和同一优化条件下的照射，实践带来的利益和危害在群体中的分布通常是不尽相同的，不同的个人受到的照射仍然可能有很大的差异，因此必须规定一个每个人都不得超过的限值，从而达到保护个人的目的。

限值化原则要求，在符合正当化原则和最优化原则的前提下所进行的实践中，个人受到的当量剂量不应超过规定的相应限值，保证放射工作人员不致接受过高的照射水平。个人剂量限值是最优化的约束条件，是由国家法规规定的强制性的限制。

实践的正当化和防护的最优化为源相关评价；个人剂量限值为个人相关评价。三者是相互关联、不可分离的整体，必须全面综合考虑，缺一不可。

二、辐射防护监测

辐射防护监测是估算和控制公众及放射性工作人员所受辐射剂量的测量工作，包括测量纲要制定、测量实施和结果解释。辐射防护监测包括个人监测、场所监测、环境监测、流出物监测和事故监测。

个人监测主要是测量被辐射照射的个人所接受的剂量，测量工作人员接受的累积剂量，可避免工作人员受到超剂量的照射，同时也有助于分析超剂量的原因，为治疗和研究辐射损伤提供数据。场所监测和环境监测主要是测定工作场所和周围环境的辐射水平，从而预测工作人员和公众人员可能受到的辐射程度，也可以为各种辐射防护设计提供准确的数据，并因此采取正确的防护措施，确保工作人员和公众人员的安全。流出物监测是对进行放射性工作的单位之排放物进行监测，测量其排出物中可能含有的放射性核素的活度与总量，避免其对环境造成污染，对公众和社会造成危害。事故监测是迅速确定有关数据，以便采取措施。

对工业射线检测工作来说，主要是进行个人剂量监测和场所辐射水平监测。

剂量监测方法按原理可分为：

（1）电离法。即利用辐射对气体的电离作用，测定产生的电离电流，从而测出辐射剂量。

（2）闪烁法。即利用闪烁体在辐射作用时的荧光辐射，通过光电倍增管测定电流，以测出辐射剂量。

（3）感光法。即利用辐射对胶片的感光作用，测定产生的黑度，以测出辐射剂量。

（4）固体发光法。即利用辐射可引起一些物质发生物理变化，如热释光式、光致荧光等测量辐射剂量。

（5）化学法。即利用辐射可引起一些物质发生化学变化，如硫酸亚铁的二价铁离子在辐射作用下转变为三价铁离子等测出辐射剂量。

（6）热能法。即利用辐射在物质中损失的能量转化为热，使物体温度升高，然后测出辐射剂量。

不同的方法有不同的特点，个人剂量监测常用的剂量计特点如表5—1所示，场所剂量监测常用的剂量计是携带式照射量率计和巡测仪。巡测仪主要有电离室、闪烁计数器、盖革计数管和正比计数器剂量仪。在选用剂量仪器时考虑的主要因素是仪器灵敏度、量程、能量响应、响应时间和抗干扰能力等。

表5—1 常用个人剂量计性能比较

个人剂量剂种类	测量的辐射类型	可测剂量范围 /×10^2Sv	能量响应	衰退	重复测读	重复使用
胶片式	β，X，γ，热中子	0.5—15	80keV 以上与能量无关	明显	可以	不可以
光致荧光式	X，γ，热中子	0.05—2×10^3	40keV 以上与能量无关	很小	可以	可以
热释光式	β，X，γ，热中子	10^2—10^5	30keV 左右为30%	很小	不可以	可以

三、辐射防护管理

1.辐射防护管理的一般规定

我国的有关条例和标准，对辐射防护管理作出的一般规定可归纳为下列七个方面。

（1）国家对放射工作实行许可登记制度，许可登记证由卫生和公安部门办理。

（2）伴有辐射照射的实践及设施的新建、扩建、改建和退役必须事先向主管部门和环保部门提交辐射防护报告，经审查批准方可实施。

（3）设施的选址、设计、运行和退役阶段均应进行辐射防护评价，运行阶段更应定期进行。辐射防护评价包括辐射防护管理、技术措施和人员受照情况，其基本要求是评价是否符合辐射防护最优化原则。

（4）从事辐射工作的单位应设置独立于生产运行部门的辐射防护和环

境保护机构。

（5）从事辐射工作单位必须建立辐射防护和环境保护岗位责任制。

（6）从事辐射工作的人员应经过辐射防护的培训和考核，取得合格证方可工作。辐射工作人员应享受劳动保护和相应待遇。

（7）辐射工作场所应设有电离辐射标志（样式、尺寸见 GB 8703—88）。

2. 辐射照射控制管理

对工业射线无损检测，按 GB 4792—84 的规定，符合下列条件的单位或场所，称为放射性工作单位或场所：

（1）操作带有放射性物质的仪器、仪表或产生电离辐射的设备、装置：① 当不加防护时源的表面处的剂量率 >0.04mSv/h 时；② 工作位置的剂量率 >2.5μSv/h 时；③ 间断工作的年有效剂量当量 >5mSv 时。

（2）使用电子加速器和操作产生电子束的装置，电子束的能量 >5keV，工作位置的剂量当量符合（1）中的规定。

在放射性工作单位或场所，工作人员的工作条件分为三种：

（1）一年照射的有效剂量当量可能 >15mSv。对该工作条件要有个人剂量监测，对场所要有经常性监测，建立个人受照剂量和场所监测档案。

（2）一年照射的有效剂量当量不太可能 >15mSv，但可能 >5mSv。对这种工作条件要有个人剂量监测，对场所要定期监测，建立个人受照剂量档案。

（3）一年照射的有效剂量当量不太可能 >5mSv。对这种工作条件可根据需要进行监测，并作记录。

GB 8703—88 对此作了稍微不同的规定。

3. 辐射工作人员的健康管理

GB 8703—88 第 11.3 条规定，"辐射工作人员"是指"其职业岗位伴有辐射照射的工作人员"，也称为"放射工作人员"。从事辐射工作人员的健康水平应符合 GB 16387—96 或 GB 8703—88 标准附录 K 的要求。对辐射工作人员的健康管理，国家卫生部发布的第 52 号令《放射工作人员健康管理规定》作了具体规定，它包括总则、放射工作人员证的管理、个人剂量管理、健康管理、罚则和附则六个章节。

《放射工作人员健康管理规定》规定，放射工作人员上岗实行放射工作人员证制度，该证由省级卫生行政部门审核批准颁发。申领该证人员必须具备的基本条件为：

(1) 年满 18 周岁，身体健康合格。

(2) 遵守辐射防护法规和制度，接受个人剂量监督。

(3) 掌握辐射防护知识和有关法规，经培训考核合格。

(4) 具有高中以上文化水平和相应的专业技术知识和能力。

有关标准和国家卫生部发布的第 52 号令，对辐射工作人员的健康管理均作出了规定。主要包括常规医学监督和异常受照人员的医学处理。常规医学监督的目的是评价辐射工作人员的健康状况，确保辐射工作人员的健康在开始从业和从业期间都适应工作。定期医学检查一般一年一次，应由授权的医疗机构承担，医学监督记录保存时间应不少于其停止辐射工作后 30 年。对甲种工作条件下的辐射工作人员，必须进行常规医学监督。

4. 辐射事故管理

辐射事故按性质分为五类，即超剂量照射事故、表面污染事故、丢失放射性物质事故、超临界事故和放射性物质泄漏事故；按危害程度分为三级，即一般事故、较大事故和重大事故。

辐射工作单位应建立事故报告制度和管理制度，不论发生何种辐射事故，均应及时填报事故报告表。重大事故在其发生后 24 小时内应上报主管部门和监督部门。辐射工作单位应建立全面、系统和完整的事故档案。

5. 放射性物质管理

关于放射性物质的管理，国务院第 44 号令作出的规定要点如下：

(1) 放射性同位素不得与易燃、易爆、腐蚀性物品一同存放。存放场所必须有防火、防盗、防泄漏措施，专人负责保管。

(2) 贮存、领取、使用和归还放射性同位素必须进行登记、检查，账物必须相符。

（3）从事放射性同位素的订购、销售、转让、调拨和借用的单位或个人，必须有许可登记证，并只限于在许可登记证的范围内活动，并向同级卫生和公安部门备案。

（4）放射性废水、废气和固体废物排放，必须事先向所在省、自治区、直辖市的环保部门递交环境影响报告，经批准后到所在县以上卫生行政部门申请办理许可证，并在公安部门登记。

（5）托运、承运和自行运输放射性同位素或装过放射性同位素的空容器，必须按国家有关运输规定进行包装和剂量检测，经县以上运输和卫生行政部门检查后方可运输。

（6）生产的装有放射性同位素的设备、射线装置和辐射防护器材，必须符合辐射防护规定。

6. 我国辐射环境管理的现状与不足

我国是国际原子能机构（IAEA）的成员国，也是国际《核安全公约》的签约国。随着核工业与核技术应用的发展，我国辐射防护工作逐步得到加强，取得了一系列成绩，[①] 表现在以下几个方面。

（1）国务院或有关政府部门已先后颁布了有关辐射环境安全管理方面的专项法规、标准几十项。

（2）国家对民用核设施实行严格的许可证管理制度，授权国家核安全局对全国民用核设施实行独立的核安全监督。国家对放射性同位素和射线装置实行许可登记制度，授权卫生、公安和环保部门对放射性同位素和射线装置的生产、销售、使用、报废和处置等实行分段管理。

（3）通过核设施营运单位的自身努力和各级安全部门的外部安全监督，核设施工作人员所受的职业外照射个人平均年有效剂量逐年下降，80年代约为 5mSv/a，90 年代下降到 3mSv/a 左右，最近几年一直稳定在 2—3mSv/a。从矿山流行病学调查得到的结果表明，除铀矿地质和铀矿山工作人员外，未发现致癌效应。除发生过多起皮肤辐射损伤事故外，核设施

---

① 刘华等：《我国辐射环境安全管理的现状与对策》，《辐射防护通讯》2002 年第 5 期。

没有发生过急性致死事故和急性放射病。

（4）对核工业与核技术应用项目执行环境影响评价制度、环境保护设施的"三同时"制度。

（5）加强辐射环境监测能力建设，提高监测质量，逐渐完善环境质量报告制度。地方环保部门加大了辐射环境监测能力建设的投入，辐射环境监测能力均有不同程度的提高。目前，26个省、市开展了常规辐射环境质量监测工作，90%以上的省、市编制了辐射环境质量年报。

（6）核应急与辐射应急常备不懈，成立了"国家环保总局核与辐射事故应急技术中心"。环保总局系统制订了核与辐射事故应急响应方案，处理了多起放射源丢失、被盗和污染环境事故。

（7）高度重视辐射环境保护队伍人员素质的提高，组织了多次全国性的辐射环境保护、辐射环境影响评价、辐射环境监测技术和方法、仪器比对、放射性废物管理、核安全监督员、核与辐射事故应急等专业技术培训。

（8）全国已建成25个城市放射性废物库，23个已投入运行，共收贮废放射源13 412枚，放射性废物7 340m³；已建成首期容量为20 000m³的西北低中放废物处置场，以及首期容量为8 800m³的广东北龙低中放废物处置场等。加强了对放射性废物的入境管理，查处了多起进口废金属放射性污染超标事件。

（9）提出我国中低水平放射性废物处置的环境政策，对核设施退役和环境治理工程提出了统一规划、综合治理、保证质量、长期监护的要求。并组织开展我国放射性废物管理政策研究。

（10）组织开展了大批与辐射防护和放射性废物管理有关的科学研究项目，包括核设施的职业辐射防护、环境评价模式、核事故应急、核临界安全、放射性废物管理、核设施退役等方面。

尽管如此，我国辐射环境管理工作仍处于起步阶段，因此还存在许多的困难和问题。现阶段，我国辐射环境管理主要存在以下问题：

（1）放射性废物的归口管理时间较短，历史欠账较多，因此积存了大量复杂尖锐的矛盾和问题，需要相当长的时间去着力解决。

（2）辐射防护与放射性废物管理的法规体系不健全，辐射环境的立法还很不完备，虽然《中华人民共和国环境保护法》、国务院《放射性同位素与射线装置防护条例》和环保部门的行政规章以及一些地方法规中有针对辐射环境污染管理的规定，但存在着可操作性差、立法层次不高等问题，致使工作实际中的一些问题得不到法律意义的妥善解决，缺乏一个系统全面规范辐射防护与放射性废物管理的大法。

（3）人才短缺，核工业系统和监督管理部门从事辐射防护工作的专业人员的技术水平和素质与实际需要还有较大差距，亟待提高。

（4）监管力量明显不足，监督管理人员数量配置远低于国际上有核国家的水平。

（5）技术储备不足，科研工作薄弱，不能满足辐射防护和放射性废物管理的技术需要。

（6）资金短缺，严重制约辐射环境安全管理的发展，监测仪器及装备陈旧老化，城市放射性废物库缺乏运行资金。

（7）辐射事故应急响应能力差。放射源的管理由卫生、公安、环保等几个部门分段管理，政出多门、职能交叉。缺乏对我国辐射防护发展的长远规划，缺少顶层设计。

（8）还有相当一部分的企业环境意识、法律意识淡漠，忽视自身存在的辐射环境问题，对环保部门的工作不合作甚至采取对抗的态度。

（9）群众对辐射和辐射环境管理的认识不足，缺乏足够的自我保护知识，也给辐射环境管理工作带来了困难。

四、我国辐射环境管理机构构建及内容

1. 环保系统四级管理的职责分工原则

（1）国家环境保护部

国家环境保护部的职责有：

① 负责制定并联合国务院标准化行政主管部门发表国家放射性污染防治标准；

② 会同国务院其他有关部门组织环境监测网络并对放射性污染实施监测管理；

③ 依照分工，对核设施、铀（钍）矿开发利用中的放射性污染进行监督检查；

④ 负责核设施营运单位、核技术利用单位、铀（钍）矿开发利用单位环境影响评价文件的审批；

⑤ 负责放射性废物监督管理；指导和协调各省工作；负责放射源生产和进出口的监督管理。

（2）省级环保部门

省级环保部门的职责有：

① 负责辖区内辐射环境监测、城市放射性废物库的管理；

② 负责承担总局委托的核设施、铀矿冶等环评及相关文件和现场的监督检查等任务；

③ 研究制定地方性法规标准；

④ 按职责分工承担核技术利用、伴生放射性矿物资源开发利用和电子辐射设施的安全许可审批和监督检查；

⑤ 放射源事故等核与辐射事故应急和调查处理。

（3）地市级环保部门

地市级环保部门的职责有：

① 依法对辖区内核与辐射安全实施监督管理；

② 在《国际辐射工作安全许可证管理办法》颁布实施前，审批放射工作许可证并负责涉源单位日常监督管理；

③ 对辖区内核技术利用、伴生放射性矿物开发利用中的放射处理监督管理；

④ 负责对辖区内伴有辐射设施进行排污申报登记，发放排污许可证；

⑤ 负责辖区内辐射污染纠纷调查处理，参加辖区内辐射事故响应；

⑥ 组织建设和管理辖区内核与辐射安全监督管理和监测网络；

⑦ 负责及时上报辖区内放射源事故，并负责市管放射源事故的调查和定性定级，协助公安部门监控、追缴丢失和被盗的放射源；

⑧ 负责辖区内的辐射环境质量检测，并编制辐射环境质量报告书。

（4）县（市、区）级环保局

市县环保局的职责有：

① 对涉源单位开展例行辐射安全检查和监督性监测工作，一般单位至少检查、监测一次，重点单位至少检查、检测两次；

② 加强对辖区出入境移动源的跟踪监管工作；

③ 做好核与辐射环境安全监管方面的宣传工作；按照职能分工和国家总局的要求，认真做好涉源单位的安全许可证换发、核发和预审工作；

④ 做好伴有辐射建设项目的环境影响报告书（表）的审批（无权审批）和预审工作；

⑤ 认真做好辖区内辐射污染和安全事故、纠纷的调处工作，及时上报事故、纠纷发生和处理情况；

⑥ 配合省厅做好废放射源收贮和放射性废物的处置工作。

2. 辐射安全许可证两级颁发

《放射性同位素与射线装置放射防护条例》及《放射性同位素与射线装置安全许可管理办法》的规定：

（1）生产放射性同位素、销售和使用 I 类放射源、销售和使用 I 类放射线装置的辐射工作单位的许可证，由国务院环境保护主管部门审批颁发；

（2）以上规定之外的辐射工作单位的许可证，由省、自治区、直辖市人民政府环境保护主管部门审批颁发；

（3）省级以上环保部门可以委托下一级环保部门审批颁发许可证，即：国家局可以将审批权委托省级；省级可以将省级审批权委托市级，但不能再向下委托。

（4）只有下一级环保部门具备审批能力并表示接受委托时，才能委托，不能强迫。委托审批，责任仍然属于委托方。

五、我国辐射环境管理的法律构架

我国辐射安全管理法规体系分为：国家法律、国务院条例、部门规章、标准与导则、技术文件，即为5级法规体系。

（1）国家法律

《中华人民共和国放射性污染防治法》是针对核与辐射安全的第一部法律，于2003年6月28日由第十届全国人民代表大会常务委员会第三次会议通过单行法。

该部法律的宗旨是为了防治放射性污染、保护环境、保障人体健康、促进核能、核技术的开发与和平利用。明确规定国务院环境保护行政主管部门对全国放射性污染防治工作依法实施统一监督管理，对放射源的生产、进出口、销售、使用、运输、贮存、处置等各个环节进行严格管理，并建立国家放射源监管信息系统。

（2）国务院条例

随着《中华人民共和国放射性污染防治法》的颁布实施和国家对放射源监管职能的调整，国务院颁布了第449号令《放射性同位素与射线装置安全和防护条例》。在修订后的条例有以下特点：

① 统一管理：国务院环境保护行政主管部门对全国放射源的安全和防护实施统一监督管理。

② 全过程监管："全过程"是指放射源的生产、进出口、销售、使用、运输、贮存、处置等各个环节，即"从摇篮到坟墓"的全程管理。

③ 分类管理：等同于采用了IAEA的《放射源分类》，对放射源实行分类管理。

④ 身份管理：国家将对放射源实行统一的身份编码，未经编码的放射源不得出厂和销售。

⑤ 许可证管理：从事放射源的生产、进出口、销售、使用、运输、贮存、处置等单位，必须依法取得许可证。未取得许可证不得持有放射源。持证单位应成立相应的管理机构，对人员进行安全和防护培训。

⑥ 进出口管理：进口放射源必须实现经国家环保部批准，其中进口Ⅰ、Ⅱ、Ⅲ类放射源，出口国应承诺废旧放射源的回收。

⑦ 备案登记：放射源的生产、进出口、销售和转让，必须在规定的时间内向监管部门登记备案。

⑧ 废弃放射源的管理：限制和废弃放射源应及时送交专门的放射性废物库贮存。

⑨ 无主源的收贮：监管部门应制定无主源的寻找程序，及时收贮无主源和丢失、被盗放射源。

⑩ 信息系统：监管部门应建立国家放射源监管信息系统，并实现共享。

监督检查：监管部门定期对持证单位进行安全和防护监督检查，发现问题及时采取相应的执法措施。

（3）部门规章

我国现行的部门规章有：《辐射安全许可证管理办法》《放射源安全管理办法》《放射源事故管理办法》等。

（4）标准与导则

我国已制定了许多有关放射源安全和防护的技术标准、导则和技术文件。其中最重要的是 2002 年发布的《电离辐射防护与辐射源安全基本标准》。该标准是以 IAEA 的出版物为基础，并结合我国相关的实践经验和具体情况而制定。

（5）技术文件

核安全监管部门及相关部门发布的法规技术文件、综合报告和核安全法规译文等 180 多项。其中最为重要的是《放射源分类管理办法》和《射线装置分类管理办法》。

我国现行的核安全与辐射防护法规、导则有很多发布时间较早，且大多是与核电厂有关的法规、导则，未能与时俱进；制定中国核安全法规所参考的有关国际和国外的法规、标准也随着核技术的发展进行了较全面的修订；可操作性差；研究堆、核燃料循环设施、核材料管制、放射性废物管理、放射性物质运输、核技术应用等领域远没有形成完整的体系。

六、核电应急管理

1. 核应急管理

核应急是对核电站发生或即将可能发生的核事故采取措施，以控制或缓解事故发展，减轻事故造成的后果，保护公众，保护环境。核应急管理涉及核应急准备、核应急响应和处置、核应急终止、核应急恢复正常秩序等多个阶段，是融合管理与技术的复杂系统工程。

核应急准备是以预防为主，是核应急管理过程中极为重要的阶段，包括核应急值守、核应急监测监控、核应急培训演习、核应急资源管理、核应急预案和实施计划管理等。核应急值守包括核应急事件接报管理、核应急值班管理；核应急监测监控包括辐照监测、流出物监测、临界监测、有毒可燃气体监测等；核应急资源包括专职消防队、环境辐射监测队、专家库、环境监测车、交通资源、卫生资源、应急装备等管理；核应急培训包括公司职工培训、职工上岗操作应急培训、专业小组应急培训、负责人的应急培训等。

核应急响应和处置是在核事故发生后，核应急组织要根据事故性质和严重程度，收集汇集各种信息，包括核事故信息、工况信息、厂房信息、核应急资源信息、核应急队伍信息、气象信息等。专家组综合研判启动响应等级的应急预案，立即采取相应行动。主要流程包括信息汇集、预案启动、预测预警、指挥调度、去污洗消、辐射防护、医疗救护、分析评估、综合研判、过程记录、出入通道和现场的控制、请示报告、信息发布等。

核应急终止是当构成应急状态的事故达到终止标识时，由核应急总指挥发布相关终止指令。应急终止并不代表事故处置的完成，事故区域附近的辐射监测和现场包围工作还需要持续到事故调查完毕。

核应急恢复是应急响应终止后，各级单位立即按照职责分工组织开展场内恢复行动。核设施运营单位负责场内恢复行动，并制订核设施恢复方案，按有关规定报上级有关部门审批，向上级部门报告。主要流程包括事故调查、请示报告、总结评估、事故报告、恢复行动、资料存档、预案更新、案例更新、信息发布等。

2. 应急管理涉及的主要方面

继 1979 年发生的美国三里岛核事故和 1986 年发生的苏联切尔诺贝利特大核事故后，2011 年发生的日本核事故再度将人们的目光聚焦到核安全领域，让核电的发展成为全社会舆论瞩目的焦点，世界各国的反核浪潮风起云涌，各国的核电项目上马纷纷受阻、延缓。但是，从全球核电发展来看，大多数国家发展核电的决心不变，世界发展核能不但没有减少而是增加。同时，与核安全息息相关的核应急管理机制也逐渐引发更多人的关注和思考。

核安全是综合管理的结果，首先是优质的系统设备，其次是高素质的运行人员的表现，最后是适合核电厂安全运行的环境因素。核电厂应急管理主要包括以下几点：

（1）核应急管理体系

我国高度重视核应急的预案和法制、体制、机制（简称"一案三制"）建设，通过 20 多年的发展，逐步形成了以核电厂为主要对象的核应急法规、标准体系。另外，我国于 2013 年发布的《国家核应急预案》首次提出了应急响应分级的概念，明确了三级核应急组织针对不同应急响应等级的需求。即国家核应急组织、核设施所在省（自治区、直辖市）核应急组织、核设施营运单位核应急组织。

在核事故应急情况下，国家核应急协调委、省核应急委和核电厂核应急指挥部分别依据职责分工开展核应急处置工作，国家核应急协调委和省核应急委分别设立专家委员会、专家咨询组，为核事故应急决策和核事故应对工作提供咨询和建议；核设施营运单位所属集团公司（院）负责领导协调核设施营运单位核应急准备工作，事故情况下负责调配其应急资源和力量，支援核设施营运单位的响应行动。

（2）提高应急工作人员素质

本着"积极兼容"的核应急工作方针，成立核应急组织，包含一个应急指挥部以及功能不同的专业小组。并开展应急响应培训，包括基础培训、专项技术培训，提高了应急响应人员的素质；同时，对驻扎核电厂的承包商单位的培训进行监督和支持。

（3）重视应急演习

做好演习规划，组织相关专业人员学习，编制演习计划并根据情况开展与时俱进的演习情景，让每个人都重视演习，把演习当成实战，扎实做好应急演习的各项工作。

（4）完善应急设备及应急技术专业研究

改进应急设施设备，开发更加先进的应急指挥系统、后评价系统、机组诊断和预测系统、应急决策分析系统、应急行动水平等应急专业系统等，不断提升应急水平和能力。同时，可以在高辐射区设置机器进行实时观察、实时监测和事故处理等，从源头杜绝核事故的发生。

（5）场外应急准备

场内的应急响应离不开场外的支援，场外应急准备不足，必然对场内造成一定的影响。首先应与省应急办建立定期沟通机制，共享编制报告，为场外应急计划编制提供支持，并在相关系统设备接口，应急监测、事故评价、报告方面达成共享共识。同时，应加强对核电厂周边的居民的培训，并及时跟进相关撤离路线等标识的建设工作。

3. 核应急管理中的不确定因素

在应急情况下，将不可避免地涉及不确定性，在核应急中更是如此，包括核应急出现的辐射威胁和场外释放等。在核辐射威胁阶段和放射性物质释放过程中，放射性源项、强度、时间分布和成分等都是非常不确定的。核应急管理中的气象和水文状况的不确定性进一步混淆了污染物扩散的预测，带来了不确定性。这些额外的不确定性可能直接导致剂量摄入或者通过食物链带来剂量的摄入，对于公众剂量摄入预防和预测的有效性增加了不确定性。但是，这些都只是核应急管理人员和事故恢复管理人员面临的核事故应急中的一些不确定因素，在真正的核应急时，我们通过建立模型来分析，以期减少一些不确定性，但是这同时会因模型的选择和计算带来相关的不确定性。另外，当核应急管理人员试图将核应急计划与人类健康风险最小化的必要性或某些此类目标与事故和受影响者的具体情况联系起来时，就会产生模棱两可和价值的不确定性。

总之，在核应急管理的决策过程中，有许多的不确定性因素需要加以解决。我们将其大致分为三类：一是对于外部世界的知识因素即可以认为是科学的不确定性；二是由于采取了错误的模型或者分析过程中的错误带来的不确定性；三是管理层面上，涉及应急管理人员、专家和利益相关方的价值判断和决策影响带来的不确定性。针对各类核应急中的不确定性进行研究分析，形成有效措施，尽量避免核事故的发生。

加快健全、完善与我国核能事业发展相适应的核应急管理体系，认真贯彻执行我国的核应急管理方针，对于事故状态下能够迅速采取必要和有效的应急响应行动，进而保护公众和环境具有重要意义。

第六章 案例分析——切尔诺贝利和三里岛

一、切尔诺贝利核电事故

1986 年 4 月 26 日，世界上最严重的核事故在苏联（Soviet Union）切尔诺贝利核电站发生。乌克兰基辅（Ukraine）市以北 130 公里的切尔诺贝利核电站的灾难性大火造成放射性物质泄漏，该电站第 4 发电机组爆炸，核反应堆全部炸毁，大量放射性物质泄漏，污染了欧洲的大部分地区，成为核电时代以来最大的事故。辐射危害严重，导致事故后前 3 个月内有 31 人死亡，之后 15 年内有 6—8 万人死亡，13.4 万人遭受不同程度的辐射疾病折磨，方圆 30 公里地区的 11.5 万多民众被迫疏散。下面就该次核电站事故进行介绍。

1.切尔诺核电站的事故发生与进展

（1）切尔诺贝利核电站的概要

切尔诺贝利核电站位于乌克兰普里皮亚季镇附近，距切尔诺贝利市西北 18 公里(11 英里)，距乌克兰和白俄罗斯边境 16 公里(10 英里)，距乌克兰首都基辅以北 110 公里（68 英里）。如图 6—1 所示。该核电站共有四台机组，是苏联 1973 年开始修建，1977 年启动的最大的核电站。

1986 年 4 月 26 日发生灾难性事故的是核电站 4 号机组，该机组建成、

图6—1 切尔诺贝利核电站资料图片

投入运行是在1983年12月。1986年4月25日前，它一直稳定运行在额定满功率下，按计划4月25日停堆检修。

（2）切尔诺贝利核电站安全保证方面的状况

RBMK-1000核电机组采用的是苏联独特设计的大型石墨沸水反应堆，用石墨作慢化剂，石墨砌体直径12米，高7米，重约1700吨，沸腾轻水作冷却剂，轻水在压力管内穿过堆芯而被加热沸腾。堆芯石墨砌体中间孔道内可装1680根燃料管。反应堆是双环路冷却，每个环路与堆芯840根燃料管的平行垂直耐压管相连，堆芯入口处冷却剂温度为270℃，进入燃料管道，向上流动，被加热局部沸腾，汇流到一边两个的四个汽包中，汽包中的蒸汽直接进入汽轮机厂房，两环路各对一台汽轮发电机组（一堆两机）各发额定功率一半的电功率（4号堆供气给7号和8号汽轮发电机组）。切尔诺贝利核电站RBMK反应堆堆芯堆体结构，与苏式石墨生产堆的结构极为类似。反应堆厂房只不过是一个普通工厂的大车间，至多只是一个没有门窗的"密封厂房"而已，根本没有"安全壳"。同时反应堆是压力管式，由压力管承压，石墨砌体直径很大，所以也没有压力壳。

（3）切尔诺贝利核电站的事故发生与进展

1986年4月25日，切尔诺贝利核电站的4号动力站开始按计划进行定期维修。然而由于连续的操作失误，4号站反应堆状态十分不稳定。1986年4月26日对于切尔诺贝利核电站来说是悲剧开始的日子。凌晨1点23分，两声沉闷的爆炸声打破了周围的宁静。随着爆炸声，一条30多米高的火柱掀开了反应堆的外壳，冲向天空。反应堆的防护结构和各种设备整个被掀起，高达2000℃的烈焰吞噬着机房，熔化了粗大的钢架。携带着高放射性物质的水蒸汽和尘埃随着浓烟升腾、弥漫，遮天蔽日。虽然事故发生6分钟后消防人员就赶到了现场，但强烈的热辐射使人难以靠近，只能靠直升机从空中向下投放含铅和硼的沙袋，以封住反应堆，阻止放射性物质的外泄。

（4）切尔诺贝利核电站事故发生的内因和外因

发生这起核事故的根本原因，是核电站工作人员在进行一项实验时相互之间没有沟通好。当时，工作人员打算对第四核反应堆进行一次检修，在将该反应堆关闭时，核工厂管理部门决定做一个实验，研究当反应堆关闭、蒸汽不再向涡轮发电机传送能量时，涡轮的惯性旋转能否产生新的电能。然而，基辅能量公司并不清楚这个实验，一名能量公司官员命令反应堆工作组立刻启动第四核反应堆。而此时尚不知情的涡轮发电机工作组却已经关闭了涡轮机。反应堆产生的蒸汽是供给涡轮机的，在关掉涡轮机时，一般自动保护系统会自动关掉反应堆。但是，涡轮发电机工作组在做该实验之前已先切断了自动保护系统。这样反应堆不断工作产生蒸汽，却没有宣泄的出口，引发了热能爆炸。

但是，除操作失误外，RBMK石墨沸水堆设计本身也存在安全隐患，这是堆设计中留下的缺陷，也是这次事故的内在原因。不安全因素是：

低功率下堆处于不安全工况，因为这种堆冷却水可沸腾产生空泡，而堆芯设计成有正的空泡反应性系数，即空泡增加，反应性（功率）增加，又导致空泡数增加，堆就会失控，非常危险，好在在高功率情况反应性燃料温度系数是负的，在满功率下功率系数是负的、堆是安全的，但在20%满功率运行时，功率系数会变成正值。因此，运行规程中不允许堆在低于 700 兆瓦热功率下运行。

冷却剂泵功能扰动或泵气蚀，空泡增加，在正空泡系数的情况下，会放大其效应，燃料通道的损坏会引起局部闪蒸，引入局部正反应性，并会在堆芯中快速扩展。

大量的在 700℃ 左右运行的石墨，遇水将起激烈的化学反应。

综上所述，可以总结出切尔诺贝利核电站事故具有以下特征：

①由人为操作失误引起；

②1、2、3 号机组停止运转，4 号机组燃烧；

③大火引发的爆炸；

④大量辐射物质外泄，反应炉几乎全部空了；

⑤技术上的可避免性与操作、管理的不专业性；

⑥不及时、不全面的信息披露。

2. 反应堆灾害的应急响应

（1）事故后的应急响应

虽然事故发生 6 分钟后消防人员就赶到了现场，但强烈的热辐射使人难以靠近，据苏联报道，起初动用了消防队去压制高达 30 米的火焰，因温度过高，消防队的靴子陷进了被高温熔化的沥青中，但由于放射性物质大量释放，使扑灭火焰变得越来越复杂，于是决定动用空军进行空投灭火，用直升机以 140 公里 / 小时的飞行速度在出事上空投下大量含有铅、硼的沙袋，以隔绝空气，堆成一个又大又厚的馅饼封住反应堆，以堵死发生危险的根源；共投了总量为五千多吨的沙袋，这是在难以置信的艰苦条件下向喷发着炽热的火口进行空投的。据塔斯社基辅 5 月 8 日报道，毁坏的反应堆温度已降到 300℃，（现已降至 200℃）表明反应堆燃烧已停止。与此同时，他们在堆下灌注大量混凝土，防止放射性物质向地下水渗漏，目前堆上也灌注混凝土，这样上下结合，从而将反应堆封固起来。并又安装冷却系统，以免混凝土内放射性衰变导致温度上升。

（2）环境监测的实施

为加强对核事故应急工作的组织领导，苏联部长会议和苏共中央政治局先后组建了政府委员会和政治局特设工作组，负责领导全国的全面救灾和消灾工作。事故初期，水文气象部门、卫生部门、民防系统及军队均参加了辐射监测工作。事故后 7 天绘出了第 1 张地区放射性污染分布图，事故后 14 天绘出了 Y 剂量率总结图，为应急采取的防护措施提供了依据。到 1986 年年底，仅苏联卫生防疫站系统就为居民进行了 2000万次 Y 剂量率测定、测水样 50 万次、各种物表监测 3000 万次、分析奶和奶制品 70 万次、肉和其他食品 120 万次；在 1990 年间，分析土样 8万多份。到 1991 年共调查了俄罗斯、白俄罗斯、乌克兰境内的居民点19000 多个。

（3）农产品、饮水等的响应措施

1986 年 4 月，一些欧洲国家（除法国以外）已经强迫实行食物限制，特别是菌类和牛奶。在灾难过后 20 年，主要限制制造、运输、消费过程中来自切尔诺贝利放射性尘埃的食物污染，尤其是对铯-137 指标的控制，以防止它们进入人类的食物链。在瑞典和芬兰的部分地区，部分肉类产品受到监控，包括在自然和接近自然环境下生活的羚羊，等等。在德国，奥地利、意大利、瑞典、芬兰、立陶宛和波兰的某些地区，野味（包括野猪、鹿等）、野生蘑菇、浆果以及从湖里打捞的食肉鱼类的铯-137 含量达到每千克几千贝克。在德国一些野生蘑菇的铯-137 含量甚至达到了 40000贝克 / 千克。按照 2006 年 TORCH 报告，这些地区的平均水平约为 6800贝克 / 千克，是欧盟规定的 600 贝克 / 千克的 10 倍以上。由此欧盟委员会已经表示："对于从这些成员国进口的某些食物的限制必须在未来保持多年。"

在英国，根据 1985 年起施行的《食物和环境保护条例》（Food and Environment Protection Act, FEPA），从 1986 年起限制了放射性指标超过1000 贝克 / 千克的绵羊的迁移和销售。这项安全措施是根据欧盟委员会专家组第 31 项报告的建议而作出的。但是自 1986 年以来，受限制区域已经减少了96%：从一开始限制区域几乎包括了9 000个农场和400万头绵羊，到2006年已经递减到374个农场大约750平方公里的地区和约20万头绵羊。只有坎布里亚、北威尔士和苏格兰西南部的一些区域仍然受到限制。

在挪威，萨米人受到被污染的食物的影响，有些驯鹿因为吃了地衣而受到污染，因地衣在从空气中获取养分的过程中吸收了放射性微粒。

（4）追加防护区域的应对

事故后，政府有关部门规定了不同人员的外照射安全剂量限值，以及各种食品和饮用水中放射性核素的容许浓度。放射性污染地带按污染水平划分为隔离地带（禁止居住）及严格控制地带（只允许在严格控制下居住）等。规定的安全剂量限值随着认识的提高及实际情况的变化进行了多次修订。苏联采用分层次防护方法，宣布核电站周围30公里地区为危险区（也叫疏散区），于事故后16小时，将全体人员（包括居民）在4个小时内全部撤离到上风的安全地点，疏散92 000人，全部安排在附近的居民点。在危险区内停止农业生产，全部牲畜已屠宰，牛奶、蔬菜、水源已污染，全部禁用。苏联政府还通过了《关于切尔诺贝利核电站地区企业和单位工作人员报酬和物质保护条例的决定》，规定了对临时疏散人员的损失补偿，发给从事与消除事故后果有关工作的劳动报酬，对因事故丧失劳动能力者发放相当于平均工资的补助金，并发给免费疗养证。

3. 辐射环境影响分析

（1）放射性物质释放量的分析评价

有关这方面的资料报道极少，从有限的资料来看，5月2日事故当地的放射性剂量率为200R/h，5月4日降到150R/h，5月10日在距130公里基辅处的剂量率为0.3mR/h（正常水平为0.01mR/h），比本底高30倍。有人估计，如一月内这剂量强度不变，则基辅市人民一个月中受到剂量约为150mR（病人1次牙透视可接受1000mR），认为对人的健康危害不大。我国有关单位曾对苏联切尔诺贝利核电站的源项作了初步估计，按320万千瓦热功率计，辐照3年立即释放时，全堆中 131I 约为 8×10^7Ci、137Cs 为 1.2×10^7Ci，若按1/4堆熔化，且在高温有大量水蒸气的环境中生成碘化铯来考虑计算，则可能释放到外环境的放射量 131I 为 $2 \times 105Ci$、137Cs 为 $3 \times 104Ci$，放射性惰性气体 $1.8 \times 108Ci$，显然比美国三里集核电站事故释放量（131I 为 $3 \times 107Ci$，惰性气体 2.4×106—$1.3 \times 107Ci$）要大得多。当然这仅是估计的数值，有待今后修正。

（2）放射性辐射对人类健康的影响

飘落在苏联的辐射尘有 60% 在白俄罗斯。而由 TORCH2006 的报告指出有一半的易挥发粒子飘落在乌克兰、白俄罗斯及俄罗斯以外的地区。在俄罗斯联邦布良斯克（Bryansk）的南方极大的区域和乌克兰北方的部分地区，都被辐射物质污染。意外发生后，马上有 203 人立即被送往医院治疗，其中 31 人死亡，当中更有 28 人死于过量的辐射。死亡的人大部分是消防队员和救护员，因为他们并不知道意外中含有辐射的危险。为了控制核电辐射尘的扩散，当局立刻派人将 135 000 人撤离家园，其中约有 50 000 人是居住在切尔诺贝利附近的普里皮亚特镇居民。卫生单位预测在未来的 70 年间，受到 5-12 艾贝克辐射而导致癌症的人，比例将会上升 2%。另外，已经有 10 人因为此次意外而受到辐射，并死于癌症。

许多研究发现，白俄罗斯、乌克兰及俄罗斯的小孩罹患甲状腺癌的比例快速增加。根据日本原子弹爆炸的事后调查统计预期，在切尔诺贝利地区的白血病在未来的几年内将会增加。但直到目前为止，白血病病例的增加数量还不足以在统计学上推断，并和辐射外泄有关。但是，事实证明了在切尔诺贝利地区，畸形婴儿的出生率的确升高了，有调查证实是由辐射灾难后的辐射尘所导致。

（3）放射性辐射对环境生物的影响

在事故后，隔离区内变成部分野生动物的天堂。虽然动物也饱受辐射之苦，但比起人类对它们的伤害是非常轻微的，所以对它们而言事故的发生反而是件好事。在隔离区内的动物比如老鼠已适应了辐射，它们和没受辐射影响地区的老鼠寿命大约相同。下列为隔离区内再度出现或被引入的动物：山猫、猫头鹰、大白鹭、天鹅、欧洲野牛、蒙古野马、獾、河狸、野猪、鹿、狐狸、野兔、水獭、浣熊、狼、水鸟、灰蓝山雀、黑松鸡、黑鹳、鹤、白尾雕。

4. 事故的信息交流

尽管事故重大，但是苏联采取了封锁和隐瞒消息的舆论应对措施，从 4 月 25 日发生故障，26 日堆起火，27 日引起爆炸，三天中苏联对此事一直秘而不宣，直到 28 日瑞典一核电站工人发现工作服上辐射水平增高，当时怀疑是他们自己发生污染事故，于是报告政府有关当局，13 小时后，瑞典政府正式质问苏联，苏联才承认他们已发生了事故，有人受到辐射影响。29 日清晨，苏联驻西德和瑞典的使节拜访了两国的专家，就如何扑灭反应堆的烈火征求意见。接着苏联于当晚首次报道了这次事故的伤亡情况：4 月 30 日才正式发布了苏联部长会议的公告。总之，从事故发生到正式宣布，推迟了近 60 个小时，对此西方各国深感不满，纷纷进行谴责。

这次事故最早报道来自西方通讯社，如路透社斯德哥尔摩 4 月 28 日电，"一次辐射波浪正席卷瑞典、芬兰、丹麦和挪威，大概是苏联一座核电工厂发生泄漏事件造成的"，此后，西方国家通讯社传说纷纷，有说事故死亡人数已达 2000 人之多。在此情况下，苏联于 4 月 30 日晚才通过电视台发布了部长会议公告。公告说目前在乌克兰切尔诺贝利核电站消除事故后果的工作仍在继续进行，由于采取了措施，过去 24 小时放射性物质的泄漏已经减少，核电站地区的辐射水平有所下降。专家们测定的结果表明，没有发生核燃料分裂，反应堆处于熄灭状态。为了净化受污染的地区，已调去了装备现代化技术手段的特种部队。并说，核电站及周围地区的环境正在好转，稍远地区的空中环境可"不必担忧"，饮用水和江河水的质量"符合标准"。5 月 6 日苏联部长会议副主席谢尔比纳又宣布，这次事故发生时间是 4 月 26 日凌晨 1 点 23 分，由核电站四号机组发生事故，最大的可能是反应堆内的化学爆炸，这个电站的第一、二、三号机组能正常工作，但现已停止运行。

然而西方通讯社和专家的分析，与苏联报道有些出入。美国核能和情报官员通过 500 公里高空的卫星侦察，以及有关人士的猜测，认为事故经过的大致情形如下:4月25日切尔诺贝利核电站其中一个反应堆发生故障,堆的水冷系统被堵;4月26日核燃料引起炽烈的大火,烧掉石墨,把重2000吨、直径为14米的堆芯中的氧化铀熔化了,当堆芯解体时,放射性就从无防护的反应堆建筑物外逸出去;4月27日某种化学物质爆炸,炸飞了建筑物的顶盖,炽烈的火焰温度高达华氏3000度。这种高温火焰一直持续到4月30日,到5月1日卫星侦察结果表明火焰的炽烈程度已经减退,此时苏联政府才宣布,反应堆的火势已被压下去。

5 善后工作

(1)进行医疗卫生和保健工作

对受伤者提供急救治疗,苏联采取了紧急措施,动员了共和国首都基辅和乌克兰等其他城市的医务人员,在疏散地点组织了医疗服务点,共组织了230个急救医疗队,动用240辆值班救护车,提供了输血用的必要数量的血液,以及服用碘化药剂等。给当地10万人进行体格检查,受伤人员全部住院治疗,包括输骨髓及用抗生素。美国著名的骨髓移植专家盖尔教授及免疫学家特拉萨基教授应邀去苏联协助医疗,负责输注骨髓工作,他们还带去了近50万美元的医疗器械和药品。据目前统计,约有5—10万人受到辐照剂量,其中有299人受到大剂量照射,表现出不同程度的放射损伤,13人正在进行输骨髓治疗,6人进行输注胚肝治疗,但9人已无法靠输入骨髓救治,35人处于严重状态中,至今已死亡26人(其中24人死于烧伤及辐射损伤),估计死亡人数还会有所增加。但病人血液中未发现24Na,由此判断这次核事故未产生中子流。

对事故现场的伤员救治分为3级。第1级为设在Pripyat市的126医疗所,进行急救和早期分类诊断;第2级为基辅市所属医院,收治轻度放射性病人;第3级是莫斯科第6专科医院,专门收治重度放射性病人。事故后36h内检诊350余人,最初3d送往基辅和莫斯科的299名初诊为急性放射性病人,经反复检查确诊145人,1992年最终确诊134人患急性放射病。通过治疗急性放射病,也积累了可贵的经验。

给救灾人员、消灾人员及严重污染区的公众进行疾病预防、医学检查以及碘预防和服用维生素合剂、放射性核素吸附剂、免疫调节剂（胸腺九肽）和辐射防护剂等。苏联共 530 万人先后服用稳定性碘。波兰服碘者中成年人近 800 万，儿童及青少年约 1050 万。辐射防护剂胱胺在受照剂量大时有效，长期小剂量照射时无效，且毒副作用较明显。经研究提出核苷嘌呤有利于染色体可逆性损伤的修复等。

对非急性放射损伤的受照人群进行了较全面、系统的健康监督和保健工作。为了解受照情况、给予必要的诊治以及研究辐射的远期效应，1986 年 6 月，苏联就建立了切尔诺贝利登记处，之后受灾 3 国相继建立了各自的登记处。规定必须登记者有救灾人员、消灾人员、撤离污染区的人员和在控制区生活的人员，以及上述几类人员所生的子女。到 1991 年苏联解体时，已累计登记了 659292 人的资料。苏联解体后，受灾 3 国已分别进行各自的登记工作，几年来登记的人数也逐步增加。目前发现存在的主要问题是，因受多种因素影响，各类人员的受照射剂量难以准确评估，因而有必要重新评估不同人群的受照射剂量。

（2）河水截流，防止污染扩散

对靠近切尔诺贝利附近的葵科雅特河、普里皮亚季河进行截流（具体措施不明），防止放射性物质被冲到下游的楚利别基河，并在河岸修堤，防止污染的扩散。又给当地下水道系统安装套管，以防止雨水从电站灌入普里皮亚季河。

（3）消除放射性污染

1986 年 5 月 6 日开始，有计划地进行消除放射性污染工作，到 8 月 10 日已完成厂区约 87 万㎡的去污工作，同时对某些居民区也进行了大面积去污。为了对进出污染区的人员和车辆等消除污染，还开设了大量洗消站。1986 年仅在乌克兰境内就设立了 67 个洗消站，为救灾、消灾人员及撤离居民进行了近 100 万次的卫生处理，以后几年仍保持不变。但最后结果表明：居民点去污效果不理想，1989 年年底停止进行此项工作。

（4）采取农业及其他方面的防护措施

为降低污染水平，在农业方面也采取了多种措施。例如：农艺措施包括深翻土地，换种浓集放射性核素少的作物，根治或表层处理草场、牧场等。农化措施包括给酸性土施用石灰，按氨、磷、钾比例为1：1.5：2配比施用矿化肥，增用有机肥及黏土以吸附游离的137cs等。畜牧、兽医采用了将全天放牧改为部分时间放牧的办法，改喂无污染或污染轻微的饲料，给牲畜服用普鲁士蓝吸附137Cs，牲畜喂无污染饲料，1.5—2月后再宰杀等。食物加工过程中分拣、加工、贮存改用其他用途等。另外，受污染的森林是重要的放射性核素贮存库，因而对其防护不可忽视。

为减少经食入所致的内照射剂量，以及提高机体的抗辐射能力，有关部门和专家提出了不同人员的营养标准，调查了膳食和营养状况。有的专家还编写了有关专著，提出各种植物对137Cs及90Sr的浓集特点，并提出了减少食物中放射性核素含量的方法。有的学者研究并提出了一些可提高人体抗辐射能力的食品，用以指导人们在严重核事故后正确选择食品及食品加工方法。

6. 国际反应

（1）国际帮助

苏联正式邀请IAEA总干事汉斯、布里克斯和两名核动力和安全问题高级专家前往莫斯科，对发生的核事故进行调查。1986年5月9日，国际原子能机构总干事布利克斯，乘直升机从800米高空察看核电站的情况，他认为这是迄今为止世界上最严重的一次核事故。灾后两年之中，26万人参加了事故处理，为4号核反应堆浇了一层层混凝土，当成"棺材"埋葬起来。清洗了2100万平方米"脏土"，为核电站职工另建了斯拉乌捷奇新城，为撤离的居民另建2.1万幢住宅。这一切，包括发电减少的损失，共达80亿卢布（约合1.2亿美元）。乌克兰政府已作出永远关闭该电站的决定。

苏联政府在1990年才承认需要国际援助。同年，联合国大会通过了第45/190号决议，呼吁"国际合作处理和减轻切尔诺贝利核电厂的后果"。这标志着联合国开始参与切尔诺贝利的恢复工作。一个协调切尔诺贝利合作的机构间工作队得以成立。1991年联合国建立了切尔诺贝利信托基金，该基金由人道主义事务协调厅（人道协调厅）管理。自 1986 年以来，联合国机构和主要非政府组织推出了 230 多个研究和援助项目，其内容涵盖健康、核安全、康复、环境、清洁食品生产和信息等领域。

2002 年，联合国宣布将切尔诺贝利的工作战略重点转移到长期发展方面。这一新战略的实施由联合国开发计划署及其设在三个受灾国家的区域办事处领导。此外，由于受影响区域仍有大量工作需要完成，联合国于 2009 年启动了国际切尔诺贝利研究和信息网，为旨在促进当地可持续发展的国际、国家和公共项目提供支持。

2007 年 9 月 17 日，乌克兰当局表示将搭建一个巨型的钢铁覆盖物，封闭曾发生全球最严重核泄漏事故的切尔诺贝利核电站。据英国广播公司报道，乌克兰当局雇佣一家法国公司，负责搭建一个钢铁外层结构，取代在 1986 年核泄漏之后用来掩盖核反应堆的混凝土外层。这一混凝土外层在发生事故后仓促建成，已出现损坏，因此当局计划建筑新的钢铁外层，遮盖曾发生核泄漏的反应堆和放射性材料。新的钢铁外层工程将耗资 14 亿美元，由国际捐献者出资，并由欧洲重建与开发银行监督资金营运，预计在 5 年内竣工。

据俄新社 2012 年 12 月 4 日报道，欧洲复兴开发银行承诺将为乌克兰提供 1.9 亿欧元额外资金，帮助乌克兰完成切尔诺贝利核电站新防护罩建造工作。建造切尔诺贝利核电站新防护罩共需要资金 7.4 亿欧元。2011 年 4 月，在基辅举行的国际捐赠大会上，40 多个国家已经承诺提供 5.5 亿欧元资金。

2016 年 11 月 29 日，乌克兰切尔诺贝利，覆盖切尔诺贝利核电站 4 号反应堆的新安全保护罩完工。这个"金钟罩"将永久"封印"切尔诺贝利。工程技术人员通过液压装置移动这个用钢筋混凝土制造的巨大的预制防护拱顶，罩住当年发生核灾难时失去顶棚的核反应堆残骸。这是世界上最大的可移动金属装置，高 108 米、重 36000 吨，重量约为埃菲尔铁塔的四倍。该装置造价 16 亿美元(约合 110 亿人民币)，将取代苏联 30 年前建造的"石棺"。这个拱形防护罩是人类所建造的最大的陆上可移动结构。

2016 年 12 月 8 日，联合国大会通过决议，决定将每年的 4 月 26 日设立为"国际切尔诺贝利灾难纪念日"。决议指出，"在切尔诺贝利灾难发生三十年后，至今依然存在灾难带来的严重长期后果，受影响的社区和地区继续存在相关需求"，并邀请"所有会员国、联合国系统相关机构和其他国际组织以及民间社会举办纪念日活动"。

（2）各国对事故的政策反应

事故当时先刮东南风，后转东风（风速 3—5 米 / 秒），因而先将放射性物质带往北欧，后又扩散到东欧、西欧地区，致使瑞典、芬兰、挪威、波兰、丹麦等国的辐射水平明显增高，空气中本底增高了 4—10 倍。其中波兰最邻近苏联，故空气中碘含量增高明显，他们成立了一个专门委员会来监视辐射情况，并规定小孩不准离家外出，不饮雨水，不喝受污染的牛奶，不食用污染的蔬菜以及服用含碘药物等，欧洲其他地区，如西德、奥地利、罗马尼亚、南斯拉夫、法国等也见有放射性本底增高。随后在日本、朝鲜、中国的雨水中也能测到放射性物质，甚至美国西北海岸大气中也可测出放射性尘埃。但总的来说，放射性水平均很低，不会对人体的健康造成危害而且这些放射性尘埃在 1—2 周内即可消失，不像大气核试验产生的放射性尘埃要存在好几年才能消失。然而，瑞典某些科学家认为，乌克兰地区及附近的东欧国家，将可能增加 8000 人的癌症发病率。为此，欧洲共同体曾达成协议，暂时禁止从苏联、波兰、东德、南斯拉夫、罗马尼亚、捷克斯洛伐克、匈牙利七国进口新鲜食品以防止污染了的食品进入西方国家。IAEA 发言人指出：机构认为欧洲的辐射情况对人的健康是不危险的，目前不必对苏联边界外的影响惊恐不安。新华社联合国电"有种种迹象表明，苏联核溢事故虽是一起严重事件，但也许不像某些初期报道的那么严重，尽管在苏联以外发现了具有放射性的碘和铯的同位素，但尚未发现锆，这表明并没有出现反应堆堆芯完全熔化的情况，从被损坏的堆芯释放的放射性物质只约占堆芯总辐射量的 1%"。

各国对这次核事故的反应是强烈的，集中反映在对苏联未及时公布事故真相，污染的扩散以及世界核电计划发展的影响等问题上。例如：西德、意大利曾有大批群众示威游行，抗议苏联未将事故及时公之于众；欧洲核能会议，也为此对苏联进行谴责。英国政府的反应最为敏感，不仅从基辅和明斯克地区撤回留学生和访问大员，停止去苏联、东欧国家旅游，还将放射性标准提到 1979 年标准的 1/6。在对待发展核电站问题上，反应有所不同，菲律宾、瑞典、芬兰、匈牙利、印度及台湾等持反对或慎重态度，美国也担心，此次事故将对美国发展核电有影响，顾虑核研究委员会和核电站产业将会陷入困境。然而日本，苏联则不然，日本宣布不改变原来制订的到 1995 年的核电发展计划，苏联也将继续执行以前的发展能源的计划，因为他们认为这次事故原因不是技术问题，而且利用石油、天然气发电的方法已走到尽头，为此苏联最近照常帮助利比亚修建核电站。IAEA 执行主任海尔加·斯布戈夫人对此专门发表评论，她指出：苏联的核电站事故不应该怀疑核电的安全，因为，诸如核电站在安全条件下运输核废料的处理等问题，都是 IAEA 成员国已经解决的问题。IAEA 总干事也认为核电将继续发展，但速度应放慢。

7. 切尔诺贝利核事故的结论与教训

（1）切尔诺贝利核事故调查结论

1986 年 4 月 25 日，4 号反应器预定关闭以作定期维修。实验人员决定利用这次关闭反应堆的机会，测试反应堆的涡轮发电机能否在电力损失情形下，提供充足电力给反应堆的安全系统。

由于实验开始的延迟时，反应堆控制员太快地减低能量水平，实际功率输出落到只有 3 万千瓦，中子吸引而成的裂变产品氙-135 增加。

功率输出下落的标度虽已接近由安全章程允许的最大限制，但员工组的管理者选择不关闭反应堆并继续实验。

实验决定把功率输出增加到 2 亿瓦特。为了克服剩余氙-135 的中子吸收，实验人员将远多于安全章程数量的控制棒由反应堆拔出。

被涡轮发电机推动的水泵起动了；水的流量由于这行动而超出了安全章程的指定。

水流量的进一步增加需要手工撤除控制棒，导致一个极不稳定和危险操作条件。

实验开始。反应堆的不稳定状态在控制板没有显示任何情况，反应堆员工并未充分地意识到危险。

水泵的电力关闭了，并且被涡轮发电机的惯性所推动，水流的速度减低了。涡轮从反应堆分离，反应器核心的蒸汽水平增加。

上午1点23分40秒操作员按下了命令——紧急停堆的AZ-5（迅速紧急防御5）按钮——所有控制棒充分插入，包括之前不小心拿走的控制棒。

由于控制棒插入机制（18至20秒的慢速完成），棒的空心部分和冷却剂的临时移位、逃走，导致反应率增加。增加的能量产品导致了控制棒管道的变形。棒在插入以后被卡住，只能进入管道的三分之一，无法停止反应。

在1点23分47秒，反应堆产量急升至大约30千兆瓦特，是十倍正常操作的产品。燃料棒开始熔化而蒸汽压力迅速增加，导致一场大蒸汽爆炸，使反应器顶部移位和受破坏，冷却剂管道爆裂并在屋顶炸开一个洞。

放射性污染物在主要压力容器发生蒸汽爆炸而破裂之后，进入了大气。在一部分屋顶炸毁之后，氧气流入——与极端高温的反应堆燃料和石墨慢化剂被结合——引起了石墨火。这场火灾令放射性物质扩散和污染了更广大的区域。

（2）切尔诺贝利核事故教训

切尔诺贝利是一场灾难，也是时代的悲剧。事故发生有着可避免性：一是要进行严密审核评估反应堆的运行安全可靠性；二是要按部就班地进行核电厂营建的各部分流程；三是要选聘专业化管理者、操纵员；四是要按照反应堆安全运行的规程进行操作；五是要去家族化，去官僚化。如果能够做到这些，那么切尔诺贝利事故发生的可能性就几乎为零了。

8.对我国的启迪

①创建安全文化系统是长期、首要的任务。迄今为止对引起切尔诺贝利事故的原因说法不一，主要集中在"技术因"和"人因"两种观点。持"技

术因"观点的人认为：切尔诺贝利事故是由于该核电站所使用的 RBMK 型反应堆在设计上存在缺陷。事故发生以后，苏联全面停建 RBMK 型反应堆，启动研制新一代核反应堆。国际核电产业一度因为切尔诺贝利事故极大受挫，但随着反应堆技术逐步得到发展，许多人认为，特别是核技术专家认为只要改进反应堆的设计，切尔诺贝利事故或类似的事故完全可以避免。持"人因"观点的人认为：苏联 RBMK 型反应堆的设计的确存在自身安全隐患，这次事故的直接原因在于 4 号反应堆的负责人擅自违规进行惰转试验，又违规关闭了安全设施，所以，这次事故是人为的因素所导致。

②树立全局观念，把应急处理作为工程进行统一管理。我国是社会主义国家，在中国共产党的统一领导下，一旦突发事变，需要立即组建拥有最高权力，包括科学家和工程技术专家在内的应急处理机构，在这个机构的指挥下，从全局出发统一调配人力、物力、财力，各部委、地方政府、国家和集体组织，乃至个人都要服从应急处理机构的指挥和调动。应急处理应该成为一项工程进行统一管理。

③建立专业化、组织性强的应急处理队伍。为了更好地防范、应对重大的灾难、事故，我们应该把分散的应急部门加以整合，建立专业化、组织性强的应急处理队伍。以核应急为例，应该认识到，核应急队伍的职业化是提高和保持应急处理能力的重要措施，将兼职、半专业的和分散的应急处理力量转变为专业应急处理力量，形成统一高效的专业救援队伍，有利于积累应急处理经验，保持、提高并充分发挥应急处理队伍的能力。随着核应急处理工作的深入开展和我国积极发展核电的政策推进，建立专业化的核应急处理队伍势在必行。

④既要重视军队在核应急行动中的重要作用，也要认识到军队的局限性。从苏联政府的应急行动中，我们看到了军队所具有的高度组织性和高效的特点，成为应急行动的中坚力量。但同时我们也看到，面对各种救灾行动，军队具有非专业性。这一特点在核事故的应急处理中表现得尤为突出，从而造成军人在受辐射的人员中占有很大比重。

⑤充分认识信息公开化的"双刃剑"作用。从苏联的教训中可以看出，对事故信息的保密不仅会带来谣言四起，造成公众的恐慌，进而引发社会动荡，更重要的是公众无法从正规的渠道获得准确、有效的信息，无法作出理性判断和采取正确的自我保护措施。政府会因此失去民众的信任。因而对于核事故和任何突发事变的发生应十分重视，确保事故的信息公开、真实。

⑥建立"核安全保险基金"，解决突发事变后福利保障资金的来源问题。切尔诺贝利事故的一个重要教训是国家没有福利保障资金的稳定来源。鉴于核事故的特殊性，建议核电企业在利润收益中预留一部分作为"核安全保险基金"，这部分基金平时可以参与金融运作营利，一旦出现核事故，"核安全保险基金"将与国家社会保险和其他商业保险共同作为福利保障资金的来源，以减轻国家、企业应急处理的经济压力。

⑦研究制定核能相关法律，力争做到有法可依。核事故的特殊性要求核电企业把核安全放在企业头等重要的地位，但是，由于缺少与核能配套的相关法律，在核能这个特殊领域中留下法律真空地带，所以，需要研究制定与核能相关的法律，为可能出现的犯罪行为做到有法可依，追究到底，对人类负责。

二、三里岛核电事故

三里岛核事故（Three Mile Island-2），简称 TMI-2。1979 年 3 月 28 日凌晨 4 时，美国宾夕法尼亚州的三里岛核电站第 2 组反应堆的操作室里，红灯闪亮，汽笛报警，涡轮机停转，堆芯压力和温度骤然升高，2 小时后，大量放射性物质溢出。在三里岛事件中，从最初清洗设备的工作人员的过失开始，到反应堆彻底毁坏，整个过程只用了 120 秒。6 天以后，堆芯温度才开始下降，蒸汽泡消失引起氢爆炸的威胁免除了。100 吨铀燃料虽然没有熔化，但有 60% 的铀棒受到损坏，反应堆最终陷于瘫痪。此事故为核事故的第五级，是世界上最早的核反应堆堆芯熔化事故。

1.三里岛核电站的事故发生与进展

（1）三里岛核电站的概要

三里岛核电站建于 1974 年，坐落于美国的宾夕法尼亚州苏斯科汉纳河畔的沙洲上，高耸着四座 37 层楼高的冷却水塔。如图 6—2 所示。那一年，美国全国已经运行的核电站有 43 座，另有 104 座核电站在建或者准备建设，"他们大跃进似地发展核电，从十万千瓦的试验性核电站，一跃上升到了百万千瓦的超级核电站，像锡安核电站、德累斯顿核电站、三里岛核电站等，一切都是一蹴而就"，作家麦克·格雷说。

图6—2　三里岛核电厂，右边两个较低矮的圆柱形建筑为反应堆厂房（也叫完全壳），四座高耸建筑物为循环冷却塔

（2）三里岛核电站安全保证方面的状况

堆型：压水反应堆（PWR）；

额定电功率：880MW；

堆芯：由 177 盒燃料组件构成。直径为 3.27m，高为 3.65m，共 37000 根燃料棒，含二氧化铀约 100 吨；

燃料：富集度为 2.57% 的二氧化铀；

包壳：Zr-4；

专设安全设施：反应堆控制棒、高压注入应急堆芯冷却系统、含硼水箱、安全壳 ECCS 再循环水坑。

（3）三里岛核电站事故发生前的正常运行状况

反应堆主冷却剂系统：共两个环路。每个环路两台主泵，一台能产生过热蒸汽的直流式蒸汽发生器（SG）；如果在大功率时失去给水，SG 将在约 1min 内发生干涸。

一台稳压器布置在其中一个回路的热段，用于控制主系统压力和不畅冷却剂的容积变化。稳压器泄压阀在稳压器压力达到 15.5MPa 时开启，将冷却剂排放至稳压器泄压箱。

给水系统：

——三台凝泵；

——一套含 8 台混床的凝结水全流量精处理装置；

——三台凝升泵；

——三台主给水泵（无除氧器）；

——三台辅助给水泵（两台电动泵、一台汽动泵）。

（4）三里岛核电站的事故发生与进展

1979 年 3 月 29 日凌晨 4 时，三里岛核电站 95 万千瓦压水堆电站二号反应堆的操作室里，警报声铺天盖地地响起，主给水泵停转，辅助给水泵按照预设的程序启动，但是由于辅助给水回路中一道阀门在此前的例行检修中没有按规定打开，导致辅助回路没有正常启动，二回路（辅助回路）冷却水没有按照程序进入蒸汽发生器。而高压安注系统启动不久，就被主控室操纵员错误地关闭。因此热量在堆芯聚集，堆芯压力上升。堆芯压力的上升导致减压阀开启，使得堆芯原有的本不足够的冷却水流出。在正常情况下，当堆内压力下降到正常值时，安全阀会自动关闭，但这次安全阀又恰好失灵，未能回座，在堆芯压力恢复正常值后，堆芯冷却水继续流出注入减压水槽，造成减压水槽水满外溢，来自堆芯的放射性物质跟随外溢。一回路冷却水大量排出造成堆芯温度上升，估计事故时，堆芯温度上升到 1799 摄氏度，燃料上中部分严重损伤，冷却剂也全部遭受污染。待运行人员发现问题所在的时候，堆芯燃料的 47% 已经熔化并发生泄漏，系统发出了放射性物质泄漏的警报，但由于当时警报蜂起，核泄漏的警报并未引起运行人员的注意，甚至现在无人能够回忆起这个警报；直到当天晚上 8 点，二号堆一二回路均恢复正常运转，但运行人员始终没有察觉堆芯的损坏和放射性物质的泄漏。这一系列的管理和操作上的失误与设备上的故障交织在一起，使一次小的故障急剧扩大，造成堆芯熔化的严重事故。

（5）三里岛核电站各机组的相关状况

主给水系统失去运行，汽轮机停机；辅助给水系统未能投入运行；稳压器泄压阀自动开启，反应堆停堆；稳压器泄压阀未能关闭，失水事故；高压安注系统自动动作，但注射流量被认为限制；稳压器失去控制功能，堆腔上部形成蒸汽；所有主泵停止运行，泄压阀不能关闭，堆芯失去了所有有效的冷却手段，堆芯过热，锆水反应，堆芯熔化。

反应堆的破坏：大约有 90% 的燃料棒包壳破损；堆芯上部的燃料温度可能超过 2204.4℃，部分燃料熔化；堆芯上部的燃料坍塌阻塞了冷却剂、蒸汽的流动通道，阻碍了堆芯散热门；事故的前 10 个小时产生大量的氢气，导致反应堆厂房产生氢爆，厂房压力上升至 192.9KPa。

（6）三里岛核电站事故的特征

一是由人为操作失误引起；

二是存在意外的零件故障；

三是高温引起的堆芯熔化；

四是放射性物质泄漏，但对环境和附近居民影响不严重；

五是是可避免的。

2. 反应堆灾害的应急响应

（1）事故后的应急响应

事故后的一个月里，为了控制事态的发展使反应堆稳定下来，美国政府作出了很大努力。由于电站本身对事故的发生缺乏准备，从事故次日开始，呼吁请求大规模的技术支援。有关工业部门和政府机构都响应求援号召迅速前往。直接为控制反应堆本身而工作的技术人员人数，从3月29日的10余人增加到4月17日的将近2000人。这些人24小时轮班，解决的问题主要是：

①临界控制。在事故发生后两小时出现的温度变化使人担心有重返临界的可能，于是开始在一回路冷却剂中紧急注硼。

②燃料温度控制。在堆芯由于沸腾而逐渐失水后，反应堆压力容器内出现气泡，使主泵因空化现象而强烈振动。运行人员由于担心主泵损坏而将其停运，这使得堆芯的冷却条件更趋恶化。运行人员曾数次试图恢复主泵运行，但系统在变化了的条件下很难重新启动主泵。在技术支持人员的协助下恢复了一台主冷却泵的运行，将热量导出，同时也制订了对付意外情况的应急计划：如果所有主泵都丧失，则试用自然循环；如自然循环失效，则人工启动高压注入泵注入冷却水等。

③氢气控制。反应堆压力容器内产生了大量氢气，在其上部形成一个气泡，其中一部分随一回路水释入安全壳，并在安全壳里产生过一次小的氢气爆炸。大量氢气的产生是没有预料到的。产生的原因是由于燃料包壳在高温下与水蒸汽作用，由此估计燃料包壳的温度曾超过1200℃。仍在反应堆压力容器里的大量氢气曾使联邦核管理委员会感到极度紧张，担心氢气爆炸会使反应堆压力容器与安全壳破裂和促使堆芯熔化。他们向公众宣布了这种推测和担心，使公众的恐怖情绪大为升级。为了防止发生爆炸，首先用催化复合器降低安全壳里空气中的氢含量，然后根据反应堆压力容器内气泡中的氢与冷却剂中溶解的氢处于动态平衡的特点，降低一回路水中的氢含量以迫使更多的氢从气泡中转入冷却剂。经过一周的努力，压力容器中的氢气泡终于消失。据事后分析，压力容器中不存在产生氧气的条件，更不可能形成氢氧混合气体，因此没有爆炸的可能。核管会的估计和轻率向公众宣布是错误的。但作为事故后反应堆的安全处置，安全除氢的经验仍是很有意义的。

类似的项目共有 20 余项。通过以上努力，到 4 月 27 日，反应堆状况完全稳定下来，遂关闭主泵，令其自然循环导热，实现了安全停堆。

（2）环境监测的实施

事故发生后，原子能管理委员会对周围居民进行了连续追踪研究，研究结果显示：

在以三里岛核电站为圆心的 50 英里范围内，220 万居民中无人发生急性辐射反应；

周围居民所受到的辐射相当于进行了一次胸部 X 光照射的辐射剂量；

三里岛核泄漏事故对于周围居民的癌症发生率没有显著性影响；

三里岛附近未发现动植物异常现象；

当地农作物产量未发生异常变化。

3. 辐射环境影响分析

事发几小时之后，已经有专家检测到：核电站外空气中辐射含量升高，一旦反应堆发生爆炸，核辐射将失去控制，可怕的灾难将在所难免。由于反应堆外壳有几道安全屏障（燃料包壳、一回路压力边界和安全壳等）保护，因而无一人员伤亡；约 15 居里的碘 131，以及 2*106 居里的惰性气体释放到环境中；在事故现场，只有 3 人受到了略高于半年允许量的照射；由于此事故，核电厂附近 80 千米以内的公众，平均每人受到的剂量不到一年内天然本底的百分之一；因此，三里岛事故对环境的影响极小。

4. 事故的信息交流

最初传出的信息是模糊而矛盾的。运营三里岛核电站的公司称局势可控，但该地所属市的市长办公室官员在向白宫报告时却表达了对形势恶化的担忧，甚至担心发生氢气爆炸。

在距离核电站 10 英里外的哈里斯堡，宾州新州长正为是否马上将可能受到影响的 60 万民众转移而苦恼，助手们在这个问题上意见不一。在 100 英里外的华盛顿，美国核管理委员会的官员也很焦虑，他们迫切需要可靠的信息，以便引导地方官员，并向总统提出建议。如果说前 48 小时低估了事件的危险性的话，美国核管理委员会随后又走向另一个极端，发布关于核泄漏危险性的报告。

事故发生后全美震惊，核电站邻近地区的居民惶恐不安，不少人逃到十二英里外的扮斯思公园。州政府在体育馆设立了一个撤出中心。电站周围十英里范围内的学校全部关闭，居民躲在室内，门窗紧闭，不得外出。五英里范围内的孕妇和儿童全部撤出。当局声称，在情况危急时，据信已有二十万人撤出这一地区。美国各大城市的群众和正在修建核电站的地区的居民纷纷举行集会示成，要求停建或关闭核电站。股票市场上，与核电站有关公司的股票价格也骤然下跌。

5.善后工作

事故发生后，美国采用新技术和新方法对事故污染物进行去污处理，降低辐射水平，同时使用机器人工作，减少了工人所受的辐射，并安排技术人员进入三里岛2号反应堆主厂房进行检查，主要的检查工作是：在拆除压力容器端盖之前，检查反应堆芯中的燃料。最后，安排反应堆的拆卸、卸料工作。

核电站运营方也立即进行了善后行动，并决定2号机组退役。由于该机组反应堆安全壳未受损伤，给予保留，以供贮存核废料之用。一号机组于事故发生后停机，未受影响。之后，核电站运营方花了近1亿美元改进安全设施；同时加强运行管理人员的培训和附近居民对核电安全的理解宣传，终于获得核能管制委员会（NRC）的许可，在一号机组停机6年半以后，于1995年10月恢复运转，到1991年7月23日，1号机组实现了核电连续安全运转479天的世界新纪录。

6.国际反应

事故发生后，美国各大城市的群众和正在修建核电站的地区的居民纷纷举行集会示威，要求停建或关闭核电站。美国和西欧一些国家政府不得不重新检查发展核动力计划。

（1）美国

虽然此事故并没有证明西方国家的核电厂会造成公共危害，但是也大幅提高核电厂的成本，因此核电厂兴建数量大减，以免核事故造成重大经济损失。当时的总统吉米·卡特访问事故现场，宣布了"美国不会再建设核电站"的决定。

该事故导致美国核电的发展停滞了 30 年，这三十多年间，美国不再建设有关核电站的工程，该领域的佼佼者——西屋公司随后将主导权转让给日本东芝株式会社，通过在国外建设核电站，勉强维持了命脉。在这一期间，韩国、日本及法国持续建设核电站，维持了国产化。进入 21 世纪，美国付出了停止建设核电站的代价。2000 年，加利福尼亚州供电能力出现巨大缺口，纽约则因缺电在 2003 年经历了一片漆黑。随后，美国政府才改变计划，修理核电站暂时缓解了缺电情况。

到 21 世纪初的燃料价格大涨及全球暖化效应显现，才开始出现核能复兴（只是这复兴可能是短暂的，因为福岛第一核电站事故似乎打破西方核电厂有安全壳所以很安全的看法）。直到 2012 年，美国核管局（NRC）才新批了 2 个核电站的 4 台机组，全是西屋公司生产的 AP1000，这两个核电站分别为沃格特勒核电站（vogtle）和萨默尔核电站（summer）。

（2）西欧

三里岛核事故，在国际上，特别是在西欧，也引起了核电力发展前景的争论。由于能源短缺，西欧国家从 20 世纪六十年代起就注意发展核电力，但由于核电力生产不安全和对环境的污染，核电力事业遭到各国公众的反对；能源的需求和公众的反对，使核电力问题在西欧国家成为一个政治问题，瑞典社会党政府在 1976 年就是因核电力政策遭到反对而垮台的。三里岛核事件发生后，英、法、西德、瑞典的在野党，提出反对兴建核电站的要求，有的要求就此问题进行公民投票，奥地利政府就是在公民投票否决后，决定停止使用奥地利第一座核电站的。

尽管如此，一些西欧国家坚持认为，资源贫乏的欧洲没有别的抉择，只有继续发展核电力计划。截至三里岛核事故发生时，西欧共同市场 9 国核电站的生产占全部发电量的 10.3%，计划到 1985 年达到 30%。西德当时有 15 座核电站，尽管公众反对，西德政府决定继续执行原定的核计划：

从 1979 年的装机容量九千兆瓦增加到 2000 年的 75 000 兆瓦。法国总理巴尔在 1979 年 4 月 1 日表示，法国扩建核电站的计划不变，法国当时有 11 座核电站，发电量占全国的 9%，计划再兴建 30 多座核电站，于 1985 年提供全国 55% 的发电。英国政府也在 1979 年 4 月 3 日说，英国核电站不会发生类似三里岛的核灾难，因为英国的反应堆是使用气体冷却的，比美国的安全。英国当时有 33 座核电站，计划再建造 8 座。意大利当时有 4 座核电站，计划在未来的 10 年内再建立 12 座，核电力计划不变。

（3）日本

日本的核电站，兴建于六十年代，截至三里岛核事故发生时，有 19 座在运转，装机容量为 28 000 兆瓦，占全国发电量的 11%，居世界第二位，当时在建设中的有 9 座，设计中的有 7 座。三里岛核事故发生后，日本群众集会反对核电站的生产，但是日本政府无意放弃其原定的发展核电站的计划。这一年，距离福岛核电站的临界事故刚过去不到一年，但是日本政府隐瞒了这一问题（直到 2007 年才公布），也为之后福岛核电站的几次泄漏事故埋下了隐患。

三里岛的核事故已成过去，但它所引起的风波尚未平息，人们的不安，一直没有消失。今后，美国、西欧和其他一些国家核电站的命运如何，依旧是一个引人注意的问题。

7. 三里岛核事故的结论与教训

（1）三里岛核事故调查结论

①事故是严重的，但不是不堪设想的。三里岛核事故是一次严重的核电事故，经济损失巨大。虽然三里岛核事故并未对周围环境与居民造成较大危害和伤亡，但是打击了美国公众对核电未来发展的信心，阻挠了世界核电的进一步发展。值得注意的是，三里岛事故表明了在事故工况下人所起到的重要作用。

②三里岛事故是可以避免的。三里岛事故的发生是多重因素共同造成的，这些因素在事故的发生与发展中均起着重要作用，只要在设计、设备的制造、安全标准、运行规范与管理，以及运行人员的培训方面给予足够

的重视，这一类的严重事故是可以避免的。

③未来核电站会更加安全。事故后，美国核管理委员会已要求政府重新审查所有核电站的应急能力，加强管理人员和操作人员的训练，重新审查核电站的批准程序，订出安全措施，并通知运行压水堆电站的所有电力公司，从中吸取教训。该次事故对日后核电站的安全运行将起着积极作用。各国核电力的发展绝不会因为一次事故而因噎废食，必然会总结经验教训，使未来核电力更加安全可靠。

（2）三里岛核事故教训

①公众信息的畅通性。管理此事故的大都会爱迪生公司负责人忽视公共关系专家的建议，认为公共关系不像工程，公共关系谁都能做。这样的态度支撑着核工业，造成了传播过失，同时风险沟通技巧也是核电支持者们所缺乏的。

②危机管理的重要性。三里岛核事故之初，大都会爱迪生公司尽量粉饰事实，根据当时已知的情况做出能够让人安心的声明，而实际上事情更加糟糕。危机传播应遵循的原则是：开始传播要十分谨慎，这样后来的传播才有可能采取"事情不像我们担心的那么坏"而非"事情比我们想的更坏"的形式，否则消息来源的可信性会降低，造成人们的心理落差，反应过度。

③信息的真实性和完整性。当危急情况发生时，人们虽然会产生恐慌，但往往能够设法理性、无私地采取行动。如果人们又得知了另一半事实，这种恐慌与忧虑会大大加深，因为他们感觉有关部门并没有对他们说实话。因此，当主管部门在其避免恐慌的努力中不够坦率时，反而可能造成更大的恐慌。在三里岛核事故中，当许多问题发生时，包括应急堆芯冷却系统被错误地关掉、安全壳结构中的氢气泡被认为能够爆炸而造成熔毁，大都会爱迪生公司却发声明称该电站在"按照设计冷却"。公共关系主管对此的解释是：核电站被设计成能够承受严重危机事故，即使出现了问题，也能保护公众。这种否认自己撒谎的说法反而使这个声明对公司的可信任性造成了极大的破坏。

④媒体与主管部门态度的不协调性。当危机情况发生时，媒体会一改平日里追求轰动效应的倾向，而是与其消息来源联合起来，通过使人们过分相信媒体而让其保持镇静。然而过分使人放心的内容反而令人担忧。当地公众认为主管部门忧心忡忡，完全不知所措。在这种情况下，公众却看见他们在电视中坚称核电站正在按照设计冷却，并且所有事情都在掌控之中，这只能使事情更坏。

⑤信息传播的简洁性。越是复杂的情形，越要用简单的话语进行解释，这无论是对普通传播还是危机传播都是根本性的。需要保持简单的原因有两个方面：一方面，听众在心烦时难以接受复杂性所以心烦，进而无法理解所说的一切，闭耳不听。感兴趣的听众在听到复杂解释时会认为专家在试图欺骗他们，因此要求澄清。另一方面，提供消息的人在面对危机情形时因为心烦反而会有意或无意地将消息表达得过于复杂，其实是为了掩盖自己的担忧。核管理委员会负责三里岛事故的官员曾担心（后来证明是错误的）安全壳中的氢气泡可能爆炸和造成熔化。当他们把这种可能性告诉新闻记者时，他们采取了一种简单平淡的方式，以致记者们认为他们在否认而不是承认氢气泡爆炸的可能性，这样便有助于降低人们的恐慌。行话也是非常重要的，专家使用行话来进行彼此之间的专业交流，这样做既能够准确简明地表达意思，又能够体现出专业人士与非专业人士之间的差别，最重要的是在这样一场危机中，专业术语是避免人们恐慌和传播骇人新闻的一种方式。

⑥注意公众的心理问题。人们对大都会爱迪生公司执行者以及核管理委员会的不信任是三里岛事件最大愤怒的根源，人们认为他们没有说出自己所知道的一切。官员们本来可以通过承认自己并不知道却希望知道一切事情来减少危机后的反责，但官员们并未如此做。此外，还有其他因素。第一，辐射的可知性问题。不同专家对辐射会对身体健康产生的影响看法并不一致，另外由于辐射是看不见的，导致人们担心的并不是可能被辐射击中，而是已经被辐射击中却并不知道。第二，当地居民除了受媒体影响产生焦虑之外无可奈何，这种无力感给人们带来了额外的恐惧，所以给人

们提供事情做，让他们通过做某种事情保护自己更能够使人放心。第三，癌症对人类来说很恐怖，而辐射作为一种致癌物格外令人恐惧，尽管专家几十年前正常释放到三里岛周围空气中的颗粒及其他污染物实际比三里岛事故期间释放的辐射量更致命，事故期间关闭一些工厂反而可以改善当地环境，但当地居民仍然十分怀疑自己所居住的地方是否真的安全。最后，自20世纪50年代以来，核灾难常常在科幻电影、小说、连环画中出现，给人们留下了深刻记忆，所以经历三里岛核事故的人们会不自觉地相信熔毁灾难即将来临。

（7）对我国的启迪

①加强安全屏障。三里岛事故对环境的影响特别小，主要原因就是因为反应堆设立的三道安全屏障（尤其是安全壳），安全屏障在事故发生堆芯裸露及熔堆之后，特别好地起到了包容放射性产物的作用。

②改革旧核工业制度。核工业从业人员必须高标准严要求，要对核反应堆操作人员进行良好的培训及定期的考核，以确保其掌握足够的核电站运行知识，在应对突发事件时能够将核安全放在第一位。这就要求修改现有的培训计划，让操作人员更加重视相对较小操作故障的处理，避免小故障发展为大故障。

核电站在设计基准事故时，要考虑发生概率较大的几类"小事故"同时作用的情况，充分做好应急对策。严格把控工作人员在事故工况下人为干预反应堆的标准。建立及时充分的应急机制。

吸取之前核电站事故的教训，核电站操作规程要清楚明确地发到操作员手上。

③核安全文化的培养。在组织机构、工作程序，尤其是在人们思想认识方面必须作出根本性改变，技术性的措施再多也解决不了思想文化这个根本性问题。

第七章 案例分析——福岛

2011 年 3 月 11 日 14时46分，日本东部发生 9 级大地震，引发一系列巨大海啸，海浪最高 38.9 米，造成 15 391 人死亡，8 171 人下落不明。日本东部沿海的 5 个核电厂（包括东通、女川、福岛第一、福岛第二、东海第二核电站）受到影响，最严重的是福岛第一核电站和福岛第二核电站。

下面就该次核电站事故进行介绍。

一、福岛核电站的事故发生与进展

1. 福岛核电站的概要

福岛第一核电站位于福岛县双叶郡大熊町和双叶町，1—6 号机组均为沸水堆，总发电装机容量为 4 696MW。福岛第二核电站位于福岛县双叶郡富冈町和槽叶町，1—4 号机组也均为沸水堆，总发电装机容量为 4 000MW（见表 7—1 和表 7—2）。

表 7—1 福岛第一核电站的发电装置

参 数	1 号机组	2 号机组	3 号机组	4 号机组	5 号机组	6 号机组
电功率 /MW	460	784	784	784	784	110
商业运营日期	1971—03	1974—07	1976—03	1978—10	1978—04	1979—10

续表

参　数	1号机组	2号机组	3号机组	4号机组	5号机组	6号机组
反应堆堆型	BWR3	BWR4			BWR5	
安全壳形式	I型					II型
堆芯燃料组件数量	400	548	548	548	548	764

表7—2　福岛第二核电站的发电装置

参　数	1号机组	2号机组	3号机组	4号机组
电功率/MW	1100	1100	1100	1100
商业运营日期	1982—04	1984—02	1985—06	1987—08
反应堆堆型	BMW5			

2.福岛核电站安全保证方面的状况

在反应堆设施中，要求考虑即使自然事件之类的灾害发生，也要保证不能轻易发生故障，而且在考虑故障发生的同时，即使出现如设计基准事件之类的异常状态，也要求采取能确保安全的防护措施。在此基础上需注意，在防护措施不充分的情况下，要尽可能减小出现严重事故（严重事故是指大幅超过设计基准事件的事件，其结果是不能按照安全设计评价中设想的手段对堆芯进行适当的冷却或对反应性进行控制的状态）的可能性；或者是即使出现了严重事故，也能通过事故管理对策（AM，是指有效利用期望取得的功能或为防备事态发生而新配备的设备，不包括现有设计中含有的安全裕度和安全设计上设想的本来功能），而采取缓解其影响的措施。日本1992年开始实施事故管理，但其具体措施的落实没有成为安全管理法规上的要求事项，其方法是由业主自行实施，国家只要求提交其实施的报告。

福岛核电站中的事故管理措施分为4类：①反应堆的停堆功能；向反应堆和安全壳中的注水功能；安全壳的导热功能；安全功能的支持功能。例

---

① 汪胜国：《日本福岛核电站事故报告概要》，《国外核动力》2011年第4期。

如，在替代注水设备的有效利用方面，反应堆与安全壳的注水功能可从已有的冷凝水辅助给水系统和消防系统，通过安全壳冷却系统和堆芯喷淋系统，确保管道的连接，实现向反应堆注水。

3. 福岛核电站地震发生前的运行状况

在 3 月 11 日的地震发生前，福岛第一核电站的运行状况是：1 号机组处于额定电功率运行；2 号机组和 3 号机组处于额定热功率运行；4—6 号机组正在进行定期检查。其中 4 号机组正在进行大规模维修工程，反应堆压力容器中的核燃料全部都转移到了乏燃料水池中。另外，共用的乏燃料水池中存放有 6 375 盒燃料组件。

福岛第二核电站的 1—4 号机组的所有反应堆都处于额定热功率运行中。

4. 福岛核电站的事故发生与进展

福岛第一核电站的 1—3 号机组因受到 3 月 11 日 14 时 46 分发生的地震影响而自动停堆。同时，全部 6 条外部电源丧失，因此，启动应急柴油发电机。但是受海啸影响，冷却系统海水泵、应急柴油发电机和配电盘被水淹没，除了 6 号机组的 1 台应急柴油发电机之外，其余均停止运行。所有机组（除了 6 号机组）处于交流电源全部丧失的状态。另外，海啸使冷却系统海水泵被淹，导致将反应堆内部的余热传导给海水的余热导出系统和将大量设备的热量导入海水的辅助冷却系统的功能丧失。

东京电力公司的运行人员按照公司的严重事故操作手册，在自动启动的堆芯冷却系统和堆芯注水设备仍在继续运行的过程中，为恢复反应堆安全系统大量的设备，与政府协同，试图确保应急电源，但最终还是未能保住电源。

在 1—3 号机组中，由于使用交流电源的堆芯冷却功能丧失，曾试图启动不使用交流电源的堆芯冷却功能。这些设备有：1 号机组的应急用冷凝器（IC）（注 1）、2 号机组的反应堆隔离冷却系统（RCIC）（注 2）、3 号机组的 RCIC 和高压注水系统（HPCI）（注 3）。

注 1：应急用冷凝器的功能：在发生外部电源丧失等故障使反应堆压力容器被隔离时（主冷凝器不能对反应堆进行冷却时），为进行反应堆压力容器的冷却，对反应堆压力容器内的蒸汽进行冷凝，将其冷凝水通过自然循环，再返回反应堆压力容器内进行冷却。应急用冷凝器通过使用冷凝器内贮存的水对导入传热管内的蒸汽进行冷却。

注2：发生外部电源丧失等故障时，在反应堆压力容器与冷凝水给水系统隔离的情况下，RCIC 是对堆芯进行冷却的系统，其水源可为冷凝水贮存容器罐的水或压力抑制水池的水。泵的驱动装置采用反应堆的部分蒸汽驱动汽轮机。

注3：HPCI 是将衰变热产生的热量提供给汽轮机，由此来驱动水泵，是向堆芯注水的应急堆芯冷却系统之一。

最后，不使用交流电源的堆芯冷却功能都丧失了，改用通过消防泵和消防系统管路注入淡水或海水的注水方式。

福岛第一核电站1—3号机组分别都有一段时间处于没有向反应堆压力容器内注水的状态，所以，各机组的堆芯燃料出现裸露，在无水淹没的状态下，堆芯开始熔化。熔化的部分燃料滞留在反应堆压力容器底部。

燃料棒包壳管中的锆与水蒸汽通过化学反应，在产生大量氢气的同时，燃料棒包壳管出现损伤，聚积在燃料棒内的放射性物质释放到了反应堆压力容器中，并且在反应堆压力容器减压的过程中，这些氢和放射性物质释放到了安全壳中。

注入的水在反应堆压力容器内成为水蒸汽，而丧失了堆芯冷却功能的反应堆压力容器内压开始上升，其水蒸气又通过安全阀泄漏到安全壳内，导致安全壳内压逐渐升高。为了防止安全壳受压力影响而出现破损，在1—3号机组中进行了多次安全壳干阱释放，即从压力抑制室的气相部通过排气筒将安全壳内部的气体排放到大气中。

1号机组和3号机组在进行安全壳干阱释放后，在反应堆厂房上部发生了疑似从安全壳泄漏出的氢引发的氢爆炸，各反应堆厂房的操作楼面都受到了损坏，大量放射性物质释放到了环境中。继3号机组厂房受到破坏之后，在因定期检查将所有堆芯燃料都转移到乏燃料水池中的4号机组中，也发生了疑似氢引发的氢爆炸，反应堆厂房顶部受到了损坏。在此期间，可能在 2 号机组的安全壳压力抑制室附近的地方也发生过氢爆炸，引发了破损。

与电源恢复和继续向反应堆容器内注水一样，在现场最紧迫的任务就是向 1—4 号机组的乏燃料水池中注水。各机组的乏燃料水池因电源丧失，水池中水的冷却中断，乏燃料产生的热量使水出现蒸发，水位持续下降。为此，自卫队、消防和警察曾使用直升机和注水车向乏燃料水池内注入海水，在最初的海水注入之后，最终还是改成了用混凝土泵车，利用近处蓄水池注入淡水。

5. 福岛核电站各机组的相关状况

（1）福岛第一核电站 1 号机组

① 电源丧失：3 月 11 日 14 时 46 分，反应堆因地震而紧急停堆，外部电源丧失，2 台应急柴油发电机启动。同日 15 时 37 分，2 台应急柴油发电机因海啸停止运行，机组陷入交流电源全部丧失的状态。

② 反应堆冷却：隔离冷凝系统的应急用冷凝器于 3 月 11 日 14 时 52 分自动投入启动，开始对反应堆进行冷却；同日 15 时 03 分，应急冷凝器停止运行。根据操作程序文件规定，将冷却速度调整到 55℃ /h ；后来，反应堆压力经过 3 次上下波动，认为是应急冷凝器存在有手动操作。根据东京电力公司介绍，3 月 12 日 5 时 46 分，使用消防车通过消防系统管路开始注入淡水；同日 14 时 53 分，完成了 80 000 升注水，后来什么时间停止注水不明；同日 19 时 04 分，利用消防系统管路，开始注入海水。围绕海水注入的问题，政府与东京电力公司总部之间存在联络与指挥混乱的现象，但根据福岛第一核电站站长的判断，海水注入没有中断，一直在持续进行。3 月 25 日，恢复到以纯水容器箱为水源的淡水注入。有关 HPCI，至少在留下的地震后 1 小时的记录中，没有下降到自动启动的水位（L-L：距隔离器底部 148cm），也没留下动作过的记录。

③ 堆芯状态：3 月 11 日 15 时 37 分当交流电源全部丧失时，从停止向堆芯注水到 3 月 12 日 5 时 46 分开始注入淡水，这段时间向堆芯的注水应视为是停止的。如果根据原子能安全保安院的分析评价（在 HPCI 没动作的

前提条件下），在 3 月 11 日 17 时左右，反应堆水位下降，燃料裸露，后来，堆芯应视为开始熔化。相当数量的熔化燃料下落到了反应堆压力容器的底部，出现堆积。就目前而言，认为反应堆压力容器的底部受到了损伤，部分熔化燃料下落到安全壳的干阱底部（下部基座），并有可能出现堆积。

④ 氢爆炸：3 月 12 日 14 时 30 分进行了安全壳湿阱释放；同日 15 时 36 分，反应堆厂房发生爆炸。分析认为，在反应堆压力容器内温度上升的过程中，由于锆—水反应，产生的氢从安全壳发生泄漏，含有氢的气体滞留在反应堆厂房上部，最后发生氢爆炸。由于氢有可能积蓄在安全壳中，所以，从 4 月 7 日开始向安全壳内注氮。

⑤ 注入冷却水的泄漏：就目前而言，认为注入的冷却水在反应堆压力容器底部正在泄漏。向反应堆压力容器内的注水总量约为 13 700 吨（根据东京电力公司的信息，截至 5 月 31 日的量），蒸汽产生总量约为 5 100 吨。根据约 8 600 吨的差量，除反应堆压力容器中的水量（约350m³）外，认为有相当数量的冷却水发生了泄漏。

福岛第一核电站 1 号机组事故发生前后主要参数变化曲线如图 7—1 所示。

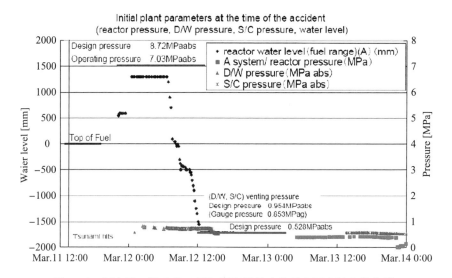

图7—1　福岛第一核电站1号机组事故发生前后主要参数变化曲线

（2）福岛第一核电站 2 号机组

① 电源丧失。3 月 11 日 14 时 47 分，反应堆因地震紧急停堆，外部电源丧失，2 台应急柴油发电机启动；同日 15 时 41 分，2 台应急柴油发电机因海啸停止运行，机组陷入交流电源全部丧失的状态。

② 反应堆冷却。3 月 11 日 14 时 50 分，手动开启 RCIC；14 时 51 分左右，由于反应堆水位升高，RCIC 自动停止运行；15 时 02 分，手动启动；15 时 28 分再次停止运行；15 时 39 分再次手动启动。3 月 14 日 13 时 25 分，RICC 停止运行；同日 19 时 54 分，使用消防水泵开始注入海水。

③ 堆芯状态。3 月 14 日 13 时 25 分，RCIC 系统注水停止；到同日 19 时 54 分开始注水海水。这段时间向堆芯的注水应视为是停止的。根据原子能安全保安院的分析评价结果，在 3 月 14 日 18 时左右，反应堆水位下降，燃料裸露，后来，堆芯应视为开始熔化。相当数量的熔化燃料下落到了反应堆压力容器的底部，出现堆积。就目前而言，认为反应堆压力容器的底部受到损伤，部分熔化燃料下落到了安全壳的干阱底部（下部基座），并有可能出现堆积。

④ 爆炸声。3 月 13 日 11 时左右进行了安全壳湿阱释放（包括小阀门在内）；3 月 15 日 6 时，安全壳压力抑制室附近发出爆炸声。分析认为，在反应堆压力容器内温度上升的过程中，由于锆—水反应，产生了氢，含有氢的气体通过主蒸汽释放安全阀的开放等进入安全壳压力抑制室，氢从安全壳压力抑制室泄漏，有可能在环形舱室中发生爆炸。

⑤ 注入冷却水的泄漏。就目前而言，认为注入的冷却水在反应堆压力容器底部正在泄漏。向反应堆压力容器内的注水总量约为 21 000 吨（根据东京电力公司的信息，截至 5 月 31 日的量），产生蒸汽的总量估计约为 7 900 吨。根据约 13 100 吨的差量，除了反应堆压力容器中的水量（约 500m³）外，认为还有相当数量的冷却水发生了泄漏。

福岛第一核电站 2 号机组事故发生前后主要参数变化曲线如图 7—2 所示。

（3）福岛第一核电站 3 号机组

① 电源丧失。3 月 11 日 14 时 47 分，反应堆因地震紧急停堆，外部

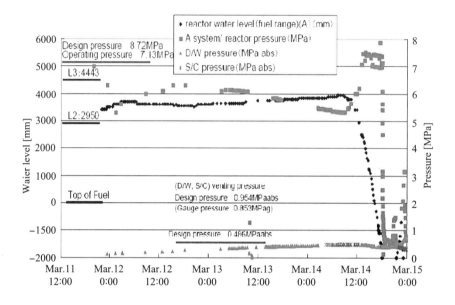

图7—2 福岛第一核电站2号机组事故发生前后主要参数变化曲线

电源丧失，2台应急柴油发电机启动；同日15时42分，2台应急柴油发电机因海啸停止运行，机组陷入交流电源全部丧失的状态。

②反应堆冷却。3月11日15时05分，手动开启RCIC；15时25分，由于反应堆水位升高，RCIC自动停止运行；16时03分，手动开启。3月12日11时36分RCIC停止运行；12时35分，因反应堆水位下降，HPCI自动投入运行。但到3月13日2时42分，HPCI系统停止运行。认为其原因可能是反应堆压力下降，也可能是蒸汽从HPCI流出。

③堆芯状态。3月13日9时25分，通过消防车，利用消防系统管路开始注入含硼水，但由于反应堆压力升高，不能充分注水，反应堆水位下降。HPIC在从13日2时41分停止运行到同日9时25分使用消防系统管路开始注水的这段时间里，注水是停止的。根据原子能安全保安院的分析评价结果，在3月13日8时左右，由于反应堆水位下降，燃料裸露，后来，堆芯开始熔化。相当数量的熔化燃料下落到反应堆压力容器的底部，出现堆积；同时认为反应堆压力容器的底部也可能受到损伤，部分熔化燃

料下落到安全壳的干阱底部（下部基座），并有可能出现堆积。

④ 氢爆炸：3 月 14 日 5 时 20 分进行了安全壳湿阱释放；11 时 01 分，反应堆厂房发生了爆炸。分析认为，在反应堆压力容器内温度上升的过程中，由于锆—水反应，产生的氢从安全壳泄漏，含有氢的气体滞留在反应堆厂房上部，最后发生氢爆炸。

⑤ 注入冷却水的泄漏：就目前而言，认为注入的冷却水在反应堆压力容器底部正在泄漏。向反应堆压力容器内的注水总量约为 20 700 吨（根据东京电力公司的信息，截至 5 月 31 日的量），产生蒸汽的总量估计约为 8 300 吨。根据约 12 300 吨的差量，除反应堆压力容器中的水量（约 500m³）外，认为还有相当数量的冷却水发生了泄漏。

福岛第一核电站 3 号机组事故发生前后主要参数变化曲线如图 7—3 所示。

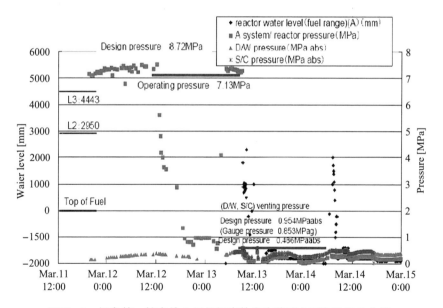

图 7—3　福岛第一核电站 3 号机组事故发生前后主要参数变化曲线

(4) 福岛第一核电站 4 号机组

① 乏燃料水池的冷却。因定期检查反应堆处于停堆状态，反应堆内的核燃料转移到了乏燃料水池。3 月 11 日的地震使外部电源丧失，1 台应

急柴油发电机启动（另 1 台因在检查过程中，没有启动）；15 时 38 分，1 台柴油发电机因海啸停止运行，机组陷入交流电源全部丧失的状态。这样，乏燃料水池的冷却功能和辅助给水功能全部丧失。从 3 月 20 日开始向乏燃料水池注水。

② 反应堆厂房爆炸。3 月 15 日 6 时左右，反应堆厂房发生爆炸，从运行操作楼 1 楼到整个上部、西侧以及沿着楼梯的墙面都受到破坏；9 时 38 分，反应堆厂房 4 楼西北面附近发生火灾。分析认为，安全壳的释放排气管在排气筒（烟囱）旁边，与 4 号机组的排气管会合，3 号机组的氢可能流入 4 号机组。但目前还不能确定这就是爆炸的原因。

（5）福岛第一核电站 5 号机组

① 电源的保证。因定期检查反应堆处于停堆状态。3 月 11 日的地震使外部电源丧失，2 台应急柴油发电机开始启动，但在同日 15 时 40 分的海啸来袭时，2 台应急柴油发电机停止运行，机组陷入交流电源全部丧失的状态。3 月 13 日，接通了来自 6 号机组应急柴油发电机的电源。

② 反应堆与乏燃料水池的冷却。3 月 12 日 6 时 06 分，对反应堆压力容器进行减压操作，后来，由于衰变热的影响，反应堆压力缓慢上升。3 月 13 日，由于接通了来自 6 号机组应急柴油发电机的电源，用 5 号机组的冷凝水输送泵，实现了对堆内的注水。3 月 14 日 5 时，通过安全释放阀进行减压，并通过冷凝水输送泵将来自冷凝水贮存容器罐的水反复向反应堆进行补水操作，反应堆压力和反应堆水位得到控制。3 月 19 日，为了实现通过余热导热系统进行冷却，安装了临时海水泵，通过对余热导出系统的系统切换，对反应堆和乏燃料水池进行了相互冷却；最终于 3 月 20 日 14 时 30 分实现了反应堆的冷态停堆。

（6）福岛第一核电站 6 号机组

① 电源的确保。因定期检查反应堆处于停堆状态。3 月 11 日的地震使外部电源丧失，3 台应急柴油发电机开始启动；15 时 40 分，2 台应急柴油发电机因海啸停止运行，剩下 1 台应急柴油发电机仍在持续供给电源。

② 反应堆与乏燃料水池的冷却。因衰变热的影响，反应堆压力缓慢

上升。3 月 13 日，通过来自应急柴油发电机的电源，使用冷凝水输送泵，实现了向堆内注水。3 月 14 日，通过安全释放阀进行减压并通过冷凝水输送泵，将来自冷凝水贮存容器罐的水反复向反应堆进行补水操作，反应堆压力和反应堆水位得到控制。3 月 19 日，为了实现通过余热导出系统进行冷却，安装了临时海水泵，通过对余热导出系统的系统切换，对反应堆和乏燃料水池进行了相互冷却。最终于 3 月 20 日 19 时 27 分实现了反应堆的冷态停堆。

(7) 福岛第二核电站

① 整体情况：3 月 11 日 14 时 48 分，运行中的福岛第二核电站的 1—4 号机组都实现了紧急停堆。该核电站连接有 4 条外部电源，1 条输电线在施工中，1 条线因地震中断，在地震发生约 1 小时后，另 1 条线中断，所以，只有 1 条线在供电（经过修复，12 日 13 时 38 分，有 2 条线供电）。在 3 月 11 日 15 时 34 分左右，海啸来袭，1—3 号机组的余热导出系统等设备均受到损坏。

② 1 号机组：反应堆通过 RCIC 和冷凝水补给水系得到了冷却，并保持了水位，但是不能实现最终的导热，压力抑制室的水温超过了 100℃。3 月 12 日 7 时 10 分，利用干阱喷淋开始冷却；通过从功能尚存的配电盘架接的临时电缆。于 3 月 14 日 1 时 24 分启动余热导出系统，开始对压力抑制室进行冷却；10 时 15 分，压力抑制室的温度下降到 100℃以下；17 时，反应堆实现冷态停堆。

③ 2 号机组：反应堆通过 RCIC 和冷凝水补给水系得到冷却，并保持了水位，但是不能实现最终的导热，压力抑制室的水温超过了 100℃。3 月 12 日 7 时 11 分，利用干阱喷淋开始冷却；与 1 号机组一样，通过架接的临时电缆，于 3 月 14 日 7 时 13 分启动余热导出系统，开始对压力抑制室进行冷却。14 日 15 时 52 分，压力抑制室的温度下降到 100℃以下；18 时，反应堆实现冷态停堆。

④ 3 号机组：因海啸来袭，余热导出系统（A）和低压堆芯喷淋系统不能投入使用，但余热导出系统（B）没有受到损伤，利用该系统继续进

行冷却，3月12日12时15分，反应堆实现冷态停堆。

⑤4号机组：反应堆通过RCIC和冷凝水补给系统得以冷却，并保持了水位，但是不能实现最终的导热，压力抑制室的水温超过了100℃。与1号机组一样，通过架接的临时电缆，于3月14日15时42分启动余热导出系统，开始对压力抑制室进行冷却。3月15日7时15分，压力抑制室的温度下降到100℃以下，反应堆实现冷态停堆。

6. 其他核电站的状况

（1）东北电力公司的东通核电站

东北电力公司的东通核电站（1台沸水堆）因定期检查，堆芯的所有核燃料全部转移到乏燃料水池中。地震使3条外部电源全部丧失，由应急柴油发电机保证供电。

（2）东北电力公司的女川核电站

东北电力公司的女川核电站（1—3号机组为沸水堆）在3月11时地震发生前，1号机组和3号机组正在运行，2号机组在进行开堆操作。地震时，3个机组均实现了紧急停堆，5条外部电源有4条中断，只剩下1条。1号机组因地震丧失站内电源，由应急柴油发电机进行供电，反应堆的给水由RCIC等进行。3月12日0时57分达到冷态停堆状态。2号机组的外部电源得到保持，但因海啸来袭，系统海水泵受到损坏，不过，辅助冷却系统（A）保持完好，对反应堆的冷却功能没有影响。3号机组的外部电源得到保持，但海啸造成汽轮机辅助冷却系统的海水泵停止运行，通过RCIC等向反应堆注水，反应堆于3月12日01时17分达到冷态停堆状态。

（3）日本原子能发电公司的东海第二核电站

3月11时地震发生前，日本原子能发电公司的东海第二核电站（1个沸水堆）正处于运行之中，地震使反应堆紧急停堆，3条外部电源全部中断，但3台应急用柴油发电机投入运行。海啸使1台应急柴油发电机停止运行，其他2台电源供给正常，反应堆于3月15日0时40分达到冷态停堆状态。

7.福岛核电站事故的特征

综上所述，可以总结出福岛核电站事故具有以下特征：

①由极端自然灾害引起；

②长时间全站完全断电（没有动力电源、没有照明、没有仪表指示、没有控制手段）；

③同时失去最终热阱；

④局部位置不可达；

⑤多机组相继发生堆熔；

⑥在未预计到的位置发生氢气爆炸；

⑦大量放射性物质释放；

⑧超出 SAMG 覆盖范围。

二、反应堆灾害的应急响应

1.事故后的应急响应

福岛第一核电站因地震和海啸受灾，陷入交流电源全部丧失的状态。东京电力公司在事故发生以后（3月11日15时42分），根据日本《核能灾害法》第10条第1项，向政府通报了1—5号机组陷入交流电源全部丧失的消息。

同日的16时45分，东京电力公司做出判断：福岛第一核电站的1号机组和2号机组已不能通过应急堆芯冷却系统进行注水，并向政府通报已达到核能灾害法第15条紧急事态的消息。

内阁总理大臣于同日19时03分发出核能紧急事态宣言，成立了以内阁总理大臣为总部部长的核能灾害应急响应总部和核能灾害现场应急响应总部。

在掌握核能设施的灾害事态现状和灾害应急响应措施等信息方面，为了做出必要的应急判断和快速响应，政府与核能业主共享信息，3月15日成立了福岛核电站事故应急响应总部（后来于5月9日变更为现在的政府与东京电力公司统一应急响应室）。

时任核能灾害应急响应总部部长的内阁总理大臣在做出可能出现放射性物质释放事态的判断之前，确定了避难区域和室内躲避区域，并通报了福岛县和相关市町村。针对福岛第一核电站的事故状况，于3月11日21时23分，将半径3km范围划定为避难区域；将半径3—10km范围划定为室内躲避区域。随着事态的发展，3月12日18时25分，将半径20km范围划定为避难区域，3月15日11时，将半径20—30km范围划定为室内躲避区域。另外，根据福岛第二核电站的事故状况，于3月12日7时45分发布了核能紧急事态，同时，将半径3km范围划定为避难区域；将半径3—10km范围划定为室内躲避区域。同日17时39分，将半径10km范围改定为避难区域。4月21日，将避难区域变更为8km。在以周边居民为主的地方政府、警察等相关人员的通力合作下，事故后的避难和室内躲避得到了快速的响应落实。

4月21日，根据日本《灾害应急响应基本法》，内阁总理大臣向相关地方政府负责人发出指示，将距福岛第一核电站半径20km范围的避难区域划定为警戒区域，限制进入该区域。

核能灾害应急响应总部按照日本《灾害应急响应基本法》规定的"应急事态响应据点中心场（场外应急中心）"开始活动。但是，随着核能灾害的扩大，由于高放射性的影响，通信中断，周边地区的物流滞后，出现了燃料和食品不足等情况，活动场所转移到了福岛县政府。

事故时间的延长给周边居民和其他民众也增加了压力，尤其是在室内躲避方面，许多居民自动选择了撤离，区域内的商业、物流停滞，社会生活的维系陷入困难境地。鉴于这种状况，3月25日政府开始了生活救助等措施。

对核能灾害发生时反应堆状态和事故进展进行预测的紧急对策响应支持系统（ERSS）未能获得核电站必要的信息，从而未能发挥本来的功能。另外，紧急时快速放射性影响预测网络系统（SPEEDI）未能获得释放源的信息，也未能发挥对大气中放射性物质浓度等变化进行定量预测的功能。虽然采用各种形式开展了补救性的应用，但其应用的体制和发布的应有状态仍存在问题。

2.环境监测的实施

在防灾基本计划中，规定了在发生核能灾害时，环境监测由地方政府承担。在事故发生的当初，监测点基本处于不能投入使用的状态。3月16日之后，环境监测的工作由文部科学省和地方政府承担实施，也与美国机构合作开展工作，最后由文部科学省根据以上情况进行汇总。

在核电站厂址外的陆上区域，文部科学省与日本原子能研究开发机构、福岛县、防卫省、电力公司合作，正在对空间剂量率、土壤放射性浓度、大气及环境取样中的放射性物质浓度进行检测。另外，文部科学省与防卫省、东京电力公司、美国能源部等机构合作进行飞机监测。东京电力公司也在核电站厂址内和其周边等区域展开环境监测。

在核电站周边的海域，文部科学省、水产厅、海洋研究开发机构、日本原子能研究开发机构、东京电力公司等单位相互合作，正在对海水和海底中的放射性浓度等进行监测。海洋研究开发机构正在对放射性浓度的分布扩散进行模拟。

原子能安全委员会将对这些环境监测结果进行分析评价，并根据情况进行发布。

对于福岛核电站厂址内和其周边的情况，东京电力公司正在对大气、海域、土壤等进行环境监测。

3.农产品、饮水等的响应措施

3月17日，厚生劳动省将"食物摄取限制的相关指标"（原子能安全委员会）作为食品中放射性物质的暂定限制值，对于超过其限值的食品，根据日本《食品卫生法》，规定不能食用。对于超过暂定限制值的产品，担任核能灾害应急响应总部部长的内阁总理大臣向地方相关地方政府发出了限制上市的指示。

在自来水方面，厚生劳动省于3月19日之后，已通告都道府县相关地方机构组织，在放射性物质浓度超过原子能安全委员会公告的指标时，应控制饮用，同时公布了相关地方政府等组织的监测结果。

4．追加防护区域的应对

放射性物质向环境的释放仍在继续。根据环境监测数据可知，即使在半径20km外的地点，也存在放射性物质浓度高的场所。鉴于这种情况，核能灾害应急响应总部部长内阁总理大臣于4月22日向相关地方政府负责人发出指示：将半径20km外的一定区域重新划定为计划避难区域，同时，在已经确定的室内躲避区域（20—30km的范围）中，除了属于"计划避难区域"之外，对于其他区域，认为今后仍有可能要求在室内躲避，符合可能避难的区域也划定为紧急时避难准备区域。根据这一指示，要求计划避难区域内的居住民众要做好避难的撤离准备，紧急时避难准备区域内的居住民众也要做好紧急时可随时撤离避难或撤离到室内躲避的准备。

三、辐射环境影响分析

1．放射性物质向大气中释放量的分析评价

4月12日，原子能安全保安院和原子能安全委员会分别公布了目前放射性物质向大气中的释放总量。

根据原子能安全基础机构（JNES）对反应堆状态等情况的分析结果，原子能安全保安院进行了初步计算，福岛第一核电站反应堆的释放总量估计：碘-131约为1.3×10^{17}Bq；铯-137约为6.1×10^{15}Bq。5月16日，根据东京电力公司向原子能安全保安院提交的地震后报告中的反应堆数据等，JNES对反应堆状态等重新进行了分析。根据结果，原子能安全保安院计算的福岛核电站反应堆的释放总量可能是：碘-131约为1.6×10^{17}Bq；铯-137约为1.5×10^{16}Bq。

原子能安全委员会在日本原子能研究开发机构（JEAE）的协作下，根据环境监测等数据和大气扩散计算，对大气中的特定核素释放量进行反推，释放总量(3月11日到4月5日的数量)：碘-131定为约1.5×10^{17}Bq；铯-137定为约1.2×10^{16}Bq。自4月初之后，碘-131的释放量在减少，

为 10^{11}—10^{12}Bq/h。

2. 放射性物质在海水中的释放量分析评价

在福岛第一核电站，溶入了从反应堆压力容器内向外扩散的放射性物质的水泄漏到了安全壳中。另外，为了对反应堆和乏燃料水池进行冷却，正在从外部注水，其结果是，注入的部分水从安全壳泄漏，成为反应堆厂房和汽轮机厂房内部的积水（滞留水）。由于厂房内部需开展作业，因此对位于反应堆厂房和汽轮机厂房内部的污染水管理已成为重要的课题。从防止放射性物质向环境扩散的观点考虑，对位于厂房外部的污染水管理也是重要的课题。

4月2日，在福岛第一核电站2号机组的取水口附近铺设电源电缆的地坑中，滞留了超过1 000mSv/h的高放污染水，判明该高放污染水正在向海里排放，通过封堵处理作业，4月6日停止了向海水中的排放。根据估算，放射性物质总释放量约为 $4.7×10^{15}$Bq。作为应急措施，该高放污染水需贮存到容器罐中。但由于没有贮存的容器罐，为了确定污染水的贮存容量，从4月4日到4月10日，将低放污染水向海水中排放，其放射性物质的释放总量估计为 $1.5×10^{11}$Bq。

3. 放射性辐射剂量的状况

鉴于此次事故的灾害状况，为了防止核能灾害的扩大，政府将紧急时放射性从业人员的剂量限值从100mSv改为250mSv。改变的依据是国际放射防护委员会（ICRP）1990年的建议：为了规避确定性影响的发生，将作为从事紧急时救助活动的人员剂量定为500mSv。

在东京电力公司从事放射性工作人员的作业过程中，由于个人剂量仪等许多器材被海水浸泡而不能使用，所以，只能由作业代表者携带个人剂量仪，以作业小组为单位进行放射性管理。从4月1日开始，所有作业人员都佩戴了个人剂量仪。

关于放射性从业人员受照剂量状况的问题，截至5月23日，进入区域的人员总计约为7 800人，平均受照剂量为7.7mSv，其中30人超过100mSv。另外，由于对放射性从业人员的内部辐照检测滞后，可能还有一定数量的人员受照剂量超过 250mSv（包括内部受照剂量在内）。3 月 24 日，两名作业人员涉水作业，导致脚部皮肤受到辐射，根据有效剂量的分析评价，估计受照剂量低于 23Sv。

在周边居民人群的放射性受照剂量方面，对福岛县的 195 345 人（截至 5 月 31 日）进行了排查，未发现异常问题。另外，福岛县有 1 080 名儿童接受甲状腺的调查，均低于排查标准。

在周边居民人群受照剂量的推测和分析评价方面，计划以福岛县为主体，相关省厅和放射性医学综合研究所等机构准备对避难路线和有关活动行为进行调查，利用环境监测的结果进行适当的预测和分析评价。

四、事故的信息交流

在事故发生的初期阶段，包括对地方政府的通报在内，未能提供适时有效的信息，在事故的信息交流中存在问题。在国内外事故的信息交流方面，重要的是透明、准确、快速。为此，在事故信息的提供中，利用了政府官邸的记者会和邀请相关人士的记者会等各种场合和条件，进行了信息发布，并力图随时加以改进。但是，在所谓适当的信息提供方面，对某些内容关注不够，需要继续努力并加以改进。

在事故的重要事项方面，包括政府的见解在内，内阁官房长官召开了记者会，针对事故状况向民众进行了说明。另外，就事态的详细情况及其变化之类的信息方面，业主东京电力公司、管理当局原子能安全保安院进行了记者会。并且，针对重要的建议和环境监测的结果分析评价等问题，原子能安全委员会在记者会上进行了说明。

为了尽可能向民众提供一致的信息，从 4 月 25 日开始，决定由相关人士共同举行联合记者会。由内阁总理大臣辅助长官带领原子能安全保安院、文部科学省、原子能安全委员会事务局、东京电力公司等机构单位一起参加联合记者会。

对来自一般民众的提问采取了相应的应对措施，建立了电话咨询，原子能安全保安院负责主要事故方面的解答；文部科学省负责放射性健康影响等方面的提问；原子能学会等组织的学会人士也积极地参与向一般民众的解释与信息交流。

在国际社会的信息提供方面，根据核能事故早期通报条约，在事故发生后的 3 月 11 日 16 时 45 分，第一次向 IAEA 报告了事故发生的情况，后来也适时地报告了事故的状况。在国际原子能与放射性事件评价等级标准（INES）暂定评价中，也报告了每次公告的内容。

对包括邻国在内的世界各国在东京的外交团体举行了说明会，召开了针对国外媒体的记者会等。

关于从 4 月 4 日开始福岛第一核电站将低放射性污染水向海洋里排放的问题，向包括邻国在内的外界的通报不充分，对此表示反省。今后将努力加强通报的体制，向国际社会提供信息。

基于 INES 的暂定评价经过介绍如下：

第一报：在福岛第一核电站的 1 号机组和 2 号机组中，由于交流电源全部丧失，电动泵不能投入使用，原子能安全保安院于 3 月 11 日 16 时 36 分判断为应急堆芯冷却系统不能注水，发布了事故等级为 3 级的暂定评价。

第二报：3 月 12 日，在福岛第一核电站 1 号机组中，进行了安全壳排气释放，反应堆厂房发生爆炸。根据环境监测的结果，放射性碘与铯之类的核素得以确认，判断发生了超过堆芯本底约 0.1% 的放射性物质释放的事件，原子能安全保安院发布了事故等级为 4 级的暂定评价。

第三报：3 月 18 日，在福岛第一核电站 2 号机组和 3 号机组中，判断已发生燃料损伤的事故。根据当时获得的信息，包括该核电站的 1 号机组在内，堆芯本底的释放已达到百分之几的释放。因此，原子能安全保安院发布了事故等级为 5 级的暂定评价。

第四报：4 月 12 日，在福岛第一核电站向大气中的总释放量方面，原子能安全保安院和原子能安全委员会分别发布了根据反应堆状态等分析结果和采用粉尘监测数据推测的结果。根据碘的换算，原子能安全保安院推测为 3.7×10^{18}Bq；原子能安全委员会推测为 6.3×10^{18}Bq。基于这一结果，原子能安全保安院同日发布了事故等级为 7 级的暂定值。

从第三报到第四报，经过约 1 个月的时间，但在 INES 的暂定事故等级评级问题方面，需更加快速和准确地响应。

五、善后工作

关于福岛第一核电站的现状，1—3 号机组通过给水系统管路向反应堆压力容器注入淡水，持续对反应堆容器内的燃料进行冷却。通过这些努力，反应堆压力容器底部等位置的温度稳定在 100—120℃之间。为了实现包括对滞留水进行处理在内的循环注水冷却，正在开展相关的研究和准备工作。1 号机组的反应堆压力容器和安全壳处于具有一定压力的加压状态；认为包括 2 号机组和 3 号机组在内，产生的蒸汽都在从反应堆压力容器和安全壳泄漏；认为除了冷凝滞留的水之外，包括反应堆厂房在内的各处，还有部分气体正在向大气中排放。为此，正在试图通过对反应堆厂房上部的粉尘进行监测等手段，对其状况进行确认。除此之外，正在研究准备安装覆盖整个反应堆厂房的防护罩。

5 号机组和 6 号机组通过临时安装的海水泵，利用余热导出系统，保持冷态停堆状态，反应堆压力（表压）也稳定在 0.01MPa—0.02MPa。各机组的现状见表 7—3。

表 7—3　福岛第一核电站各机组的现状

参　数	1 号机组	2 号机组	3 号机组	5 号机组	6 号机组
反应堆注水情况	通过给水系统管路注入淡水，流量为 6.0m³/h	通过给水系统管路注入淡水，流量分别为 7.0m³/h 和 75.0m³/h	通过给水系统管路注入淡水，流量为 13.5m³/h	保持反应堆导热功能，不需要注水。为了确保导热功能，有备用海水泵	
反应堆水位 /mm	燃料区 A：刻度以下 燃料区 B：1600	燃料区 A：1500 燃料区 B：2150	燃料区 A：1850 燃料区 B：1950	停止区：2164	停止区：1904

参　数	1 号机组	2 号机组	3 号机组	5 号机组	6 号机组
反应堆压力/MPa（g）	系统 A：0.555 系统 B：1.508	系统 A：0.11 系统 B：0.016	系统 A：0.132 系统 B：0.108	0.023	0.010
堆水温/℃	（没有系统流量，无数据）			83.0	24.6
压力容器周围温度/℃	给水接管：114.1 容器下部：96.8	给水接管：111.5 容器下部：110.6	给水接管：120.9 容器下部：123.2	堆水温度监测中	
D/W、S/C 的压力/MPa（abs）	D/W：0.1317 S/C：0.100	D/W：0.030 S/C：低于刻度	D/W：0.0999 S/C：0.1855	—	
状　态	各机组在由外部电源供电，同时还安装了临时应急柴油发电机和海水泵，在冷却功能可得到保证的条件下开展各种作业。				

4月17日，东京电力公司发布了"福岛第一核电站事故收敛的计划"。在计划中，将"将放射性剂量出现有效减少的趋势"作为第一阶段的目标，将"放射性物质的释放得到管理，放射性剂量得到抑制"作为第二阶段的目标。第一阶段的时间定为 3 个月；第二阶段的时间定为第一阶段结束之后 3—6 个月。

1、2 号机组安全壳的冷却水泄漏得到确认后，由于存在着与 3 号机组同样的风险，5 月 17 日对计划内容进行了修改。在新发布的计划中，基本计划没有变化，但对反应堆冷却的方式有了变化或改进，增加了应对海啸与余震的措施、改善从业人员作业环境的内容。

在"反应堆"课题重新评估方面，针对第二阶段（事故收敛计划进度表）中"冷态停堆状态"的主要对策措施，决定优先对厂房等处的滞留污染水（积水）进行处理，建立起"循环注水冷却系统"，向反应堆注水。已推迟进行将安全壳充满水以达到燃料区域上部的淹水作业。

5 月 17 日，国家核能灾害应急响应总部发布了"当前针对核能受灾者的计划方针"，表明了针对事故收敛和相关避难区域的计划等。

六、国际反应

1.国际帮助

自日本发生本次事故以来，美国、法国、俄罗斯、韩国、中国、英国的专家先后来到日本，与日本方面的相关机构等进行了沟通交流，同时，在为实现反应堆和乏燃料水池的稳定、防止放射性物质扩散以及对放射性污染采取应对措施等方面，给予了许多帮助。另外，日本还得到了来自各国提供的应对核能灾害需要的物资援助。

还有来自 IAEA、经济合作与开发机构／原子能机构（OECD/NEA）等核能相关机构派遣的专家访日，给出了许多建议。IAEA、世界卫生组织（WHO）、国际民间航空机构（ICAO）、国际海事机构（IMO）等国际机构和 ICRP 以自身专业的观点，向国际社会提供了必要的信息。

2.各国对事故的政策反应

（1）法国

作为世界第二大核能生产国，法国 78% 的电能均来自核电，目前法国共有 58 个核电机组。法国的第一个核电厂始建于 1956 年。目前法国全国电力生产中超过 450 亿千瓦时是核能。此外，法国是在其境内进行所有的转化、浓缩、制造设备的少数国家之一，同时也包括加工和回收利用核材料。法国的核电厂均采用相同的模式，所有的反应堆都采用相同的技术。

法国核安全管理局（ASN）的专家认为，福岛核电厂在设计时未将反应堆堆芯熔化的风险考虑在内，存在一定的设计缺陷，因此在遭遇强烈地震和大海啸后，在一定程度上导致了福岛核事故的发生。同时，ASN 认为法国核电厂的设计足以承受严重的影响因素（如洪水、地震、功率损耗等）。考虑到已经发生的福岛核事故，ASN 认为有必要考虑特殊情况下核电厂的设计和成本分析，并进行相应的更改。这种分析和改变将集中于正在建设或计划运作的核电厂。

ASN 认为有必要借鉴日本福岛的核事故，详细的反馈将会是一个跨越数年的漫长过程，这将包括检查与风险有关的电力或散热片是否需要改进，并需要考虑大地震和海啸的影响。这就应该重新进行评估风险。此外，在应急管理领域必须汲取日本福岛核事故的教训。

根据 ASN 和经营者之间的协定，每年 ASN 要适当分配优先检查的内容和检查地点，进行核安全检查，检查地点都是事先保密的，检查费用由运营商承担，这是一种多层次的控制。

由于福岛核事故的影响，不仅仅是法国，整个欧洲对公共场所和食品安全的放射性剂量水平都十分关注。福岛核事故后，ASN 对法国国内的人工放射性核素进行了监测。目前没有产生对健康和环境的危害。根据辐射防护与核安全研究所（IRSN）的估计，福岛核事故对法国产生的放射性水平比切尔诺贝利事故约低 1 000 至 10 000 倍。

欧洲共同体官方公报规定于 2011 年 3 月 26 日实行对从日本进口的食品和饲料采取特殊的检查条件。它规定，首先系统检查初步核实的铯 -134 的可接受标准和铯 -137 和碘 -131，其次对抵达的来自日本的食品和饲料进行抽样检验。

（2）美国

美国有 104 座核电机组大多数建在 20 世纪六七十年代。福岛核事故后，美国采取了一系列措施，包括食品进口、监测、国内电厂的自查等，以保证其公民的安全，以及国内电厂的安全稳定。

日本地震后，美国是首个禁止从日本受辐射地区进口牛奶和新鲜蔬菜的国家。

福岛事故初期，据美国核管会（NRC）透露，通过对居民受辐射量总计不超过 10mSv 的撤离范围进行估算，得出方圆 80 公里以内的人群应疏散撤离的结论。美国能源部于当地时间 4 月 7 日表示，根据能源部在日本的航空监测得出的结论，福岛第一核电站的辐射量已经出现减少的趋势，在距离核电站 40 公里之外的地区，没有必要规避和疏散。

福岛事故发生后，为了调查核电站反应堆厂房内的情况，美军出动了无人侦察机"全球鹰"。美国政府对调查结果进行分析后判断，"至少有一个、可能有两个"反应堆已发生堆芯熔化，对事态发展抱有危机感。美国政府曾担心最坏情况下东京都横田基地、神奈川县横须贺基地和厚木基地以及青森县三泽基地的美军部队会受到核辐射。美国政府曾考虑从日本暂时撤出部队。

福岛事故后，NRC 要求反应堆与规划部组织高层和专家，对日本地震和核事故完成一份备忘记录，并对 NRC 的安全要求、纲要和流程以及执行情况进行系统的回顾，由此判断政府部门是否有必要在短期内对管理系统进行改进。该任务也为评价核事故的长期影响确定了框架及主题。

同时，美国还对国内所有的核电站进行自查（永久关闭的除外）。主要评估运营单位应对超设计基准事故的能力和检查电力供应中断时多电厂响应问题。对于核燃料循环设施，NRC 要求进行自查并采取相应行动来保证核设施有抵御外部严酷自然事件的能力，或者能够做出正确的应急措施。①

（3）俄罗斯

俄罗斯核电厂的总装机容量约占国内总装机容量的 11%，发电量占国内总发电量的 15%，约占俄罗斯欧洲部分总发电量的 20%。在俄罗斯西北地区、中部地区以及伏尔加地区核电发电量所占份额达 30%—40%。

在日本福岛核泄漏事故后，俄罗斯国家原子能公司总经理基里延科表示，俄核电站将进行面对民众和媒体的公开检查，以消除民众对核电利用的恐惧感。强调核电领域必须保证信息公开和绝对透明，在核电站的设计和建设过程中必须加大核安全检测力度。②

在国内强调核电安全性的同时，俄罗斯强力推行核电出口。总理普京于 3 月中旬出访印度，两国就俄罗斯为印度建造 16 座核电站、向印度提供核燃料和核废料处理技术等一系列问题签署相关协议。其中 6 座核电站

---

① 孙宏图等：《法、美应对福岛核事故的措施及启示》，《中国核工业》2011 年第 10 期。
② 曲学基：《日本福岛核电站泄漏事件引发世界各国调整核电政策》，《电源技术应用》2011 年第 10 期。

将于 2017 年完工。俄罗斯与印度大规模的核电合作成为全球关注的焦点，体现了普京力图"掌控全球 1/4 的核电市场"的雄心。另据 8 月 1 日俄消息网报道，俄原子能公司表示，俄罗斯和尼日利亚已就设计、建设和运行核电站项目合作事宜政府间协议草案达成一致。

（4）中国

我国已运行和在建的核电站有 14 处，均分布在经济发达、人口稠密的沿海地区，内陆省份也不同程度地开展了核电厂址的前期工作。

日本福岛核电站核泄漏事故发生后，除有关部门在密切监测对我国海水和大气的污染外，政府做出了快速反应。我国国务院召开常务会议决定，对我国核设施进行全面安全检查，调整完善核电发展中长期规划，核安全规划批准前暂停审批所有核电项目。此次危机必然促使我国核电安全监管从严，核电设备市场准入门槛提高。

（5）其他国家

芬兰辐射与核安全中心将对全国所有核电站反应堆的安全系统进行全面检测。

瑞士暂停其境内正在进行中的 5 个老化核电站的更新换代计划，检查国内核电站的安全状况。

英国继续利用核能。

德国暂停延长核电站运营期限计划。

印度重新审查现有的核能发展计划。

韩国启动紧急监测室，对核辐射进行全天候监测，将审视自身的核计划。

七、福岛核事故的结论与教训

1.福岛核事故调查结论

2011 年 5 月 24 日至 6 月 1 日，IAEA 组织了专家调查团对福岛事故进行了全方面的调查。通过收集福岛核事故信息，调查事故发生的原因、发展过程以及电厂受损状态后，得出出以下结论：

国际原子能机构基本安全原则为应对福岛核事故提供了坚实的基础，并且涵盖了此次事故经验教训的各个领域。

面对此次事故的极端情况，当地应急组织已经进行了最大程度的事故管理。

对海啸灾害没有充分的纵深防御预案，尤其是：虽然福岛第一核电站在选址评估和设计中都考虑了海啸灾害，并且 2002 年以后也调高了海啸的可能高度，但是海啸灾害仍然被低估；考虑到现实中这些运行核电站不是"干厂址"，在 2002 年评估后采取的额外防御措施不足以应对海啸的爬高水位以及次生灾害性现象；这些补充保护措施没有经过核安全监管当局的审评和批准；由于受洪水影响的系统结构和部件（SSC）故障通常不是线性递增的，电站不能够承受超过预期的海啸高度所导致的后果（陡边效应）；严重事故管理预案不足以应对多机组故障。

对东海 2 号和福岛第二核电站，从短期来看，应针对电站和厂址目前的情况（由地震和海啸引发）以及已改变的外部灾害重新评估电站的安全性。尤其要注意的是，如果外部事件的 PSA 模型已经完成，这将有助于开展评估。

福岛第一核电站的短期措施需要进行规划，直到所有机组恢复安全稳定。应使用简单的方法来确认抵御外部灾害的优先性措施，以便及时完成规划。预防性措施固然重要但也有局限，规划中应包括厂内和厂外缓解措施。一旦达到冷停堆稳定状态，就需要制定长期规划，包括对系统结构部件（SSC）的实体改进和厂内厂外的应急措施。

应当更新监管规定和导则，以体现此次东日本大地震中获得的经验和数据，并采用国际原子能机构安全相关标准确立的准则和方法来全面应对海啸以及所有相关联的外部事件。各国监管文件应当包含与国际原子能机构安全标准相一致的数据库要求。用于灾害评价和电厂保护的方法应与相关领域的研发进展相一致。

日本有组织良好的应急准备和响应体系，体现在福岛核事故的处理过程中。但是复杂的结构和组织体系可能导致紧急决策的拖延。

忠于职守、勇于奉献的干部和工作人员，再加上组织良好和灵活的系统，即使在超出预计的情况下也可以有效地做出响应，并防止事故进一步对公众和设施内工作人员的健康产生更大影响。

后续适当地开展公众辐照和健康监测项目将十分有益。

虽然事件造成严重影响，但对受影响电站的放射性辐照的控制似乎很有效。

重新审议国际原子能机构安全标准，确保其能够充分地覆盖一站多机组厂址的设计及其严重事故管理的特殊要求。

有必要定期使国家的法规和导则与国际标准和导则保持一致，特别是吸取世界各地遭遇外部灾害影响得出的新经验教训。

IAEA 的地震安全中心（ISSC）开展的安全审查能够有效地帮助日本在下述领域开展工作：① 外部事件风险评估；② 电站停堆后重启的准备工作；③ 震前准备。

包括应急准备审查（EPREV）在内的后续调查组应深入研究场内场外应急响应的经验教训。

开展后续调查，以寻求从福岛事故后为提供大规模辐射防护而采取的有效行动中汲取经验。

2.福岛核事故教训

就本次事故的整体情况而言，自然灾害是福岛第一核电站事故的导火索，导致多座反应堆同时发生核燃料、反应堆压力容器、安全壳受到严重损伤等事故。事故发生已快 3 个月，事故的收敛还需通过中长期的计划才能得以实现，最终给社会带来了巨大的压力，核电站周围许多居民还得长期避难，相关区域的农林牧畜等产业也受到了莫大的影响。与过去的三里岛核电站事故和切尔诺贝利核电站事故相比，这次事故存在许多不同之处。

地震、海啸还带来了电力、通信、交通之类的社会危机，使周边广大区域受到灾害。在这种情况下，核电站的应急响应工作和核电站周边的核能防灾活动未能得以展开；余震不断发生，限制了各种事故应急活动的推进。这些都是本次事故的特点。

本次事故达到严重事故的状态，动摇了民众对核能安全的信心，向对核能安全过于自信的核能工作者敲响了警钟。为此，从本次事故中彻底地吸取教训是极为重要的。核能安全保证最重要的基本原则是深层防护，在此理念基础上，将目前的教训分为5大类阐述。

根据目前的教训，今后必须从根本上对日本的核能安全措施加以重新评估。这些教训包括了日本固有的情况，鉴于对教训整体概貌进行阐述的考虑，在此也一并进行叙述。

第一类教训：这次事故为严重事故，因此，质疑严重事故的预防措施是否不足，由此得到第一类教训。

第二类教训：质疑这次严重事故的事故响应是否妥当，由此得到第二类教训。

第三类教训：质疑这次事故中的核能灾害应急响应是否及时，由此得到第三类教训。

第四类教训：质疑核电站确保安全的基础是否牢靠，由此得到第四类教训。

第五类教训：总结所有教训，质疑安全文化是否彻底得到贯彻，由此得到第五类教训。

（1）第一类教训：加强严重事故的预防措施

① 加强防范地震与海啸的措施

这次地震是多个震源联动的超大规模地震。其结果是：在福岛第一核电站反应堆厂房基础地基上观测到的地震动加速度反应谱，在部分时间周期带上超过了设计基准地震动加速度反应谱。地震使外部电源受损。到目前为止，尚不清楚地震是否给反应堆设施的安全重要设备带来了严重的损坏，详细情况还需进一步调查。

福岛第一核电站遭遇的海啸规模为14—15m，大大超过了建造许可上的设计和后来评价设想的高度。海啸使海水泵之类的设备受到了很大的损坏，应急柴油发电机电源和反应堆冷却功能未能得到保证成为事故的主要原因。在规程文件中，只确定有针对海浪的措施，没有设想海啸的袭击，因此，对海啸发生频率和高度的设想不充分，同时针对海啸来袭的应对也不充分。

从设计思想的观点考虑，在核电站的抗震设计中，应将考虑的活断层活动期范围定为 12 万—13 万年以内（以前的指南为 5 万年以内），对大地震的复发周期要做出适当的考虑，在此基础上还需考虑剩余风险。与地震相比，针对海啸的设计是基于过去海啸的传承或确认的痕迹进行，没有规定按照应实现的安全目标的关系考虑适当的复发周期的构架。

为此，在地震设想方面，要考虑多个震源联动的处理，同时还要提高外部电源的抗震性能。在海啸方面，出于防止严重事故发生的考虑以及为实现安全目标，应充分考虑复发周期，设想出适当的海啸发生频率，并在此基础上，对结构物之类的安全设计以及海啸具有的破坏力加以考虑，设想出海啸的足够高度，防止海啸对厂址的浸水影响。从深层防护的观点考虑，超过制定的设计海啸，给设施带来影响的风险也是存在的，对此要有足够的认识，即使考虑了厂址的淹水和冲高海浪的破坏力程度，也需采取措施以保持重要的安全功能。

② 电源保证

这次事故很大的原因是必要的电源未能得到保证。其原因可列举如下：从克服因外部事件引发的共因故障的脆弱性考虑，没有做到电源的多样化；在能抵御海啸淹没之类苛刻环境中的要求方面，没有对配电盘之类的设备做出规定；与交流电源恢复所需的时间相比，电池的寿命短，外部电源恢复需要多少时间，没有明确。

为此，在实现电源的多样化方面，要配备空气冷却式柴油发电机、汽轮机之类的多种应急电源以及电源车之类的装置；采取配备抗环境性高的配电盘和电池充电用发电机等措施，在目标规定的时间段，即使在紧急时严重事故下也能确保现场电源。

③ 确保反应堆和安全壳的有效冷却功能

在这次事故中，由于海水泵的功能丧失，导致了最终的热释放场所（最终降温）丧失。虽然注水使反应堆产生冷却功能了，但由于注水用水源的枯竭和电源的丧失，未能防止堆芯损伤，安全壳冷却功能也没有完全发挥出来。尽管后来通过手动对反应堆进行了减压，但在减压后的注水中，由于事故管理措施不完善，消防车之类的重型机械向反应堆的注水出现了很多困难。反应堆和安全壳的冷却功能丧失导致了事故的加重。为此，要实现替代注水功能的多样化，做到注水用水源的多样化或容量的增加、引入空气冷却方式等，确保可长期替代最终的降温场所，这样才能确保反应堆和安全壳冷却功能的真正替代。

④ 确保乏燃料水池的真正冷却功能

这次事故因电源丧失，乏燃料水池未能得到冷却，与反应堆事故响应措施一样，也需要采取措施，以应对因乏燃料水池的冷却功能丧失带来的严重事故。与堆芯事故风险相比，此前认为乏燃料水池发生大事故的风险小，因此没有考虑过采取替代注水之类的措施。

为此，为了维持电源丧失时乏燃料水池的冷却，需采用自然循环冷却方式或引入空气冷却方式替代冷却功能和替代注水功能，以确保真正的冷却。

⑤ AM

这次事故达到了严重事故的程度。作为尽可能缩小发生严重事故可能性的措施，或者是在发生了严重事故情况下作为缓解其影响的措施的AM，在福岛第一核电站中也已引入。根据这次事故的情况，消防系统在向反应堆的替代注水等方面发挥了部分作用，但是，在保证电源和反应堆冷却功能的应急响应等方面，没能发挥其作用，AM 不充分。事故管理的应急响应基本都是业主的自主行为，在法规上没有要求，器材配备的内容缺少严格性。自 1992 年制定事故管理以来，在指南方面没有进行过修改，也没有加强充实的愿望。

为此，在 AM 方面，要改变业主自主实施安全保证的行为，并将此提升为法律上的要求。同时，还要应用概率风险评价方法，对设计要求事项进行修改，完善事故管理，有效地防止严重事故发生。

⑥ 多机组厂址的课题研究

在这次事故中，多机组同时发生事故，因此，应分散事故需要的资源。另外，由于存在 2 个机组共用和相互之间的物理空间小等原因，1 个机组的事故恶化给相邻机组的应急响应措施也带来了影响。

为此，在 1 个核电厂中存在多个机组的情况下，发生事故的机组在事故时的操作要做到独立于其他机组的操作，同时，各个机组在工程上要保持真正的独立性，某个机组的事故影响不能波及相邻的机组。并且，各个机组要选任保证核能安全的责任人，建立起能展开事故应急响应的独立体制。

⑦ 核电站设施的布置等方面的基本设计考虑

在这次事故中，由于乏燃料水池位于反应堆厂房的高处，使其对事故的响应出现了困难。另外，反应堆厂房的污染水扩散到汽轮机厂房，污染水在厂房之间相互扩散。

为此，今后在核电站设施的布置等基本设计方面，要做到设施或厂房的合理布置，即使发生重大事故，也要做到有效地实施冷却等措施，防止事故影响扩大。对于已有的设施，要追加具有同等功能的措施。

⑧ 保证重要设备与设施的水密性

这次事故的重要原因之一是海啸淹没了辅助冷却系统海水泵、应急柴油发电机、配电盘之类许多重要设备与设施，给保证电源供电和冷却系统等方面带来很大困难。

为此，从达到安全目标水平的观点考虑，无论是对超过设计预想的海啸，还是对超过了设计预想的洪水袭击，都要确保重要设备与设施的安全功能。具体而言，要根据海啸或洪水的破坏力，安装水密门，切断管道之类的浸水路径，安装排水泵等，保证重要设备与设施的水密性。

(2) 第二类教训：加强应对严重事故的措施

① 增强防止氢爆炸的措施

在这次事故中，1 号机组和 3 号机组的反应堆厂房分别于 3 月 12 日

15 时 36 分、3 月 14 日 11 时 1 分发生了氢爆炸。4 号机组也于 3 月 15 日 6 时发生了认为是氢引起的爆炸。从 1 号机组最初的爆炸开始，由于不能采取有效手段，导致发展成为连续发生爆炸的事态，这是超出了本次事故预料之内的重大事件。在沸水堆中，针对设计基准事故，为了维持安全壳的完整性，安全壳内为非活化性的环境，安装有对可燃性气体浓度进行控制的控制系统。但是，在反应堆厂房中没有采取防范氢的措施，没有设想到氢会泄漏到反应堆厂房中从而发生爆炸的这类事态。

为了有效减少氢的产生，要在安全壳中采取防范氢的措施，在反应堆厂房中安装严重事故时发挥作用的可燃气体浓度控制系统，并安装防止氢向外释放的装置与设备，增强防止氢爆炸的措施。

② 增强安全壳释放系统

在这次事故中，严重事故发生时安全壳释放系统的操作存在问题，安全壳释放系统的放射性物质去除功能也不充分，所以事故管理措施未能得到有效发挥。并且，由于释放路线的独立性不好，释放物质通过连接的管道时，还有可能给其他部位带来不良影响。

为此，今后要提高安全壳释放系统的可操作性，确保其独立性，加强放射性物质的去除功能，增强安全壳释放系统。

③ 强化应对事故的环境

在这次事故中，主控制室的放射性剂量高，运行人员曾一度不能进入，直到现在也难以在里面长时间工作，主控制室的居住性下降。另外，在成为应急响应实施中心的核电站应急响应所中，由于放射性剂量上升、通信环境和照明情况恶化等，阻碍了各方面事故应急响应活动的展开。

为此，要加强主控制室和应急响应所的放射性屏蔽措施，加强现场的专用换气空调系统，增强不依赖交流电源的通信、照明等相关设备，提高事故应急响应的环境，即使在严重事故发生的情况下，也能持续实施事故应急响应措施。

④ 强化事故时放射性受照剂量的管理体制

在这次事故中，因发生海啸，大量个人剂量仪和剂量读取装置被海水浸泡，不能使用。由于放射性管理难以妥当进行，放射性从业人员处于不能展开现场作业的状态。另外，空气中的放射性物质浓度检测滞后，增大了内部受照剂量的风险。

为此，要配备足够的事故时用个人剂量仪和受辐照防护器材，建立起能扩充事故时放射性管理人员的体制，配备能对放射性从业人员受照剂量快速检测的体制和设备，通过这些措施以增强事故时放射性受照剂量的管理体制。

⑤ 增强严重事故应急响应的演练

在此之前，没有很好开展严重事故发生时核电站事故收敛响应和实现相关机构有效合作的真正演练。例如，在这次事故中，核电站内的应急响应所和核能灾害应急响应总部与核能灾害现场应急响应总部的相互协调、事故响应中承担重要作用的自卫队、警察、消防等的相互合作体制的确立，花费了较多时间。如果在这方面进行有效的演练，是有可能防患于未然的。

为此，要加强严重事故时的应急响应演练，有效发挥相关机构的职能；在严重事故发生时，要顺利开展对事故收敛的应急响应，掌握核电站内外的情况，聚集需要的人力紧急参与，保证居民的安全。

⑥ 增强反应堆和安全壳的仪器仪表检测系统

反应堆和安全壳的仪器仪表检测系统在严重事故条件下未能充分发挥作用，难以快速准确地获得反应堆水位、压力、放射性物质释放源和释放量之类的重要信息。

为此，要增强在严重事故状态下能充分发挥作用的反应堆和安全壳的仪器仪表检测系统。

⑦ 应急响应用器材的集中管理和救援部队的配备

在这次事故中，以"J村"为中心，聚集了参与事故与灾害应急响应的相关人员和设备器材，发挥后方全力支援的作用。但在事故的初期，由于周边也遭受了地震和海啸，在援助应急响应用设备器材、事故管理活动方面，救援部队的动作缓慢且不充分，在现场的事故响应中未能充分发挥作用。

为此，需实现在严重环境下也能顺利展开应急响应的援助，集中管理应急响应用器材，并建立救援部队。

（3）第三类教训：加强核能灾害的应急响应

① 大规模自然灾害与核能事故复合事态下的应急响应

这次事故是在发生大规模自然灾害的同时发生的核能事故，所以，在通信联络、人员召集、物质调配等方面都非常困难。另外，随着核能事故的长期化，原本作为短期应对的居民撤离避难之类的措施也不得不延期。

为此，作为大规模自然灾害与核事故同时发生情况下的应急响应，要配备能保证适当的通信联络手段和顺利的物质调配方法的体制与环境。另外，要设想出核能事故长期化的事态，加强制订有效动员各领域的人员参与事故或灾害应急响应的计划。

② 加强环境监测

目前在紧急状态下环境监测由地方政府承担，但是，由于地方政府的环境监测设备等因地震与海啸而受到破坏，环境监测只能从紧急事态应急响应据点撤离，所以，事故最初陷入了不能进行妥善的环境监测的状况。为了对此进行补救，在得到相关机构支持的情况下，文部省等组织开展了监测活动。为此，在紧急状况下，国家有责任建立起有计划真正开展环境监测的体制。

③ 明确中央与当地相关机构的作用

在事故初期，由于信息、通信手段难以得到保证，中央与当地为首的相关机构之间的联络与合作不充分，各自承担的作用和责任关系并不明确。具体表现在，核能灾害应急响应总部和现场核能灾害应急响应总部的关系、政府与东京电力公司的关系、东京电力公司总部与现场核电站的关系、政府内部承担的作用等，责任与权限的体制存在有不明确的地方，尤其是在事故初期，政府与东京电力公司之间的意图沟通不充分。

为此，要促进体制的建立，以核能灾害应急响应总部为首的相关机构之间的责任关系和作用要重新划分并明确，信息联络的相关责任与作用、手段等也要明确。

④ 加强事故的信息交流

在事故发生初期，大规模的地震灾害造成了通信手段中断受损等，在向周边居民提供信息方面存在很多困难；直到后来，对于周边的居民和地方政府，信息联络也未能恰当适时地开展，对周边居民等非常重要的放射性、放射性物质对健康的影响、国际放射性防护委员会（ICRP）的放射性防护等方面，都没有做出简单易懂的说明。另外，在向民众发布信息方面，现在也主要是以发布正确的事实为主，风险的预测未做充分的发布。所以，存在着给今后带来不安全的一面。

为此，针对周边居民等人群，要加强提供事故状况和应急响应之类的正确信息，对放射性影响等要进行适当的解释。另外，在事故发展过程中的信息公开方面，可采用包括今后风险在内的提示作为信息发布的关注点。

⑤ 积极应对来自各国的援助，加强向国际社会提供信息

在这次事故发生后，面对来自各国的设备器材的援助申请，在援助与国内的需求方面，政府内部没有与之对接的体制，未能做出充分的响应。在向海里排放低放射性污染水的问题方面，事前没有与邻国和地区进行沟通，向国际社会提供的信息不充分。

为此，针对事故时的国际响应，通过国际合作，编制出对事故应急响应有效的器材库存清单，要事先明确事故时与各国的对接点，改善国际通报制度，加强信息共享的信息提供渠道，更快地提供基于科学依据的可响应的正确信息。通过国际合作，为建立国际上有效的响应构架作出贡献。

⑥ 有效地掌握和预测放射性物质释放的影响

紧急时快速放射性影响预测网络系统（SPEEDI）未能获得事故时的释放源信息，所以，原本属于应用方法的释放源信息未能得到应用；没能开展对放射性影响的预测。另外，为了内部研究，在各种假设的基础上，文部科学省、原子能安全保安院以及原子能委员会对释放源进行过初步计算，但进行的计算结果现在也没有得到应用。在不能基于释放源信息进行

预测的制约条件下，做出一定的假设，采用 SPEEDI 对放射性物质的扩散趋势等做出了推测，作为避难行动的参考。尽管现在已经公开了 SPEEDI 的计算结果，但这在最初阶段就应该得到公开。

为此，要强化能真正获得事故时的释放源信息的检测装备等。另外，针对各种事态，要制订出有效利用 SPEEDI 的计划，同时，从最初开始就公开 SPEEDI 的应用结果。

⑦ 明确核能灾害时广域避难的范围和放射性防护标准的指南

在这次事故中，事故发生初期设定了避难区域和室内躲避区域，通过地方政府、警察等相关人员的相互合作，首先快速地对周边的居民进行了疏散，或到室内躲避。但随着事故的发展，室内躲避也长期化了。后来，在设定计划避难区域和紧急时避难准备区域时，匆忙决定采用 ICRP 和 IAEA 的防护区域范围，将作为重点充实防护措施的区域范围定在了 8—10km，大幅提高了这次事故设定出的所有防护区域。

为此，要基于这次事故的经验，明确核能灾害时广域避难的范围和放射性防护标准的指南。

(4) 第四类教训：加强安全保证的基础

① 加强安全管理的行政体制

在日本核能安全保证的行政组织划分方面，经济产业省原子能安全保安院作为一次管理机构对安全进行管理；一次行政机构的内阁府原子能安全委员会对管理进行监督；紧急时的环境监测等实施由相关地方政府和各省来承担，而在防灾上保证民众充分安全的活动方面，第一责任人却不明确。另外，在面临这么大规模的核能事故时，现有的体制在召集各方力量和快速响应上，难免存在问题。

为此，对于原子能安全委员会和包括各省的原子能安全管理行政组织和实施环境监测在内的行政管理体制，要着手研究改革，原子能安全保安院要独立于经济产业省。

② 法制体系和标准、指南类的完善与加强

根据这次事故，在核能安全、核能防灾的法律体系和与其相关的标准、指南类的配备方面，暴露出了各种问题。另外，根据这次事故的经验，预计应在 IAEA 的标准与指南中反映的内容也较多。

为此，要推进与核能安全和核能防灾方面的法律体系相关的标准与指南类的修改与完善，不仅要从结构可靠性方面，还要从针对包括系统概念发展的新的认知观点，对现有设施的老龄化措施状态加以重新分析评价；并针对已审批的设施，基于新的法规和新认知提出技术要求，即在法规管理上有明确位置。通过提供相关的数据，为加强和完善 IAEA 的标准与指南作出最大贡献。

③ 确保核能安全和核能防灾的人才

在这次事故中，首先是在应对严重事故方面，需要聚集核能安全、核能防灾和危机管理、放射性医疗等方面的专家，建立起应用最新、最佳知识的组织。另外，要真正推进中长期核能安全的发展，还不能局限于这次事故的收敛，极为重要是要培养出核能安全和核能防灾方面的人才。

为此，要加强教育机构中的核能安全、核能防灾与应急管理、放射性医疗等领域的人才培养，在此基础上，推进核能从业人员和管理机构等领域中的人才培养活动。

④ 确保安全系统的独立性和多样性

在确保安全系统的可靠性方面，过去追求的是多重性，但规避共因故障的响应不足，确保系统的独立性和多样性不够。

为了有效应对共因故障，进一步提高安全功能的可靠性，必须保证安全系统的独立性和多样性。

⑤ 有效利用风险管理中的概率安全评价法（PSA）

在系统研究降低核电站设施风险的应用体制方面，目前并没有有效地利用 PSA。在 PSA 中，难以定量地对这样大规模的罕见事件风险进行评价，伴随更多的是不确定性，但是，在通过提示这种风险的不确定性等来提高可靠性方面，其努力是不够的。

为此，要根据对不确定性的认知，更积极快速地应用 PSA 建立提高安全性的对策，包括基于 PSA 的有效事故管理对策在内。

(5) 第五类教训：彻底贯彻落实安全文化

从事核能的所有人都必须具备安全文化。所谓核能安全文化，是指"组织与个人应该具备的综合认识和气质，是一种态度。对于核能安全问题，必须最优先地付出与核能安全问题重要性相对称的警惕"。将这种文化置于自身，是核能工作者的出发点，是一种义务，也是一种责任。没有安全文化，就没有核能安全的不断提高。

然而，对照此次事故，日本的核能工作者，无论组织还是个人，作为确保核电站安全的第一义务责任者，面对各种新的认知，是否在悉心钻研？是否意识到了国内核电站的脆弱性？在我们确信核电站对公众的安全风险保持在足够低的水平过程中，当认为存在影响时，是否真诚地要求过采取适当的措施以提高安全性？对这些问题都必须进行深刻的反思。

另外，从事日本核能管理的人员也是如此，无论组织还是个人，为了民众，在确保核能安全方面都是有责任的。在确保安全方面，难道一点疑虑都没有过吗？面对新的认知，是否真诚地做出过快速且准确的反应？必须好好反省。

为此，在确保核能安全中，追求深层防护是不可缺少的。今后，从事核能安全的人员要回归到这一起点，要不断学习与安全相关的专业知识，不可懈怠。在确保核能安全中是否存在弱点？是否还有提高安全性的余地？保持一种仔细思考的态势，努力将安全文化贯彻落实。

八、对我国的启迪

对福岛核事故经验教训的总结和反思以及需要进一步探究的问题，对我国从管理和技术层面提升水平以保障核电安全有十分重要的警示和借鉴作用。①

---

① 刘华等：《我国应对福岛核事故的措施及启示》，《中国核工业》2011 年第 10 期。

（1）尽快建立合理的中国核电安全监督制度

福岛第一和第二核电站此前也多次发生事故：吸取福岛核电事故的教训，为了核电的安全，必须做到以下两点：一是有第三方的核电安全监督；二是核电信息公开透明。①

（2）发展安全压水堆作为我国核电的主力堆型

压水堆有两个回路。堆芯处于一回路，在主泵的带动下，冷却剂水从堆芯下部流入，带走燃料棒的热量，从堆芯上部流出，然后进入蒸汽发生器内，通过U形传热管将热量传给二回路。二回路中水被U形管加热成高温高压蒸汽，送入汽轮机发电，冷凝水重新送回蒸汽发生器中。

压水堆的控制棒组件安装存于堆芯上部，控制棒是自上而下插入，如果出现机械或者电气故障，可以手动将抓取器打开，让控制棒依靠重力落下，一插到底，消除堆内的反应性。压水堆相对沸水堆，可用的安全手段更多，自然也就更安全。我国商业化的核电站基本都是压水堆电站。这些电站用于防止核泄漏有3重屏障：燃料棒包壳、反应堆压力容器和安全壳。安全壳一般是内衬钢板的预应力混凝土厚壁容器，顶部呈半球形。内径约40m，壁厚约1m，高约60—70m。安全壳强度是按抗震Ⅰ类设计的。

因此，压水堆有两个回路，所有放射性均封闭在一回路中，两个回路完全隔离开，再加上压水堆核电站在放射性物质和环境之间的通道坚如屏障，放射性不会泄漏扩散。目前，在我国压水堆核电技术已相当成熟，具有较好的安全性。

（3）加速我国核电技术从第二代到第三代的跨越

我国在建核电站采用"非能动"安全系统的第三代核电技术，比福岛核电站的二代技术更安全，不存在启用备用电源带动冷却水循环散热的问题。第三代核电技术不需要交流电源和应急发电机，日本受影响核电站采用的是二代核电技术，最大问题就在于遇紧急情况停堆后，需启用备用电

① 刘艳：《试析日本危机管理机制及其对中国的启示》，《中国人民公安大学学报》2004年第1期。

源带动冷却水循环散热。

我国正在沿海建设并将向内陆推广的第三代 AP1000 核电技术则不存在这个问题，因其采用"非能动"安全系统，就是在反应堆上方顶着多个千吨级水箱，一旦遭遇紧急情况，不需要交流电源和应急发电机，仅利用地球引力、物质重力等自然力就可驱动核电站的安全系统，巧妙地冷却反应堆堆芯，带走堆芯余热，并对安全壳外部实施喷淋，从而恢复核电站的安全状态。

正是由于"非能动"安全系统设计，第三代 AP1000 技术可以保证在事故状态下 72 小时内反应堆完全自动处理，无须人工干预，给核事故应急处理争取大量时间。此外，第三代 AP1000 核电堆芯熔毁概率大大降低，仅为 10^{-7}/（堆年），与二代核电技术相比安全性提高了100 倍。

正是考虑到内陆核电站对循环冷却水和核电安全性有更高的要求，我国已决定在内陆建造核电站全部采用第三代 AP1000 核电技术。从而，催生我国核电跨越二代进入第三代。

（4）建立应急外部救援联动机制

日本核电站事故发生后，日本本土大部分核电站自顾不暇，美国的核航母在救援方面发挥了比较大的作用。目前我国的核电站不仅数量较多，而且堆型众多，所属公司之间交流甚少。如果某个核电站发生事故，能否组织其他核电站进行有序有效的救援，仍然是一个比较严峻的问题。即便是归属不同公司的各核电站之间也应加强横向联系，尤其是应急联动机制。目前我国还缺乏这方面机制，需要在国家层面加以推动。[1]

（5）制订切实可行的应急预案

我同核电设施一定要事先制订切实可行的应急预案。在安全运行的时候，就要提前做好一旦发生紧急事故如何处理，对可能发生的各种紧急事故都要分别做好处理预案，并且要在一定时间段内进行必要的演习，以避

---

① 王庆红、龚婷：《福岛核电事故分析及其启示》，《南方电网技术》2011 年第 3 期。

免一旦发生紧急事故而束手无策的情况。

(6) 提升核电管理水平

深刻认识核安全的极端重要性和基本规律,提升核安全文化素养和水平。福岛核事故的发生,再次验证了"核安全是核能发展的生命线"的道理,而核安全事关事业发展、公众利益、社会稳定以及国家未来,核安全从业人员必须认识核安全的特性,即核能行业相比其他行业特别突出的技术的复杂性、事故的突发性、处理的艰难性、后果的严重性、社会的敏感性;必须坚持安全第一、质量第一的方针;必须培育核安全文化;必须建立质量保证体系;必须贯彻纵深防御、多道屏障的要求。①

从三个方面制定更高的核安全标准,并有效落实。对包括自然灾害、恐怖袭击在内的外部事件,进一步提高设防基准;对事故(包括严重事故)预防,进一步提高安全功能的保障能力和可靠性,降低事故发生概率;对严重事故的缓解,经过逐步改进和加强之后,最终拿出兜底的方案,保证在最恶劣的情况下,也不会有大规模放射性物质释放到环境中,从而避免在场外采取应急响应行动,尤其是公众的撤离行动。

要继续完善事故应急响应机制。任何措施都只能降低事故发生的概率,而无法彻底消除事故发生的可能。因此,必须充分做好场内和场外应急准备,而且必须转变观念,出台新举措,按照纵深防御的要求,在组织体系和工作机制上有所创新,在应急响应能力上有实质性、大幅度改进和提升。

不断增强营运单位自身管理、技术能力及资源支撑能力。正常状态下,核设施一般不易出事,事故往往是因外部发生极端自然灾害而触发。道路不通,通讯受阻,过分依赖外界提供支持和援助都不切实际。在这种情况下,营运单位自身技术能力和资源支撑就显得十分关键。因此,营运单位一定要配备充足的人员和装备,具备"孤岛作战"的能力,做到在没有外界支持的情况下,也基本上能够及时有效应对事故工况。

---

① 柴国旱:《福岛事故带给核电管理和技术的启示》,《中国能源报》2012 年 3 月 26 日。

提高核安全监管部门的独立性、权威性和有效性。独立、权威、有效的监管，在日常情况下可以保证核设施按照标准要求建设和运行，减小事故发生的可能性。发生事故时，监管部门必须及时作出决策，督促营运单位采取有效措施减轻事故后果，必要时监管部门可采取果断措施，避免事故进一步升级。

此外，要不断加强核安全技术研发工作，依靠科技创新推动核安全水平持续提高和进步。政府和企业应当共同努力，积极开展核安全基础理论的研究和关键技术的攻关，推动核安全技术集成和成果转化，发挥科技在核安全工作中的支撑和引领作用。

还要不断提高核安全经验和能力的共享。在核安全领域一旦发生问题，没有一个人或者一家单位可以独善其身，必须互相帮助和扶持，共同提高才能共同发展，在国家层面和国际层面都应如此。从这个意义上来讲，一定要建立一个高效的经验反馈和能力分享体系。

最后，强化公众宣传、信息公开和舆情应对工作。当前，包括中国在内，广大公众对核安全的信心有所下降，对核电发展的可接受性产生了某些质疑，这将成为核电发展的瓶颈，而要破解这个难题，赢得公众对发展核电的认同，强化公众宣传、信息公开和舆情应对必须成为我们自觉的行动。

第八章　对我国核电环境安全与应急管理的启迪

核能是高效、清洁、安全和经济的能源。核电则是和平利用核能的重要形式，是当今世界上大规模可持续供应的主要能源之一。但是，长期以来，公众对核事故在认识误区中的恐惧生成了难以消除的心理阴影，核电安全无疑成为环保主义者以及民众反核最根本的理由。因此，核安全是核事业发展的生命线，是国家安全的重要组成部分。基于此，我国在核能领域做出了以下努力：

一是系统性加强核科普工作，提高社会公众的核科学文化素质，并以设立国家"核科学日"为起点，大力推进核能应用，为核能发展创造更好的社会环境和舆论环境，与世界各国携手，让核能为社会的进步和人类的幸福作出更大贡献。

二是创建中国核安全学会，搭建核安全领域共享平台。截至2017年年底，我国核从业人员近180万人，全国核监管系统人员仅1万人左右，保障核安全的任务非常繁重，核与辐射安全面临巨大挑战，法规标准体系、人员能力建设、公众宣传、核安全文化等方面亟须完善和提高。基于此，中核集团建议成立中国核安全学会，搭建核安全领域共享平台，有助于核行业发展；有助于践行构建国际核安全体系、共建人类命运共同体的承诺；有助于建立信息公开机制，搭建互信桥梁；有助于跟踪国际前沿动态，分享先进科技成果。

三是《中华人民共和国核安全法》（简称《核安全法》）的颁布。《核安全法》出台之前，我国涉及核安全的法律仅有一部从放射性污染防治的角度加以规范的《放射性污染防治法》。另有九部行政法规分别从民用核设施安全监督、核出口管制、核材料管制、民用核安全设备监督管理、核电厂核事故应急管理、放射性物品运输安全管理、放射性废物安全管理等角度对涉核安全管理进行了规定。

《核安全法》基本延续了《放射性污染防治法》和前述九部行政法规对核安全的管理制度，对散落在国务院条例和部门规章中的具体要求以法律形式予以系统整理，并以此为基础，对现有核安全制度进行了补充完善，如首次将核安全观的表述写入法律，进一步强调核安全责任的承担，增加了信息公开和公众参与等新内容。《核安全法》在总则部分明确规定了核安全责任的主体及责任范围。即核设施营运单位（以下简称"核营运方"）对核安全负全面责任；为核设施营运单位提供设备、工程以及服务等的单位（以下简称"核供应方"）应当负相应责任。

四是设立核事故应急协调委员会、制定核事故应急预案、建立核事故应急准备金制度、发生核事故时的应急响应和救援、对核事故应急信息的发布和通报、核事故后的调查评估等内容。

核电未来的发展

根据 IAEA 到 2050 年的高值预测，假定 30 年内现有核电机组广泛长期运行，且新建核电达到 500 吉瓦（电），核电装机容量将增加到 715 吉瓦（电）。在低值估计中，到 2050 年，全球核电容量将减少 7%，降至 363 吉瓦（电），占全球发电量的 6%。然而，即使是低值估计，假设大约三分之一的现有核动力堆将在 2030 年前退役，而新反应堆将增加近 80 吉瓦（电）的容量，预计也会有大量的新核电厂建设。预计在 2030 年至 2050 年期间，新反应堆的新增容量将几乎与退役反应堆容量相当。影响未来核电发展的十个因素包括：

①资金与融资。开发新核电厂需要大量资金，虽然与利息相关的负债在核电厂寿期内会由发电产生收入，但高度资本密集型项目还受到利率变化、建设工期以及其他一些不确定因素影响。现已开发各种潜在的融资模式来解决其中一些不确定性；与大型反应堆相比，小型模块堆建设时间更短，前期资本费用更低，适用于较小的电网，以及可进行模块扩展以逐步满足需求。

②电力市场与政策。自 2017 年以来，全球电力市场发展主要包括：风能、太阳能、光伏发电等大量可再生能源持续部署成本不断下降；由于各行业电气化程度的提高，电力需求从经合组织国家转移到非经合组织国家；政策导致碳定价大幅提高；以及排放交易计划发生改变。此外，由于许多成员国承诺在本世纪中叶实现净零排放，煤炭资产已成为一种负债，而金融机构也在逐步放弃对煤炭的投资。核电的一个明显潜力在于它有能力帮助"难以脱碳"的部门脱碳，并且核电在供应安全、可靠性和可预测性方面也具有明显优势，核能发电持续增长。

③复原力。据预测，由于全球变暖，发生极端天气频率会增加，强度也会越来越大，拥有弹性能源系统具有重要意义。冬季风暴、强烈洪水或者干旱等自然灾害都会影响发电资产和电网基础设施，核电厂的设计可以在极端天气条件下安全有效地运行，这些停电造成的发电损失相对有限。

④先进反应堆和非电力应用。首先，先进反应堆具有废物产生量更少、燃料利用率更高、可靠性更大、具有防扩散性，能够与电力应用和非电力应用相结合的特点，在提高热效率和经济性方面，作为先进压水堆和沸水堆设计的合理延伸，一些成员国正在开发的超临界水冷堆概念突出了这种设计在经济性、安全性和技术方面的有利特性。其次，核能不仅用于发电，而且还用于其他能源密集型的非电力应用，如海水淡化、地区供热、工业工艺热和燃料合成（包括制氢）。例如，2020 年年底，中国山东海阳核电厂开始为周边地区提供地区供热，预计每年可避免使用 2.32 万吨煤，减少 6 万吨二氧化碳排放。包括中国、法国、日本、波兰、俄罗斯

联邦、英国和美国在内的许多国家越来越关注利用核能制氢，核能制氢的实际实施将取决于以价格、竞争者、总需求和消费地理分布为表现的市场条件。

⑤燃料可持续性和创新。先进技术燃料作为替代燃料系统技术正在开发中，以进一步提高商业核电厂在当前和未来反应堆设计中的安全性、竞争力和经济性。例如：欧洲、俄罗斯和美国开发的先进技术燃料包括用于燃料和包壳的新材料，有时需要更高浓度的铀-235，以补偿其包壳材料中子透明度的损失。因此，正在生产、开发和测试浓度高于5%但低于20%的高丰度低浓铀燃料。为了提高经济效益，还在提高卸料燃耗并延长核电厂的燃料运行周期，这也需要更高浓度的铀-235。核燃料闭合循环是确保核电可持续性的主要动力。可以从乏核燃料中回收易裂变材料，以生产新燃料。对氧化铀燃料后处理并循环利用铀和钚，是当今轻水堆的一种工业实践，尽管目前很少有轻水堆获得使用循环燃料的许可。在REMIX、CORAIL和MIX燃料中多次循环利用钚的工作正在取得进展。

⑥放射性废物处置。在世界各地几十年的经验和发展基础上，各国正在利用经验证的成熟技术，在放射性废物管理的所有步骤中实施有效、安全、可靠以及防扩散（在涉及核材料时）的解决方案。

⑦退役。虽然在过去的几十年里推迟拆除是设施所有者采取的主要退役策略，但立即拆除的方案已越来越受到青睐。鉴于退役涉及将冗余设施改造为非能动安全状态，能否进行项目实施在很大程度上取决于是否有足够的财政资源和长期管理乏燃料和放射性废物的适当制度。尽管目前还没有最终处置乏燃料的设施投入使用，但乏燃料可以安全地贮存在贮存池或干法贮存设施中。

⑧人力资源开发。获得和留住技能型人才，以确保在核设施寿期的所有阶段都有一支称职的职工队伍，是核能界的首要任务之一。在不断变化的全球格局中，核领域的人才吸引和保留受到技术创新、流动性增加和人口结构变化的进一步挑战。同时，数字学习和混合学习等创新技术方案正付诸实践，以使运行核电国家和启动核电国家的新一代核职工队伍更容易

获得核培训、教育和能力建设。

⑨许可证审批／监管框架／方案。各国政府在为核电计划制定适当的政策、计划和法律框架方面的作用，有助于为安全、可靠和可持续地引进或扩大核能创造有利的环境。所有低碳能源都需要具体的政策来支持其部署。政策应体现在国家法律、制度和监管体系中，以确保拥有稳定和可预测的环境，并最大限度地扩大其影响。核电厂许可证审批需要对其设计和技术特性进行广泛的安全、安保和保障评价。各国可以利用 IAEA 安全标准和安保导则支持其国家监管框架的发展。评价小型模块堆等先进技术的现有监管导则和流程相对滞后，在某些情况下尚不可用。

⑩公众认识。公众对与核电相关的利益和风险的认识，特别是对辐射风险、废物管理、安全和扩散的关切，仍然是最影响公众接受的几个方面。与利益相关者建立牢固、积极和长期的关系是现有的、新的和未来的核电计划的关键因素。在各国评价小型模块堆等新技术作为低碳电力和非电力应用选择的可行性时，尽早、实质性和频繁地让利益相关者参与进来，也将有利于这些技术的开发和部署。各利益相关者更好地理解核电在为电网特别是那些可变可再生能源所占比例较高的电网提供稳定性方面的重要作用，是可以使公众更加接受核电。

附　录

A. 放射源分类表

核素名称	I 类源	II 类源	III 类源	IV 类源	V 类源
	（贝可）	（贝可）	（贝可）	（贝可）	（贝可）
Am-241	$\geqslant 6 \times 10^{13}$	$\geqslant 6 \times 10^{11}$	$\geqslant 6 \times 10^{10}$	$\geqslant 6 \times 10^{8}$	$\geqslant 1 \times 10^{4}$
Am-241/Be	$\geqslant 6 \times 10^{13}$	$\geqslant 6 \times 10^{11}$	$\geqslant 6 \times 10^{10}$	$\geqslant 6 \times 10^{8}$	$\geqslant 1 \times 10^{4}$
Au-198	$\geqslant 2 \times 10^{14}$	$\geqslant 2 \times 10^{12}$	$\geqslant 2 \times 10^{11}$	$\geqslant 2 \times 10^{9}$	$\geqslant 1 \times 10^{6}$
Ba-133	$\geqslant 2 \times 10^{14}$	$\geqslant 2 \times 10^{12}$	$\geqslant 2 \times 10^{11}$	$\geqslant 2 \times 10^{9}$	$\geqslant 1 \times 10^{6}$
C-14	$\geqslant 5 \times 10^{16}$	$\geqslant 5 \times 10^{14}$	$\geqslant 5 \times 10^{13}$	$\geqslant 5 \times 10^{11}$	$\geqslant 1 \times 10^{7}$
Cd-109	$\geqslant 2 \times 10^{16}$	$\geqslant 2 \times 10^{14}$	$\geqslant 2 \times 10^{13}$	$\geqslant 2 \times 10^{11}$	$\geqslant 1 \times 10^{6}$
Ce-141	$\geqslant 1 \times 10^{15}$	$\geqslant 1 \times 10^{13}$	$\geqslant 1 \times 10^{12}$	$\geqslant 1 \times 10^{10}$	$\geqslant 1 \times 10^{7}$
Ce-144	$\geqslant 9 \times 10^{14}$	$\geqslant 9 \times 10^{12}$	$\geqslant 9 \times 10^{11}$	$\geqslant 9 \times 10^{9}$	$\geqslant 1 \times 10^{5}$
Cf-252	$\geqslant 2 \times 10^{13}$	$\geqslant 2 \times 10^{11}$	$\geqslant 2 \times 10^{10}$	$\geqslant 2 \times 10^{8}$	$\geqslant 1 \times 10^{4}$
Cl-36	$\geqslant 2 \times 10^{16}$	$\geqslant 2 \times 10^{14}$	$\geqslant 2 \times 10^{13}$	$\geqslant 2 \times 10^{11}$	$\geqslant 1 \times 10^{6}$
Cm-242	$\geqslant 4 \times 10^{13}$	$\geqslant 4 \times 10^{11}$	$\geqslant 4 \times 10^{10}$	$\geqslant 4 \times 10^{8}$	$\geqslant 1 \times 10^{5}$
Cm-244	$\geqslant 5 \times 10^{13}$	$\geqslant 5 \times 10^{11}$	$\geqslant 5 \times 10^{10}$	$\geqslant 5 \times 10^{8}$	$\geqslant 1 \times 10^{4}$
Co-57	$\geqslant 7 \times 10^{14}$	$\geqslant 7 \times 10^{12}$	$\geqslant 7 \times 10^{11}$	$\geqslant 7 \times 10^{9}$	$\geqslant 1 \times 10^{6}$
Co-60	$\geqslant 3 \times 10^{13}$	$\geqslant 3 \times 10^{11}$	$\geqslant 3 \times 10^{10}$	$\geqslant 3 \times 10^{8}$	$\geqslant 1 \times 10^{5}$
Cr-51	$\geqslant 2 \times 10^{15}$	$\geqslant 2 \times 10^{13}$	$\geqslant 2 \times 10^{12}$	$\geqslant 2 \times 10^{10}$	$\geqslant 1 \times 10^{7}$
Cs-134	$\geqslant 4 \times 10^{13}$	$\geqslant 4 \times 10^{11}$	$\geqslant 4 \times 10^{10}$	$\geqslant 4 \times 10^{8}$	$\geqslant 1 \times 10^{4}$

续表

核素名称	I 类源 （贝可）	II 类源 （贝可）	III 类源 （贝可）	IV 类源 （贝可）	V 类源 （贝可）
Cs-137	$\geqslant 1 \times 10^{14}$	$\geqslant 1 \times 10^{12}$	$\geqslant 1 \times 10^{11}$	$\geqslant 1 \times 10^{9}$	$\geqslant 1 \times 10^{4}$
Eu-152	$\geqslant 6 \times 10^{13}$	$\geqslant 6 \times 10^{11}$	$\geqslant 6 \times 10^{10}$	$\geqslant 6 \times 10^{8}$	$\geqslant 1 \times 10^{6}$
Eu-154	$\geqslant 6 \times 10^{13}$	$\geqslant 6 \times 10^{11}$	$\geqslant 6 \times 10^{10}$	$\geqslant 6 \times 10^{8}$	$\geqslant 1 \times 10^{6}$
Fe-55	$\geqslant 8 \times 10^{17}$	$\geqslant 8 \times 10^{15}$	$\geqslant 8 \times 10^{14}$	$\geqslant 8 \times 10^{12}$	$\geqslant 1 \times 10^{6}$
Gd-153	$\geqslant 1 \times 10^{15}$	$\geqslant 1 \times 10^{13}$	$\geqslant 1 \times 10^{12}$	$\geqslant 1 \times 10^{10}$	$\geqslant 1 \times 10^{7}$
Ge-68	$\geqslant 7 \times 10^{14}$	$\geqslant 7 \times 10^{12}$	$\geqslant 7 \times 10^{11}$	$\geqslant 7 \times 10^{9}$	$\geqslant 1 \times 10^{5}$
H-3	$\geqslant 2 \times 10^{18}$	$\geqslant 2 \times 10^{16}$	$\geqslant 2 \times 10^{15}$	$\geqslant 2 \times 10^{13}$	$\geqslant 1 \times 10^{9}$
Hg-203	$\geqslant 3 \times 10^{14}$	$\geqslant 3 \times 10^{12}$	$\geqslant 3 \times 10^{11}$	$\geqslant 3 \times 10^{9}$	$\geqslant 1 \times 10^{5}$
I-125	$\geqslant 2 \times 10^{14}$	$\geqslant 2 \times 10^{12}$	$\geqslant 2 \times 10^{11}$	$\geqslant 2 \times 10^{9}$	$\geqslant 1 \times 10^{6}$
I-131	$\geqslant 2 \times 10^{14}$	$\geqslant 2 \times 10^{12}$	$\geqslant 2 \times 10^{11}$	$\geqslant 2 \times 10^{9}$	$\geqslant 1 \times 10^{6}$
Ir-192	$\geqslant 8 \times 10^{13}$	$\geqslant 8 \times 10^{11}$	$\geqslant 8 \times 10^{10}$	$\geqslant 8 \times 10^{8}$	$\geqslant 1 \times 10^{4}$
Kr-85	$\geqslant 3 \times 10^{16}$	$\geqslant 3 \times 10^{14}$	$\geqslant 3 \times 10^{13}$	$\geqslant 3 \times 10^{11}$	$\geqslant 1 \times 10^{4}$
Mo-99	$\geqslant 3 \times 10^{14}$	$\geqslant 3 \times 10^{12}$	$\geqslant 3 \times 10^{11}$	$\geqslant 3 \times 10^{9}$	$\geqslant 1 \times 10^{6}$
Nb-95	$\geqslant 9 \times 10^{13}$	$\geqslant 9 \times 10^{11}$	$\geqslant 9 \times 10^{10}$	$\geqslant 9 \times 10^{8}$	$\geqslant 1 \times 10^{6}$
Ni-63	$\geqslant 6 \times 10^{16}$	$\geqslant 6 \times 10^{14}$	$\geqslant 6 \times 10^{13}$	$\geqslant 6 \times 10^{11}$	$\geqslant 1 \times 10^{8}$
Np-237 （Pa-233）	$\geqslant 7 \times 10^{13}$	$\geqslant 7 \times 10^{11}$	$\geqslant 7 \times 10^{10}$	$\geqslant 7 \times 10^{8}$	$\geqslant 1 \times 10^{3}$
P-32	$\geqslant 1 \times 10^{16}$	$\geqslant 1 \times 10^{14}$	$\geqslant 1 \times 10^{13}$	$\geqslant 1 \times 10^{11}$	$\geqslant 1 \times 10^{5}$
Pd-103	$\geqslant 9 \times 10^{16}$	$\geqslant 9 \times 10^{14}$	$\geqslant 9 \times 10^{13}$	$\geqslant 9 \times 10^{11}$	$\geqslant 1 \times 10^{8}$
Pm-147	$\geqslant 4 \times 10^{16}$	$\geqslant 4 \times 10^{14}$	$\geqslant 4 \times 10^{13}$	$\geqslant 4 \times 10^{11}$	$\geqslant 1 \times 10^{7}$
Po-210	$\geqslant 6 \times 10^{13}$	$\geqslant 6 \times 10^{11}$	$\geqslant 6 \times 10^{10}$	$\geqslant 6 \times 10^{8}$	$\geqslant 1 \times 10^{4}$
Pu-238	$\geqslant 6 \times 10^{13}$	$\geqslant 6 \times 10^{11}$	$\geqslant 6 \times 10^{10}$	$\geqslant 6 \times 10^{8}$	$\geqslant 1 \times 10^{4}$
Pu-239/Be	$\geqslant 6 \times 10^{13}$	$\geqslant 6 \times 10^{11}$	$\geqslant 6 \times 10^{10}$	$\geqslant 6 \times 10^{8}$	$\geqslant 1 \times 10^{4}$
Pu-239	$\geqslant 6 \times 10^{13}$	$\geqslant 6 \times 10^{11}$	$\geqslant 6 \times 10^{10}$	$\geqslant 6 \times 10^{8}$	$\geqslant 1 \times 10^{4}$
Pu-240	$\geqslant 6 \times 10^{13}$	$\geqslant 6 \times 10^{11}$	$\geqslant 6 \times 10^{10}$	$\geqslant 6 \times 10^{8}$	$\geqslant 1 \times 10^{3}$
Pu-242	$\geqslant 7 \times 10^{13}$	$\geqslant 7 \times 10^{11}$	$\geqslant 7 \times 10^{10}$	$\geqslant 7 \times 10^{8}$	$\geqslant 1 \times 10^{4}$
Ra-226	$\geqslant 4 \times 10^{13}$	$\geqslant 4 \times 10^{11}$	$\geqslant 4 \times 10^{10}$	$\geqslant 4 \times 10^{8}$	$\geqslant 1 \times 10^{4}$
Re-188	$\geqslant 1 \times 10^{15}$	$\geqslant 1 \times 10^{13}$	$\geqslant 1 \times 10^{12}$	$\geqslant 1 \times 10^{10}$	$\geqslant 1 \times 10^{5}$
Ru-103 （Rh-103m）	$\geqslant 1 \times 10^{14}$	$\geqslant 1 \times 10^{12}$	$\geqslant 1 \times 10^{11}$	$\geqslant 1 \times 10^{9}$	$\geqslant 1 \times 10^{6}$

核素名称	I 类源 (贝可)	II 类源 (贝可)	III 类源 (贝可)	IV 类源 (贝可)	V 类源 (贝可)
Ru-106 (Rh-106)	$\geq 3 \times 10^{14}$	$\geq 3 \times 10^{12}$	$\geq 3 \times 10^{11}$	$\geq 3 \times 10^{9}$	$\geq 1 \times 10^{5}$
S-35	$\geq 6 \times 10^{16}$	$\geq 6 \times 10^{14}$	$\geq 6 \times 10^{13}$	$\geq 6 \times 10^{11}$	$\geq 1 \times 10^{8}$
Se-75	$\geq 2 \times 10^{14}$	$\geq 2 \times 10^{12}$	$\geq 2 \times 10^{11}$	$\geq 2 \times 10^{9}$	$\geq 1 \times 10^{6}$
Sr-89	$\geq 2 \times 10^{16}$	$\geq 2 \times 10^{14}$	$\geq 2 \times 10^{13}$	$\geq 2 \times 10^{11}$	$\geq 1 \times 10^{6}$
Sr-90 (Y-90)	$\geq 1 \times 10^{15}$	$\geq 1 \times 10^{13}$	$\geq 1 \times 10^{12}$	$\geq 1 \times 10^{10}$	$\geq 1 \times 10^{4}$
Tc-99 m	$\geq 7 \times 10^{14}$	$\geq 7 \times 10^{12}$	$\geq 7 \times 10^{11}$	$\geq 7 \times 10^{9}$	$\geq 1 \times 10^{7}$
Te-132 (I-132)	$\geq 3 \times 10^{13}$	$\geq 3 \times 10^{11}$	$\geq 3 \times 10^{10}$	$\geq 3 \times 10^{8}$	$\geq 1 \times 10^{7}$
Th-230	$\geq 7 \times 10^{13}$	$\geq 7 \times 10^{11}$	$\geq 7 \times 10^{10}$	$\geq 7 \times 10^{8}$	$\geq 1 \times 10^{4}$
Tl-204	$\geq 2 \times 10^{16}$	$\geq 2 \times 10^{14}$	$\geq 2 \times 10^{13}$	$\geq 2 \times 10^{11}$	$\geq 1 \times 10^{4}$
Tm-170	$\geq 2 \times 10^{16}$	$\geq 2 \times 10^{14}$	$\geq 2 \times 10^{13}$	$\geq 2 \times 10^{11}$	$\geq 1 \times 10^{6}$
Y-90	$\geq 5 \times 10^{15}$	$\geq 5 \times 10^{13}$	$\geq 5 \times 10^{12}$	$\geq 5 \times 10^{10}$	$\geq 1 \times 10^{5}$
Y-91	$\geq 8 \times 10^{15}$	$\geq 8 \times 10^{13}$	$\geq 8 \times 10^{12}$	$\geq 8 \times 10^{10}$	$\geq 1 \times 10^{6}$
Yb-169	$\geq 3 \times 10^{14}$	$\geq 3 \times 10^{12}$	$\geq 3 \times 10^{11}$	$\geq 3 \times 10^{9}$	$\geq 1 \times 10^{7}$
Zn-65	$\geq 1 \times 10^{14}$	$\geq 1 \times 10^{12}$	$\geq 1 \times 10^{11}$	$\geq 1 \times 10^{9}$	$\geq 1 \times 10^{6}$
Zr-95	$\geq 4 \times 10^{13}$	$\geq 4 \times 10^{11}$	$\geq 4 \times 10^{10}$	$\geq 4 \times 10^{8}$	$\geq 1 \times 10^{6}$

注：① Am-241 用于固定式烟雾报警器时的豁免值为 1×10^{5} 贝可。

② 核素份额不明的混合源，按其危险度最大的核素分类，其总活度视为该核素的活度。

③ 资料来源：《放射性同位素与射线装置安全和防护条例》（国务院令第 449 号）。

B. 常见放射源分类简表

核 素	I 类源 (贝可)	II 类源 (贝可)	III 类源 (贝可)	IV 类源 (贝可)	V 类源 (贝可)
H-3	$\geq 2 \times 10^{18}$	$\geq 2 \times 10^{16}$	$\geq 2 \times 10^{15}$	$\geq 2 \times 10^{13}$	$> 1 \times 10^{9}$
P-32	$\geq 1 \times 10^{16}$	$\geq 1 \times 10^{14}$	$\geq 1 \times 10^{13}$	$\geq 1 \times 10^{11}$	$> 1 \times 10^{5}$
Fe-55	$\geq 8 \times 10^{17}$	$\geq 8 \times 10^{15}$	$\geq 8 \times 10^{14}$	$\geq 8 \times 10^{12}$	$> 1 \times 10^{6}$

续表

核 素	I 类源 （贝可）	II 类源 （贝可）	III 类源 （贝可）	IV 类源 （贝可）	V 类源 （贝可）
Co-57	$\geqslant 7 \times 10^{14}$	$\geqslant 7 \times 10^{12}$	$\geqslant 7 \times 10^{11}$	$\geqslant 7 \times 10^{9}$	$> 1 \times 10^{6}$
Co-60	$\geqslant 3 \times 10^{13}$	$\geqslant 3 \times 10^{11}$	$\geqslant 3 \times 10^{10}$	$\geqslant 3 \times 10^{8}$	$> 1 \times 10^{5}$
Ni-63	$\geqslant 6 \times 10^{16}$	$\geqslant 6 \times 10^{14}$	$\geqslant 6 \times 10^{13}$	$\geqslant 6 \times 10^{11}$	$> 1 \times 10^{8}$
Ge-68	$\geqslant 7 \times 10^{14}$	$\geqslant 7 \times 10^{12}$	$\geqslant 7 \times 10^{11}$	$\geqslant 7 \times 10^{9}$	/
Se-75	$\geqslant 2 \times 10^{14}$	$\geqslant 2 \times 10^{12}$	$\geqslant 2 \times 10^{11}$	$\geqslant 2 \times 10^{9}$	$> 1 \times 10^{6}$
Kr-85	$\geqslant 3 \times 10^{16}$	$\geqslant 3 \times 10^{14}$	$\geqslant 3 \times 10^{13}$	$\geqslant 3 \times 10^{11}$	$> 1 \times 10^{4}$
Mo-99	$\geqslant 3 \times 10^{14}$	$\geqslant 3 \times 10^{12}$	$\geqslant 3 \times 10^{11}$	$\geqslant 3 \times 10^{9}$	$> 1 \times 10^{6}$
Ru-106 （Rh-106）	$\geqslant 3 \times 10^{14}$	$\geqslant 3 \times 10^{12}$	$\geqslant 3 \times 10^{11}$	$\geqslant 3 \times 10^{9}$	$> 1 \times 10^{5}$
Pd-103	$\geqslant 9 \times 10^{16}$	$\geqslant 9 \times 10^{14}$	$\geqslant 9 \times 10^{13}$	$\geqslant 9 \times 10^{11}$	$> 1 \times 10^{8}$
Cd-109	$\geqslant 2 \times 10^{16}$	$\geqslant 2 \times 10^{14}$	$\geqslant 2 \times 10^{13}$	$\geqslant 2 \times 10^{11}$	$> 1 \times 10^{6}$
I-125	$\geqslant 2 \times 10^{14}$	$\geqslant 2 \times 10^{12}$	$\geqslant 2 \times 10^{11}$	$\geqslant 2 \times 10^{9}$	$> 1 \times 10^{6}$
I-131	$\geqslant 2 \times 10^{14}$	$\geqslant 2 \times 10^{12}$	$\geqslant 2 \times 10^{11}$	$\geqslant 2 \times 10^{9}$	$> 1 \times 10^{6}$
Cs-137	$\geqslant 1 \times 10^{14}$	$\geqslant 1 \times 10^{12}$	$\geqslant 1 \times 10^{11}$	$\geqslant 1 \times 10^{9}$	$> 1 \times 10^{4}$
Pm-147	$\geqslant 4 \times 10^{16}$	$\geqslant 4 \times 10^{14}$	$\geqslant 4 \times 10^{13}$	$\geqslant 4 \times 10^{11}$	$> 1 \times 10^{7}$
Gd-153	$\geqslant 1 \times 10^{15}$	$\geqslant 1 \times 10^{13}$	$\geqslant 1 \times 10^{12}$	$\geqslant 1 \times 10^{10}$	$> 1 \times 10^{7}$
Ir-192	$\geqslant 8 \times 10^{13}$	$\geqslant 8 \times 10^{11}$	$\geqslant 8 \times 10^{10}$	$\geqslant 8 \times 10^{8}$	$> 1 \times 10^{4}$
Au-198	$\geqslant 2 \times 10^{14}$	$\geqslant 2 \times 10^{12}$	$\geqslant 2 \times 10^{11}$	$\geqslant 2 \times 10^{9}$	$> 1 \times 10^{6}$
Po-210	$\geqslant 6 \times 10^{13}$	$\geqslant 6 \times 10^{11}$	$\geqslant 6 \times 10^{10}$	$\geqslant 6 \times 10^{8}$	$> 1 \times 10^{4}$
Ra-226	$\geqslant 4 \times 10^{13}$	$\geqslant 4 \times 10^{11}$	$\geqslant 4 \times 10^{10}$	$\geqslant 4 \times 10^{8}$	$> 1 \times 10^{4}$
Pu-238	$\geqslant 6 \times 10^{13}$	$\geqslant 6 \times 10^{11}$	$\geqslant 6 \times 10^{10}$	$\geqslant 6 \times 10^{8}$	$> 1 \times 10^{4}$
Pu-239/Be	$\geqslant 6 \times 10^{13}$	$\geqslant 6 \times 10^{11}$	$\geqslant 6 \times 10^{10}$	$\geqslant 6 \times 10^{8}$	/
Am-241	$\geqslant 6 \times 10^{13}$	$\geqslant 6 \times 10^{11}$	$\geqslant 6 \times 10^{10}$	$\geqslant 6 \times 10^{8}$	$> 1 \times 10^{4}$
Am-241/Be	$\geqslant 6 \times 10^{13}$	$\geqslant 6 \times 10^{11}$	$\geqslant 6 \times 10^{10}$	$\geqslant 6 \times 10^{8}$	/

核 素	I 类源	II 类源	III 类源	IV 类源	V 类源
	（贝可）	（贝可）	（贝可）	（贝可）	（贝可）
Cm-244	$\geq 5\times10^{13}$	$\geq 5\times10^{11}$	$\geq 5\times10^{10}$	$\geq 5\times10^{8}$	$>1\times10^{4}$
Cf-252	$\geq 2\times10^{13}$	$\geq 2\times10^{11}$	$\geq 2\times10^{10}$	$\geq 2\times10^{8}$	$>1\times10^{4}$

注：① 资料来源：《关于发布放射源编码规则的通知》（环发 [2004] 118 号）。

C.《广东省核电厂环境保护管理规定》（1996 年 10 月 1 日起施行）

第一条 为了加强对我省境内核电厂环境的监督管理，保护环境，保障公众健康，依据《中华人民共和国环境保护法》及有关法规，结合本省实际，制定本规定。

第二条 本规定适用于我省境内的核电厂的环境管理。

第三条 省人民政府环境保护行政主管部（以下简称省环保部门）对本省行政区域内核电厂的环境保护工作实施统一的监督管理。其主要职责：

（一）根据国家的有关规定对核电厂运行前和退役后环境保护工作进行监督管理。

（二）对核电厂运行期间的环境保护工作进行监督管理：

（1）对核电厂废物处理设施的运行进行监督和检查；

（2）制定核电厂放射性流出物的管理规范；

（3）审批核电厂放射性年排放量目标管理值，发放排污许可证；

（4）对核电厂污染物（含放射性流出物，下同）的排放进行监督检查和征收排污费；

（5）组织调解与处理核电厂污染引起的民事纠纷；

（6）参与核电厂事故的场外应急响应工作以及环境污染清理监督工作；

（7）报告核电厂的环境管理情况；

（8）定期发布核电厂放射性流出物排放的公报。

第四条　省人民政府其他有关部门，应按各自的职责，协同省环保部门做好核电厂环境保护管理工作。省环保部门根据需要可委托核电厂所在地或相邻市的市环境保护行政主管部门，履行第三条规定的部分职责。

第五条　省环保部门委托省环境辐射研究监测中心负责对核电厂周围环境的放射性本底调查；对核电厂的环境状况、放射性流出物进行监督性监测；对放射性流出物处理设施及处理方法实施监督和检查。

第六条　省环保部门及被委托的环保部部门的监督管理人员，对核电厂进行现场检查时，应出示省环保部门颁发的检查证件，并为核电厂保守技术秘密和业务秘密。

第七条　核电厂应执行国家、省的环境保护法规、政策；建立环境保护责任制度；采取有效措施，减少污染物和防止污染物对环境的污染和危害；申请排污许可证；缴纳排污费；按省规定的年排放量目标管理值排放放射性流出物；对污染造成的损害承担法律责任。

第八条　新建、改建、扩建和退役的核电厂及其相关的放射性项目，必须执行环境影响报告书（表）审批制度。核电厂的环境影响报告书在报国家环境保护行政主管部门审批的同时应抄报省环保部门备案。

第九条　核电厂反应堆达到临界前两个月，须向省环保部门报告排放污染物的种类、总量、浓度、线路、储存放射性流出物的方式和放射性流出物处理处置设施等情况。

核电厂营运后，确需改变污染物的排放线路、储存方式、处理处置设施的，应报经省环保部门审查批准。

第十条　核电厂应根据环保部门现场检查的需要，提供下列情况和资料：

（一）放射性流出物的产生、排放、处理处置情况；

（二）放射性流出物处理设施的运行、管理情况；

（三）监测仪器、设备的型号和规格以及校验情况；

（四）采用的监测分析方法和监测记录；

（五）污染事故情况及有关记录；

（六）其他与环境保护有关的情况和资料。

第十一条 核电厂实行排放污染物报告制度，报告分为月报表、年报告和事故报告。

月报表在下月的 10 日前报出。月报表由国家环境保护行政主管部门制定，核电厂按月报表规定的内容填报。

年报告在翌年的 3 月底前报出。报告内容：全年环保工作情况；放射性流出物的处理处置情况；厂区环境质量状况及其对周围环境、居民的影响评估；污染事故情况等。

事故报告实时实报。反应堆出现事故应急情况，按应急程序上报处理。核事故应急工作按国家和省的有关规定执行。

第十二条 核电厂气载流出物中的惰性气体监测数据应实时地传送至省环境辐射研究监测中心。

第十三条 核电厂应建立两套平行的气载和液体放射性流出物的采样设备，其中一套供环境保护监测部门采样使用。

第十四条 核电厂排放污染物超过年排放量目标管理值的，按污染事故处理。

第十五条 核电厂的放射性气体应通过专门烟囱排放，禁止经别的通道排放。

每个专门排放烟囱内放射性活度浓度的报警阈为 4 兆贝可 / 立方米，烟气流量不小于 50 立方米 / 秒。

含氢废气在排放前要在储存罐内最少储存 45 天。

储存罐和反应堆厂房空气放空前，要测量总 β 放射性和分析其成分，符合所规定的排放条件才能排放。

由核电厂整体排放的放射性核素所造成的周平均放射性强度，在厂区边界的大气监测点上：惰性气体最高允许浓度 500 贝可 / 立方米，气溶胶和卤素最高允许浓度 100 毫贝可 / 立方米。

第十六条 核电厂所有放射性废液实行楷式排放，排放前，必须经储存罐储存、检测、处理。

核电厂废液储存罐的废液排放对稀释倍数不小于 500，排放水渠的流量不小于 20 立方米 / 秒。每年要定期检查储存罐及排放管道。

核电厂废液排放所增加的放射性，在排放架内充分稀释后，每日平均最大值：

放射性核素（不包括氚、钾–40），8 贝可 / 升；

氚，800 贝可 / 升。

第十七条　核电厂产生的高、中、低放射性固体废物，必须送永久处置场处置。在厂内暂存期间，必须设有专门场所，确保暂存的废物可以安全回取。

第十八条　核电厂按实际排入环境的放射性总量缴纳排污费；超过年排放量目标管理值部分加倍缴纳排污费。

排放其他污染物，按国家和省的有关规定缴纳排污费。

排污费按季度由省环保部门征收。排污费的征收、管理和使用按国家和省的有关规定执行。具体实施办法由省环保部门会同省物价、财政部门制定。

第十九条　核电厂应定期向所在地人民政府、环境保护行政主管部门报告核电厂污染物排放的情况，并通过宣传媒介向公众普及辐射防护知识。

第二十条　违反本规定者，由省环保部门按下列规定处罚：

（一）违反第九条，第十条、第十一条、第十六条、第十七条、第十八条规定的，按法律、行政法规的规定进行处理；

（二）违反第十五条规定的，责令其改正，处以 10 000 元罚款；

（三）由于核电厂的原因，使废物处理设施不正常运行或者擅自拆除、闲置污染物处理设施的，责令恢复正常运行或限期重新安装使用，按《中华人民共和国防治陆源污染物污染损害海洋环境管理条例》第二十六条第（一）项规定处以 30 000 元以上 50 000 元以下的罚款。

省环保部门或者受其委托的环保部门收到罚款金额后，向被罚款者开具省财政部门统一印制的罚款收据。罚款收入按规定全额上缴省财政。

第二十一条 当事人对行政处罚不服的，可以在收到处罚通知书之日起 15 日内，向作出处罚决定的机关的上一级机关申请复议，也可以直接向人民法院起诉，期满不起诉又不履行的，由作出处罚决定的机关申请人民法院强制执行。

第二十二条 造成放射性污染，核电厂应排除危害，并对直接受到损害的单位或个人赔偿损失。违反本规定，造成重大环境污染事故，构成犯罪的，由司法机关对直接责任人员依法追究刑事责任。

第二十三条 环境保护监督管理人员滥用职权、玩忽职守。徇私舞弊的，由其所在单位或者上级主管机关给予行政处分；构成犯罪的，由司法机关依法追究刑事责任。

第二十四条 本规定从 1996 年 10 月 1 日起施行。

D.《核电厂核事故应急管理条例》

第一章 总 则

第一条 为了加强核电厂核事故应急管理工作，控制和减少核事故危害，制定本条例。

第二条 本条例适用于可能或者已经引起放射性物质释放、造成重大辐射后果的核电厂核事故（以下简称核事故）应急管理工作。

第三条 核事故应急管理工作实行常备不懈，积极兼容，统一指挥，大力协同，保护公众，保护环境的方针。

第二章 应急机构及其职责

第四条 全国的核事故应急管理工作由国务院指定的部门负责，其主要职责是：

（一）拟定国家核事故应急工作政策；

（二）统一协调国务院有关部门、军队和地方人民政府的核事故应急工作；

（三）组织制定和实施国家核事故应急计划，审查批准场外核事故应急计划；

（四）适时批准进入和终止场外应急状态；

（五）提出实施核事故应急响应行动的建议；

（六）审查批准核事故公报、国际通报，提出请求国际援助的方案。

必要时，由国务院领导、组织、协调全国的核事故应急管理工作。

第五条　核电厂所在地的省、自治区、直辖市人民政府指定的部门负责本行政区域内的核事故应急管理工作，其主要职责是：

（一）执行国家核事故应急工作的法规和政策；

（二）组织制定场外核事故应急计划，做好核事故应急准备工作；

（三）统一指挥场外核事故应急响应行动；

（四）组织支援核事故应急响应行动；

（五）及时向相邻的省、自治区、直辖市通报核事故情况。

必要时，由省、自治区、直辖市人民政府领导、组织、协调本行政区域内的核事故应急管理工作。

第六条　核电厂的核事故应急机构的主要职责是：

（一）执行国家核事故应急工作的法规和政策；

（二）制定场内核事故应急计划，做好核事故应急准备工作；

（三）确定核事故应急状态等级，统一指挥本单位的核事故应急响应行动；

（四）及时向上级主管部门、国务院核安全部门和省级人民政府指定的部门报告事故情况，提出进入场外应急状态和采取应急防护措施的建议；

（五）协助和配合省级人民政府指定的部门做好核事故应急管理工作。

第七条　核电厂的上级主管部门领导核电厂的核事故应急工作。

国务院核安全部门、环境保护部门和卫生部门等有关部门在各自的职责范围内做好相应的核事故应急工作。

第八条　中国人民解放军作为核事故应急工作的重要力量，应当在核事故应急响应中实施有效的支援。

第三章 应急准备

第九条 针对核电厂可能发生的核事故，核电厂的核事故应急机构、省级人民政府指定的部门和国务院指定的部门应当预先制定核事故应急计划。

核事故应急计划包括场内核事故应急计划、场外核事故应急计划和国家核事故应急计划。各级核事故应急计划应当相互衔接、协调一致。

第十条 场内核事故应急计划由核电厂核事故应急机构制定，经其主管部门审查后，送国务院核安全部门审评并报国务院指定的部门备案。

第十一条 场外核事故应急计划由核电厂所在地的省级人民政府指定的部门组织制定，报国务院指定的部门审查批准。

第十二条 国家核事故应急计划由国务院指定的部门组织制定。

国务院有关部门和中国人民解放军总部应当根据国家核事故应急计划，制定相应的核事故应急方案，报国务院指定的部门备案。

第十三条 场内核事故应急计划、场外核事故应急计划应当包括下列内容：

（一）核事故应急工作的基本任务；

（二）核事故应急响应组织及其职责；

（三）烟羽应急计划区和食入应急计划区的范围；

（四）干预水平和导出干预水平；

（五）核事故应急准备和应急响应的详细方案；

（六）应急设施、设备、器材和其他物资；

（七）核电厂核事故应急机构同省级人民政府指定的部门之间以及同其他有关方面相互配合、支援的事项及措施。

第十四条 有关部门在进行核电厂选址和设计工作时，应当考虑核事故应急工作的要求。

新建的核电厂必须在其场内和场外核事故应急计划审查批准后，方可装料。

第十五条　国务院指定的部门、省级人民政府指定的部门和核电厂的核事故应急机构应当具有必要的应急设施、设备和相互之间快速可靠的通讯联络系统。

核电厂的核事故应急机构和省级人民政府指定的部门应当具有辐射监测系统、防护器材、药械和其他物资。

用于核事故应急工作的设施、设备和通讯联络系统、辐射监测系统以及防护器材、药械等，应当处于良好状态。

第十六条　核电厂应当对职工进行核安全、辐射防护和核事故应急知识的专门教育。

省级人民政府指定的部门应当在核电厂的协助下对附近的公众进行核安全、辐射防护和核事故应急知识的普及教育。

第十七条　核电厂的核事故应急机构和省级人民政府指定的部门应当对核事故应急工作人员进行培训。

第十八条　核电厂的核事故应急机构和省级人民政府指定的部门应当适时组织不同专业和不同规模的核事故应急演习。

在核电厂首次装料前，核电厂的核事故应急机构和省级人民政府指定的部门应当组织场内、场外核事故应急演习。

第四章　应急对策和应急防护措施

第十九条　核事故应急状态分为下列四级：

（一）应急待命。出现可能导致危及核电厂核安全的某些特定情况或者外部事件，核电厂有关人员进入戒备状态。

（二）厂房应急。事故后果仅限于核电厂的局部区域，核电厂人员按照场内核事故应急计划的要求采取核事故应急响应行动，通知厂外有关核事故应急响应组织。

（三）场区应急。事故后果蔓延至整个场区，场区内的人员采取核事故应急响应行动，通知省级人民政府指定的部门，某些厂外核事故应急响应组织可能采取核事故应急响应行动。

（四）场外应急。事故后果超越场区边界，实施场内和场外核事故应急计划。

第二十条 当核电厂进入应急待命状态时，核电厂核事故应急机构应当及时向核电厂的上级主管部门和国务院核安全部门报告情况，并视情况决定是否向省级人民政府指定的部门报告。当出现可能或者已经有放射性物质释放的情况时，应当根据情况，及时决定进入厂房应急或者场区应急状态，并迅速向核电厂的上级主管部门、国务院核安全部门和省级人民政府指定的部门报告情况；在放射性物质可能或者已经扩散到核电厂场区以外时，应当迅速向省级人民政府指定的部门提出进入场外应急状态并采取应急防护措施的建议。

省级人民政府指定的部门接到核电厂核事故应急机构的事故情况报告后，应当迅速采取相应的核事故应急对策和应急防护措施，并及时向国务院指定的部门报告情况。需要决定进入场外应急状态时，应当经国务院指定的部门批准；在特殊情况下，省级人民政府指定的部门可以先行决定进入场外应急状态，但是应当立即向国务院指定的部门报告。

第二十一条 核电厂的核事故应急机构和省级人民政府指定的部门应当做好核事故后果预测与评价以及环境放射性监测等工作，为采取核事故应急对策和应急防护措施提供依据。

第二十二条 省级人民政府指定的部门应当适时选用隐蔽、服用稳定性碘制剂、控制通道、控制食物和水源、撤离、迁移、对受影响的区域去污等应急防护措施。

第二十三条 省级人民政府指定的部门在核事故应急响应过程中应当将必要的信息及时地告知当地公众。

第二十四条 在核事故现场，各核事故应急响应组织应当实行有效的剂量监督。现场核事故应急响应人员和其他人员都应当在辐射防护人员的监督和指导下活动，尽量防止接受过大剂量的照射。

第二十五条 核电厂的核事故应急机构和省级人民政府指定的部门应当做好核事故现场接受照射人员的救护、洗消、转运和医学处置工作。

第二十六条 在核事故应急进入场外应急状态时，国务院指定的部门应当及时派出人员赶赴现场，指导核事故应急响应行动，必要时提出派出救援力量的建议。

第二十七条　因核事故应急响应需要，可以实行地区封锁。省、自治区、直辖市行政区域内的地区封锁，由省、自治区、直辖市人民政府决定；跨省、自治区、直辖市的地区封锁，以及导致中断干线交通或者封锁国境的地区封锁，由国务院决定。地区封锁的解除，由原决定机关宣布。

第二十八条　有关核事故的新闻由国务院授权的单位统一发布。

第五章　应急状态的终止和恢复措施

第二十九条　场外应急状态的终止由省级人民政府指定的部门会同核电厂核事故应急机构提出建议，报国务院指定的部门批准，由省级人民政府指定的部门发布。

第三十条　省级人民政府指定的部门应当根据受影响地区的放射性水平，采取有效的恢复措施。

第三十一条　核事故应急状态终止后，核电厂核事故应急机构应当向国务院指定的部门、核电厂的上级主管部门、国务院核安全部门和省级人民政府指定的部门提交详细的事故报告；省级人民政府指定的部门应当向国务院指定的部门提交场外核事故应急工作的总结报告。

第三十二条　核事故使核安全重要物项的安全性能达不到国家标准时，核电厂的重新起动计划应当按照国家有关规定审查批准。

第六章　资金和物资保障

第三十三条　国务院有关部门、军队、地方各级人民政府和核电厂在核事故应急准备工作中应当充分利用现有组织机构、人员、设施和设备等，努力提高核事故应急准备资金和物资的使用效益，并使核事故应急准备工作与地方和核电厂的发展规划相结合。各有关单位应当提供支援。

第三十四条　场内核事故应急准备资金由核电厂承担，列入核电厂工程项目投资概算和运行成本。

场外核事故应急准备资金由核电厂和地方人民政府共同承担，资金数额由国务院指定的部门会同有关部门审定。核电厂承担的资金，在投产前根据核电厂容量、在投产后根据实际发电量确定一定的比例交纳，由国务院计划部门综合平衡后用于地方场外核事故应急准备工作；其余部分由地方人民政府解决。具体办法由国务院指定的部门会同国务院计划部门和国务院财政部门规定。

国务院有关部门和军队所需的核事故应急准备资金，根据各自在核事故应急工作中的职责和任务，充分利用现有条件进行安排，不足部分按照各自的计划和资金渠道上报。

第三十五条 国家的和地方的物资供应部门及其他有关部门应当保证供给核事故应急所需的设备、器材和其他物资。

第三十六条 因核电厂核事故应急响应需要，执行核事故应急响应行动的行政机关有权征用非用于核事故应急响应的设备、器材和其他物资。

对征用的设备、器材和其他物资，应当予以登记并在使用后及时归还；造成损坏的，由征用单位补偿。

第七章 奖励与处罚

第三十七条 在核事故应急工作中有下列事迹之一的单位和个人，由主管部门或者所在单位给予表彰或者奖励：

（一）完成核事故应急响应任务的；

（二）保护公众安全和国家的、集体的和公民的财产，成绩显著的；

（三）对核事故应急准备与响应提出重大建议，实施效果显著的；

（四）辐射、气象预报和测报准确及时，从而减轻损失的；

（五）有其他特殊贡献的。

第三十八条 有下列行为之一的，对有关责任人员视情节和危害后果，由其所在单位或者上级机关给予行政处分；属于违反治安管理行为的，由公安机关依照治安管理处罚条例的规定予以处罚；构成犯罪的，由司法机关依法追究刑事责任：

（一）不按照规定制定核事故应急计划，拒绝承担核事故应急准备义务的；

（二）玩忽职守，引起核事故发生的；

（三）不按照规定报告、通报核事故真实情况的；

（四）拒不执行核事故应急计划，不服从命令和指挥，或者在核事故应急响应时临阵脱逃的；

（五）盗窃、挪用、贪污核事故应急工作所用资金或者物资的；

（六）阻碍核事故应急工作人员依法执行职务或者进行破坏活动的；

（七）散布谣言，扰乱社会秩序的；

（八）有其他对核事故应急工作造成危害的行为的。

第八章　附　则

第三十九条　本条例中下列用语的含义：

（一）核事故应急，是指为了控制或者缓解核事故、减轻核事故后果而采取的不同于正常秩序和正常工作程序的紧急行动。

（二）场区，是指由核电厂管理的区域。

（三）应急计划区，是指在核电厂周围建立的，制定有核事故应急计划、并预计采取核事故应急对策和应急防护措施的区域。

（四）烟羽应急计划区，是指针对放射性烟云引起的照射而建立的应急计划区。

（五）食入应急计划区，是指针对食入放射性污染的水或者食物引起照射而建立的应急计划区。

（六）干预水平，是指预先规定的用于在异常状态下确定需要对公众采取应急防护措施的剂量水平。

（七）导出干预水平，是指由干预水平推导得出的放射性物质在环境介质中的浓度或者水平。

（八）应急防护措施，是指在核事故情况下用于控制工作人员和公众所接受的剂量而采取的保护措施。

（九）核安全重要物项，是指对核电厂安全有重要意义的建筑物、构筑物、系统、部件和设施等。

第四十条　除核电厂外，其他核设施的核事故应急管理，可以根据具体情况，参照本条例的有关规定执行。

第四十一条　对可能或者已经造成放射性物质释放超越国界的核事故应急，除执行本条例的规定外，并应当执行中华人民共和国缔结或者参加的国际条约的规定，但是中华人民共和国声明保留的条款除外。

第四十二条　本条例自发布之日起施行。

E.《中华人民共和国放射性污染防治法》

第一章　总　　则

第一条　为了防治放射性污染，保护环境，保障人体健康，促进核能、核技术的开发与和平利用，制定本法。

第二条　本法适用于中华人民共和国领域和管辖的其他海域在核设施选址、建造、运行、退役和核技术、铀（钍）矿、伴生放射性矿开发利用过程中发生的放射性污染的防治活动。

第三条　国家对放射性污染的防治，实行预防为主、防治结合、严格管理、安全第一的方针。

第四条　国家鼓励、支持放射性污染防治的科学研究和技术开发利用，推广先进的放射性污染防治技术。

国家支持开展放射性污染防治的国际交流与合作。

第五条　县级以上人民政府应当将放射性污染防治工作纳入环境保护规划。

县级以上人民政府应当组织开展有针对性的放射性污染防治宣传教育，使公众了解放射性污染防治的有关情况和科学知识。

第六条　任何单位和个人有权对造成放射性污染的行为提出检举和控告。

第七条　在放射性污染防治工作中作出显著成绩的单位和个人，由县级以上人民政府给予奖励。

第八条　国务院环境保护行政主管部门对全国放射性污染防治工作依法实施统一监督管理。

国务院卫生行政部门和其他有关部门依据国务院规定的职责，对有关的放射性污染防治工作依法实施监督管理。

第二章　放射性污染防治的监督管理

第九条　国家放射性污染防治标准由国务院环境保护行政主管部门根据环境安全要求、国家经济技术条件制定。国家放射性污染防治标准由国务院环境保护行政主管部门和国务院标准化行政主管部门联合发布。

第十条　国家建立放射性污染监测制度。国务院环境保护行政主管部门会同国务院其他有关部门组织环境监测网络，对放射性污染实施监测管理。

第十一条　国务院环境保护行政主管部门和国务院其他有关部门，按照职责分工，各负其责，互通信息，密切配合，对核设施、铀（钍）矿开发利用中的放射性污染防治进行监督检查。

县级以上地方人民政府环境保护行政主管部门和同级其他有关部门，按照职责分工，各负其责，互通信息，密切配合，对本行政区域内核技术利用、伴生放射性矿开发利用中的放射性污染防治进行监督检查。

监督检查人员进行现场检查时，应当出示证件。被检查的单位必须如实反映情况，提供必要的资料。监督检查人员应当为被检查单位保守技术秘密和业务秘密。对涉及国家秘密的单位和部位进行检查时，应当遵守国家有关保守国家秘密的规定，依法办理有关审批手续。

第十二条　核设施营运单位、核技术利用单位、铀（钍）矿和伴生放射性矿开发利用单位，负责本单位放射性污染的防治，接受环境保护行政主管部门和其他有关部门的监督管理，并依法对其造成的放射性污染承担责任。

第十三条　核设施营运单位、核技术利用单位、铀（钍）矿和伴生放射性矿开发利用单位，必须采取安全与防护措施，预防发生可能导致放射性污染的各类事故，避免放射性污染危害。

核设施营运单位、核技术利用单位、铀（钍）矿和伴生放射性矿开发利用单位，应当对其工作人员进行放射性安全教育、培训，采取有效的防护安全措施。

第十四条 国家对从事放射性污染防治的专业人员实行资格管理制度；对从事放射性污染监测工作的机构实行资质管理制度。

第十五条 运输放射性物质和含放射源的射线装置，应当采取有效措施，防止放射性污染。具体办法由国务院规定。

第十六条 放射性物质和射线装置应当设置明显的放射性标识和中文警示说明。生产、销售、使用、贮存、处置放射性物质和射线装置的场所，以及运输放射性物质和含放射源的射线装置的工具，应当设置明显的放射性标志。

第十七条 含有放射性物质的产品，应当符合国家放射性污染防治标准；不符合国家放射性污染防治标准的，不得出厂和销售。

使用伴生放射性矿渣和含有天然放射性物质的石材做建筑和装修材料，应当符合国家建筑材料放射性核素控制标准。

第三章　核设施的放射性污染防治

第十八条 核设施选址，应当进行科学论证，并按照国家有关规定办理审批手续。在办理核设施选址审批手续前，应当编制环境影响报告书，报国务院环境保护行政主管部门审查批准；未经批准，有关部门不得办理核设施选址批准文件。

第十九条 核设施营运单位在进行核设施建造、装料、运行、退役等活动前，必须按照国务院有关核设施安全监督管理的规定，申请领取核设施建造、运行许可证和办理装料、退役等审批手续。

核设施营运单位领取有关许可证或者批准文件后，方可进行相应的建造、装料、运行、退役等活动。

第二十条 核设施营运单位应当在申请领取核设施建造、运行许可证和办理退役审批手续前编制环境影响报告书，报国务院环境保护行政主管部门审查批准；未经批准，有关部门不得颁发许可证和办理批准文件。

第二十一条 与核设施相配套的放射性污染防治设施，应当与主体工程同时设计、同时施工、同时投入使用。

放射性污染防治设施应当与主体工程同时验收；验收合格的，主体工程方可投入生产或者使用。

第二十二条 进口核设施，应当符合国家放射性污染防治标准；没有相应的国家放射性污染防治标准的，采用国务院环境保护行政主管部门指定的国外有关标准。

第二十三条 核动力厂等重要核设施外围地区应当划定规划限制区。规划限制区的划定和管理办法，由国务院规定。

第二十四条 核设施营运单位应当对核设施周围环境中所含的放射性核素的种类、浓度以及核设施流出物中的放射性核素总量实施监测，并定期向国务院环境保护行政主管部门和所在地省、自治区、直辖市人民政府环境保护行政主管部门报告监测结果。

国务院环境保护行政主管部门负责对核动力厂等重要核设施实施监督性监测，并根据需要对其他核设施的流出物实施监测。监督性监测系统的建设、运行和维护费用由财政预算安排。

第二十五条 核设施营运单位应当建立健全安全保卫制度，加强安全保卫工作，并接受公安部门的监督指导。

核设施营运单位应当按照核设施的规模和性质制定核事故场内应急计划，做好应急准备。

出现核事故应急状态时，核设施营运单位必须立即采取有效的应急措施控制事故，并向核设施主管部门和环境保护行政主管部门、卫生行政部门、公安部门以及其他有关部门报告。

第二十六条 国家建立健全核事故应急制度。

核设施主管部门、环境保护行政主管部门、卫生行政部门、公安部门以及其他有关部门，在本级人民政府的组织领导下，按照各自的职责依法做好核事故应急工作。

中国人民解放军和中国人民武装警察部队按照国务院、中央军事委员会的有关规定在核事故应急中实施有效的支援。

第二十七条 核设施营运单位应当制定核设施退役计划。

核设施的退役费用和放射性废物处置费用应当预提，列入投资概算或者生产成本。核设施的退役费用和放射性废物处置费用的提取和管理办法，由国务院财政部门、价格主管部门会同国务院环境保护行政主管部门、核设施主管部门规定。

第四章　核技术利用的放射性污染防治

第二十八条　生产、销售、使用放射性同位素和射线装置的单位，应当按照国务院有关放射性同位素与射线装置放射防护的规定申请领取许可证，办理登记手续。

转让、进口放射性同位素和射线装置的单位以及装备有放射性同位素的仪表的单位，应当按照国务院有关放射性同位素与射线装置放射防护的规定办理有关手续。

第二十九条　生产、销售、使用放射性同位素和加速器、中子发生器以及含放射源的射线装置的单位，应当在申请领取许可证前编制环境影响评价文件，报省、自治区、直辖市人民政府环境保护行政主管部门审查批准；未经批准，有关部门不得颁发许可证。

国家建立放射性同位素备案制度。具体办法由国务院规定。

第三十条　新建、改建、扩建放射工作场所的放射防护设施，应当与主体工程同时设计、同时施工、同时投入使用。

放射防护设施应当与主体工程同时验收；验收合格的，主体工程方可投入生产或者使用。

第三十一条　放射性同位素应当单独存放，不得与易燃、易爆、腐蚀性物品等一起存放，其贮存场所应当采取有效的防火、防盗、防射线泄漏的安全防护措施，并指定专人负责保管。贮存、领取、使用、归还放射性同位素时，应当进行登记、检查，做到账物相符。

第三十二条　生产、使用放射性同位素和射线装置的单位，应当按照国务院环境保护行政主管部门的规定对其产生的放射性废物进行收集、包装、贮存。

生产放射源的单位，应当按照国务院环境保护行政主管部门的规定回收和利用废旧放射源；使用放射源的单位，应当按照国务院环境保护行政主管部门的规定将废旧放射源交回生产放射源的单位或者送交专门从事放射性固体废物贮存、处置的单位。

第三十三条　生产、销售、使用、贮存放射源的单位，应当建立健全安全保卫制度，指定专人负责，落实安全责任制，制定必要的事故应急措施。发生放射源丢失、被盗和放射性污染事故时，有关单位和个人必须立即采取应急措施，并向公安部门、卫生行政部门和环境保护行政主管部门报告。

公安部门、卫生行政部门和环境保护行政主管部门接到放射源丢失、被盗和放射性污染事故报告后，应当报告本级人民政府，并按照各自的职责立即组织采取有效措施，防止放射性污染蔓延，减少事故损失。当地人民政府应当及时将有关情况告知公众，并做好事故的调查、处理工作。

第五章　铀（钍）矿和伴生放射性矿开发利用的放射性污染防治

第三十四条　开发利用或者关闭铀（钍）矿的单位，应当在申请领取采矿许可证或者办理退役审批手续前编制环境影响报告书，报国务院环境保护行政主管部门审查批准。

开发利用伴生放射性矿的单位，应当在申请领取采矿许可证前编制环境影响报告书，报省级以上人民政府环境保护行政主管部门审查批准。

第三十五条　与铀（钍）矿和伴生放射性矿开发利用建设项目相配套的放射性污染防治设施，应当与主体工程同时设计、同时施工、同时投入使用。

放射性污染防治设施应当与主体工程同时验收；验收合格的，主体工程方可投入生产或者使用。

第三十六条　铀（钍）矿开发利用单位应当对铀（钍）矿的流出物和周围的环境实施监测，并定期向国务院环境保护行政主管部门和所在地省、自治区、直辖市人民政府环境保护行政主管部门报告监测结果。

第三十七条　对铀（钍）矿和伴生放射性矿开发利用过程中产生的尾

矿，应当建造尾矿库进行贮存、处置；建造的尾矿库应当符合放射性污染防治的要求。

第三十八条 铀（钍）矿开发利用单位应当制定铀（钍）矿退役计划。铀矿退役费用由国家财政预算安排。

第六章 放射性废物管理

第三十九条 核设施营运单位、核技术利用单位、铀（钍）矿和伴生放射性矿开发利用单位，应当合理选择和利用原材料，采用先进的生产工艺和设备，尽量减少放射性废物的产生量。

第四十条 向环境排放放射性废气、废液，必须符合国家放射性污染防治标准。

第四十一条 产生放射性废气、废液的单位向环境排放符合国家放射性污染防治标准的放射性废气、废液，应当向审批环境影响评价文件的环境保护行政主管部门申请放射性核素排放量，并定期报告排放计量结果。

第四十二条 产生放射性废液的单位，必须按照国家放射性污染防治标准的要求，对不得向环境排放的放射性废液进行处理或者贮存。

产生放射性废液的单位，向环境排放符合国家放射性污染防治标准的放射性废液，必须采用符合国务院环境保护行政主管部门规定的排放方式。

禁止利用渗井、渗坑、天然裂隙、溶洞或者国家禁止的其他方式排放放射性废液。

第四十三条 低、中水平放射性固体废物在符合国家规定的区域实行近地表处置。

高水平放射性固体废物实行集中的深地质处置。

α 放射性固体废物依照前款规定处置。

禁止在内河水域和海洋上处置放射性固体废物。

第四十四条 国务院核设施主管部门会同国务院环境保护行政主管部门根据地质条件和放射性固体废物处置的需要，在环境影响评价的基础上编制放射性固体废物处置场所选址规划，报国务院批准后实施。

有关地方人民政府应当根据放射性固体废物处置场所选址规划，提供放射性固体废物处置场所的建设用地，并采取有效措施支持放射性固体废物的处置。

第四十五条 产生放射性固体废物的单位，应当按照国务院环境保护行政主管部门的规定，对其产生的放射性固体废物进行处理后，送交放射性固体废物处置单位处置，并承担处置费用。

放射性固体废物处置费用收取和使用管理办法，由国务院财政部门、价格主管部门会同国务院环境保护行政主管部门规定。

第四十六条 设立专门从事放射性固体废物贮存、处置的单位，必须经国务院环境保护行政主管部门审查批准，取得许可证。具体办法由国务院规定。

禁止未经许可或者不按照许可的有关规定从事贮存和处置放射性固体废物的活动。

禁止将放射性固体废物提供或者委托给无许可证的单位贮存和处置。

第四十七条 禁止将放射性废物和被放射性污染的物品输入中华人民共和国境内或者经中华人民共和国境内转移。

第七章 法律责任

第四十八条 放射性污染防治监督管理人员违反法律规定，利用职务上的便利收受他人财物、谋取其他利益，或者玩忽职守，有下列行为之一的，依法给予行政处分；构成犯罪的，依法追究刑事责任：

（一）对不符合法定条件的单位颁发许可证和办理批准文件的；

（二）不依法履行监督管理职责的；

（三）发现违法行为不予查处的。

第四十九条 违反本法规定，有下列行为之一的，由县级以上人民政府环境保护行政主管部门或者其他有关部门依据职权责令限期改正，可以处二万元以下罚款：

（一）不按照规定报告有关环境监测结果的；

（二）拒绝环境保护行政主管部门和其他有关部门进行现场检查，或者被检查时不如实反映情况和提供必要资料的。

第五十条　违反本法规定，未编制环境影响评价文件，或者环境影响评价文件未经环境保护行政主管部门批准，擅自进行建造、运行、生产和使用等活动的，由审批环境影响评价文件的环境保护行政主管部门责令停止违法行为，限期补办手续或者恢复原状，并处一万元以上二十万元以下罚款。

第五十一条　违反本法规定，未建造放射性污染防治设施、放射防护设施，或者防治防护设施未经验收合格，主体工程即投入生产或者使用的，由审批环境影响评价文件的环境保护行政主管部门责令停止违法行为，限期改正，并处五万元以上二十万元以下罚款。

第五十二条　违反本法规定，未经许可或者批准，核设施营运单位擅自进行核设施的建造、装料、运行、退役等活动的，由国务院环境保护行政主管部门责令停止违法行为，限期改正，并处二十万元以上五十万元以下罚款；构成犯罪的，依法追究刑事责任。

第五十三条　违反本法规定，生产、销售、使用、转让、进口、贮存放射性同位素和射线装置以及装备有放射性同位素的仪表的，由县级以上人民政府环境保护行政主管部门或者其他有关部门依据职权责令停止违法行为，限期改正，逾期不改正的，责令停产停业或者吊销许可证；有违法所得的，没收违法所得；违法所得十万元以上的，并处违法所得一倍以上五倍以下罚款；没有违法所得或者违法所得不足十万元的，并处一万元以上十万元以下罚款；构成犯罪的，依法追究刑事责任。

第五十四条　违反本法规定，有下列行为之一的，由县级以上人民政府环境保护行政主管部门责令停止违法行为，限期改正，处以罚款；构成犯罪的，依法追究刑事责任：

（一）未建造尾矿库或者不按照放射性污染防治的要求建造尾矿库，贮存、处置铀（钍）矿和伴生放射性矿的尾矿的；

（二）向环境排放不得排放的放射性废气、废液的；

（三）不按照规定的方式排放放射性废液，利用渗井、渗坑、天然裂隙、溶洞或者国家禁止的其他方式排放放射性废液的；

（四）不按照规定处理或者贮存不得向环境排放的放射性废液的；

（五）将放射性固体废物提供或者委托给无许可证的单位贮存和处置的。

有前款第（一）项、第（二）项、第（三）项、第（五）项行为之一的，处十万元以上二十万元以下罚款；有前款第（四）项行为的，处一万元以上十万元以下罚款。

第五十五条　违反本法规定，有下列行为之一的，由县级以上人民政府环境保护行政主管部门或者其他有关部门依据职权责令限期改正；逾期不改正的，责令停产停业，并处二万元以上十万元以下罚款；构成犯罪的，依法追究刑事责任：

（一）不按照规定设置放射性标识、标志、中文警示说明的；

（二）不按照规定建立健全安全保卫制度和制定事故应急计划或者应急措施的；

（三）不按照规定报告放射源丢失、被盗情况或者放射性污染事故的。

第五十六条　产生放射性固体废物的单位，不按照本法第四十五条的规定对其产生的放射性固体废物进行处置的，由审批该单位立项环境影响评价文件的环境保护行政主管部门责令停止违法行为，限期改正；逾期不改正的，指定有处置能力的单位代为处置，所需费用由产生放射性固体废物的单位承担，可以并处二十万元以下罚款；构成犯罪的，依法追究刑事责任。

第五十七条　违反本法规定，有下列行为之一的，由省级以上人民政府环境保护行政主管部门责令停产停业或者吊销许可证；有违法所得的，没收违法所得；违法所得十万元以上的，并处违法所得一倍以上五倍以下罚款；没有违法所得或者违法所得不足十万元的，并处五万元以上十万元以下罚款；构成犯罪的，依法追究刑事责任：

（一）未经许可，擅自从事贮存和处置放射性固体废物活动的；

（二）不按照许可的有关规定从事贮存和处置放射性固体废物活动的。

第五十八条　向中华人民共和国境内输入放射性废物和被放射性污染的物品，或者经中华人民共和国境内转移放射性废物和被放射性污染的物品的，由海关责令退运该放射性废物和被放射性污染的物品，并处五十万元以上一百万元以下罚款；构成犯罪的，依法追究刑事责任。

第五十九条　因放射性污染造成他人损害的，应当依法承担民事责任。

第八章　附　则

第六十条　军用设施、装备的放射性污染防治，由国务院和军队的有关主管部门依照本法规定的原则和国务院、中央军事委员会规定的职责实施监督管理。

第六十一条　劳动者在职业活动中接触放射性物质造成的职业病的防治，依照《中华人民共和国职业病防治法》的规定执行。

第六十二条　本法中下列用语的含义：

（一）放射性污染，是指由于人类活动造成物料、人体、场所、环境介质表面或者内部出现超过国家标准的放射性物质或者射线。

（二）核设施，是指核动力厂（核电厂、核热电厂、核供汽供热厂等）和其他反应堆（研究堆、实验堆、临界装置等）；核燃料生产、加工、贮存和后处理设施；放射性废物的处理和处置设施等。

（三）核技术利用，是指密封放射源、非密封放射源和射线装置在医疗、工业、农业、地质调查、科学研究和教学等领域中的使用。

（四）放射性同位素，是指某种发生放射性衰变的元素中具有相同原子序数但质量不同的核素。

（五）放射源，是指除研究堆和动力堆核燃料循环范畴的材料以外，永久密封在容器中或者有严密包层并呈固态的放射性材料。

（六）射线装置，是指 X 线机、加速器、中子发生器以及含放射源的装置。

（七）伴生放射性矿，是指含有较高水平天然放射性核素浓度的非铀矿（如稀土矿和磷酸盐矿等）。

（八）放射性废物，是指含有放射性核素或者被放射性核素污染，其浓度或者比活度大于国家确定的清洁解控水平，预期不再使用的废弃物。

第六十三条 本法自 2003 年 10 月 1 日起施行。

F.《放射性同位素与射线装置安全和防护条例》

第一章 总 则

第一条 为了加强对放射性同位素、射线装置安全和防护的监督管理，促进放射性同位素、射线装置的安全应用，保障人体健康，保护环境，制定本条例。

第二条 在中华人民共和国境内生产、销售、使用放射性同位素和射线装置，以及转让、进出口放射性同位素的，应当遵守本条例。

本条例所称放射性同位素包括放射源和非密封放射性物质。

第三条 国务院环境保护主管部门对全国放射性同位素、射线装置的安全和防护工作实施统一监督管理。

国务院公安、卫生等部门按照职责分工和本条例的规定，对有关放射性同位素、射线装置的安全和防护工作实施监督管理。

县级以上地方人民政府环境保护主管部门和其他有关部门，按照职责分工和本条例的规定，对本行政区域内放射性同位素、射线装置的安全和防护工作实施监督管理。

第四条 国家对放射源和射线装置实行分类管理。根据放射源、射线装置对人体健康和环境的潜在危害程度，从高到低将放射源分为 I 类、II 类、III 类、IV 类、V 类，具体分类办法由国务院环境保护主管部门制定；将射线装置分为 I 类、II 类、III 类，具体分类办法由国务院环境保护主管部门商国务院卫生主管部门制定。

第二章 许可和备案

第五条 生产、销售、使用放射性同位素和射线装置的单位，应当依照本章规定取得许可证。

第六条 生产放射性同位素、销售和使用 I 类放射源、销售和使用 I 类射线装置的单位的许可证，由国务院环境保护主管部门审批颁发。

前款规定之外的单位的许可证，由省、自治区、直辖市人民政府环境保护主管部门审批颁发。

国务院环境保护主管部门向生产放射性同位素的单位颁发许可证前，应当将申请材料印送其行业主管部门征求意见。

环境保护主管部门应当将审批颁发许可证的情况通报同级公安部门、卫生主管部门。

第七条 生产、销售、使用放射性同位素和射线装置的单位申请领取许可证，应当具备下列条件：

（一）有与所从事的生产、销售、使用活动规模相适应的，具备相应专业知识和防护知识及健康条件的专业技术人员；

（二）有符合国家环境保护标准、职业卫生标准和安全防护要求的场所、设施和设备；

（三）有专门的安全和防护管理机构或者专职、兼职安全和防护管理人员，并配备必要的防护用品和监测仪器；

（四）有健全的安全和防护管理规章制度、辐射事故应急措施；

（五）产生放射性废气、废液、固体废物的，具有确保放射性废气、废液、固体废物达标排放的处理能力或者可行的处理方案。

第八条 生产、销售、使用放射性同位素和射线装置的单位，应当事先向有审批权的环境保护主管部门提出许可申请，并提交符合本条例第七条规定条件的证明材料。

使用放射性同位素和射线装置进行放射诊疗的医疗卫生机构，还应当获得放射源诊疗技术和医用辐射机构许可。

第九条 环境保护主管部门应当自受理申请之日起 20 个工作日内完成审查，符合条件的，颁发许可证，并予以公告；不符合条件的，书面通知申请单位并说明理由。

第十条 许可证包括下列主要内容：

（一）单位的名称、地址、法定代表人；

（二）所从事活动的种类和范围；

（三）有效期限；

（四）发证日期和证书编号。

第十一条　持证单位变更单位名称、地址、法定代表人的，应当自变更登记之日起 20 日内，向原发证机关申请办理许可证变更手续。

第十二条　有下列情形之一的，持证单位应当按照原申请程序，重新申请领取许可证：

（一）改变所从事活动的种类或者范围的；

（二）新建或者改建、扩建生产、销售、使用设施或者场所的。

第十三条　许可证有效期为 5 年。有效期届满，需要延续的，持证单位应当于许可证有效期届满 30 日前，向原发证机关提出延续申请。原发证机关应当自受理延续申请之日起，在许可证有效期届满前完成审查，符合条件的，予以延续；不符合条件的，书面通知申请单位并说明理由。

第十四条　持证单位部分终止或者全部终止生产、销售、使用放射性同位素和射线装置活动的，应当向原发证机关提出部分变更或者注销许可证申请，由原发证机关核查合格后，予以变更或者注销许可证。

第十五条　禁止无许可证或者不按照许可证规定的种类和范围从事放射性同位素和射线装置的生产、销售、使用活动。

禁止伪造、变造、转让许可证。

第十六条　国务院对外贸易主管部门会同国务院环境保护主管部门、海关总署、国务院质量监督检验检疫部门和生产放射性同位素的单位的行业主管部门制定并公布限制进出口放射性同位素目录和禁止进出口放射性同位素目录。

进口列入限制进出口目录的放射性同位素，应当在国务院环境保护主管部门审查批准后，由国务院对外贸易主管部门依据国家对外贸易的有关规定签发进口许可证。进口限制进出口目录和禁止进出口目录之外的放射性同位素，依据国家对外贸易的有关规定办理进口手续。

第十七条 申请进口列入限制进出口目录的放射性同位素，应当符合下列要求：

（一）进口单位已经取得与所从事活动相符的许可证；

（二）进口单位具有进口放射性同位素使用期满后的处理方案，其中，进口Ⅰ类、Ⅱ类、Ⅲ类放射源的，应当具有原出口方负责回收的承诺文件；

（三）进口的放射源应当有明确标号和必要说明文件，其中，Ⅰ类、Ⅱ类、Ⅲ类放射源的标号应当刻制在放射源本体或者密封包壳体上，Ⅳ类、Ⅴ类放射源的标号应当记录在相应说明文件中；

（四）将进口的放射性同位素销售给其他单位使用的，还应当具有与使用单位签订的书面协议以及使用单位取得的许可证复印件。

第十八条 进口列入限制进出口目录的放射性同位素的单位，应当向国务院环境保护主管部门提出进口申请，并提交符合本条例第十七条规定要求的证明材料。

国务院环境保护主管部门应当自受理申请之日起10个工作日内完成审查，符合条件的，予以批准；不符合条件的，书面通知申请单位并说明理由。

海关验凭放射性同位素进口许可证办理有关进口手续。进口放射性同位素的包装材料依法需要实施检疫的，依照国家有关检疫法律、法规的规定执行。

对进口的放射源，国务院环境保护主管部门还应当同时确定与其标号相对应的放射源编码。

第十九条 申请转让放射性同位素，应当符合下列要求：

（一）转出、转入单位持有与所从事活动相符的许可证；

（二）转入单位具有放射性同位素使用期满后的处理方案；

（三）转让双方已经签订书面转让协议。

第二十条 转让放射性同位素，由转入单位向其所在地省、自治区、直辖市人民政府环境保护主管部门提出申请，并提交符合本条例第十九条规定要求的证明材料。

省、自治区、直辖市人民政府环境保护主管部门应当自受理申请之日起 15 个工作日内完成审查，符合条件的，予以批准；不符合条件的，书面通知申请单位并说明理由。

第二十一条　放射性同位素的转出、转入单位应当在转让活动完成之日起 20 日内，分别向其所在地省、自治区、直辖市人民政府环境保护主管部门备案。

第二十二条　生产放射性同位素的单位，应当建立放射性同位素产品台账，并按照国务院环境保护主管部门制定的编码规则，对生产的放射源统一编码。放射性同位素产品台账和放射源编码清单应当报国务院环境保护主管部门备案。

生产的放射源应当有明确标号和必要说明文件。其中，Ⅰ类、Ⅱ类、Ⅲ类放射源的标号应当刻制在放射源本体或者密封包壳体上，Ⅳ类、Ⅴ类放射源的标号应当记录在相应说明文件中。

国务院环境保护主管部门负责建立放射性同位素备案信息管理系统，与有关部门实行信息共享。

未列入产品台账的放射性同位素和未编码的放射源，不得出厂和销售。

第二十三条　持有放射源的单位将废旧放射源交回生产单位、返回原出口方或者送交放射性废物集中贮存单位贮存的，应当在该活动完成之日起 20 日内向其所在地省、自治区、直辖市人民政府环境保护主管部门备案。

第二十四条　本条例施行前生产和进口的放射性同位素，由放射性同位素持有单位在本条例施行之日起 6 个月内，到其所在地省、自治区、直辖市人民政府环境保护主管部门办理备案手续，省、自治区、直辖市人民政府环境保护主管部门应当对放射源进行统一编码。

第二十五条　使用放射性同位素的单位需要将放射性同位素转移到外省、自治区、直辖市使用的，应当持许可证复印件向使用地省、自治区、直辖市人民政府环境保护主管部门备案，并接受当地环境保护主管部门的监督管理。

第二十六条　出口列入限制进出口目录的放射性同位素，应当提供进口方可以合法持有放射性同位素的证明材料，并由国务院环境保护主管部门依照有关法律和我国缔结或者参加的国际条约、协定的规定，办理有关手续。

出口放射性同位素应当遵守国家对外贸易的有关规定。

第三章　安全和防护

第二十七条　生产、销售、使用放射性同位素和射线装置的单位，应当对本单位的放射性同位素、射线装置的安全和防护工作负责，并依法对其造成的放射性危害承担责任。

生产放射性同位素的单位的行业主管部门，应当加强对生产单位安全和防护工作的管理，并定期对其执行法律、法规和国家标准的情况进行监督检查。

第二十八条　生产、销售、使用放射性同位素和射线装置的单位，应当对直接从事生产、销售、使用活动的工作人员进行安全和防护知识教育培训，并进行考核；考核不合格的，不得上岗。

辐射安全关键岗位应当由注册核安全工程师担任。辐射安全关键岗位名录由国务院环境保护主管部门商国务院有关部门制定并公布。

第二十九条　生产、销售、使用放射性同位素和射线装置的单位，应当严格按照国家关于个人剂量监测和健康管理的规定，对直接从事生产、销售、使用活动的工作人员进行个人剂量监测和职业健康检查，建立个人剂量档案和职业健康监护档案。

第三十条　生产、销售、使用放射性同位素和射线装置的单位，应当对本单位的放射性同位素、射线装置的安全和防护状况进行年度评估。发现安全隐患的，应当立即进行整改。

第三十一条　生产、销售、使用放射性同位素和射线装置的单位需要终止的，应当事先对本单位的放射性同位素和放射性废物进行清理登记，作出妥善处理，不得留有安全隐患。生产、销售、使用放射性同位素和射线装置的单位发生变更的，由变更后的单位承担处理责任。变更前当事人对此另有约定的，从其约定；但是，约定中不得免除当事人的处理义务。

在本条例施行前已经终止的生产、销售、使用放射性同位素和射线装置的单位，其未安全处理的废旧放射源和放射性废物，由所在地省、自治区、直辖市人民政府环境保护主管部门提出处理方案，及时进行处理。所需经费由省级以上人民政府承担。

第三十二条　生产、进口放射源的单位销售 I 类、II 类、III 类放射源给其他单位使用的，应当与使用放射源的单位签订废旧放射源返回协议；使用放射源的单位应当按照废旧放射源返回协议规定将废旧放射源交回生产单位或者返回原出口方。确实无法交回生产单位或者返回原出口方的，送交有相应资质的放射性废物集中贮存单位贮存。

使用放射源的单位应当按照国务院环境保护主管部门的规定，将 IV 类、V 类废旧放射源进行包装整备后送交有相应资质的放射性废物集中贮存单位贮存。

第三十三条　使用 I 类、II 类、III 类放射源的场所和生产放射性同位素的场所，以及终结运行后产生放射性污染的射线装置，应当依法实施退役。

第三十四条　生产、销售、使用、贮存放射性同位素和射线装置的场所，应当按照国家有关规定设置明显的放射性标志，其入口处应当按照国家有关安全和防护标准的要求，设置安全和防护设施以及必要的防护安全联锁、报警装置或者工作信号。射线装置的生产调试和使用场所，应当具有防止误操作、防止工作人员和公众受到意外照射的安全措施。

放射性同位素的包装容器、含放射性同位素的设备和射线装置，应当设置明显的放射性标识和中文警示说明；放射源上能够设置放射性标识的，应当一并设置。运输放射性同位素和含放射源的射线装置的工具，应当按照国家有关规定设置明显的放射性标志或者显示危险信号。

第三十五条　放射性同位素应当单独存放，不得与易燃、易爆、腐蚀性物品等一起存放，并指定专人负责保管。贮存、领取、使用、归还放射性同位素时，应当进行登记、检查，做到账物相符。对放射性同位素贮存场所应当采取防火、防水、防盗、防丢失、防破坏、防射线泄漏的安全措施。

对放射源还应当根据其潜在危害的大小，建立相应的多层防护和安全措施，并对可移动的放射源定期进行盘存，确保其处于指定位置，具有可靠的安全保障。

第三十六条　在室外、野外使用放射性同位素和射线装置的，应当按照国家安全和防护标准的要求划出安全防护区域，设置明显的放射性标志，必要时设专人警戒。

在野外进行放射性同位素示踪试验的，应当经省级以上人民政府环境保护主管部门商同级有关部门批准方可进行。

第三十七条　辐射防护器材、含放射性同位素的设备和射线装置，以及含有放射性物质的产品和伴有产生 X 射线的电器产品，应当符合辐射防护要求。不合格的产品不得出厂和销售。

第三十八条　使用放射性同位素和射线装置进行放射诊疗的医疗卫生机构，应当依据国务院卫生主管部门有关规定和国家标准，制定与本单位从事的诊疗项目相适应的质量保证方案，遵守质量保证监测规范，按照医疗照射正当化和辐射防护最优化的原则，避免一切不必要的照射，并事先告知患者和受检者辐射对健康的潜在影响。

第三十九条　金属冶炼厂回收冶炼废旧金属时，应当采取必要的监测措施，防止放射性物质熔入产品中。监测中发现问题的，应当及时通知所在地设区的市级以上人民政府环境保护主管部门。

第四章　辐射事故应急处理

第四十条　根据辐射事故的性质、严重程度、可控性和影响范围等因素，从重到轻将辐射事故分为特别重大辐射事故、重大辐射事故、较大辐射事故和一般辐射事故四个等级。

特别重大辐射事故，是指 I 类、II 类放射源丢失、被盗、失控造成大范围严重辐射污染后果，或者放射性同位素和射线装置失控导致 3 人以上（含 3 人）急性死亡。

重大辐射事故，是指 I 类、II 类放射源丢失、被盗、失控，或者放射性同位素和射线装置失控导致 2 人以下（含 2 人）急性死亡或者 10 人以上（含 10 人）急性重度放射病、局部器官残疾。

较大辐射事故，是指 III 类放射源丢失、被盗、失控，或者放射性同位素和射线装置失控导致 9 人以下（含 9 人）急性重度放射病、局部器官残疾。

一般辐射事故，是指 IV 类、V 类放射源丢失、被盗、失控，或者放射性同位素和射线装置失控导致人员受到超过年剂量限值的照射。

第四十一条　县级以上人民政府环境保护主管部门应当会同同级公安、卫生、财政等部门编制辐射事故应急预案，报本级人民政府批准。辐射事故应急预案应当包括下列内容：

（一）应急机构和职责分工；

（二）应急人员的组织、培训以及应急和救助的装备、资金、物资准备；

（三）辐射事故分级与应急响应措施；

（四）辐射事故调查、报告和处理程序。

生产、销售、使用放射性同位素和射线装置的单位，应当根据可能发生的辐射事故的风险，制定本单位的应急方案，做好应急准备。

第四十二条　发生辐射事故时，生产、销售、使用放射性同位素和射线装置的单位应当立即启动本单位的应急方案，采取应急措施，并立即向当地环境保护主管部门、公安部门、卫生主管部门报告。

环境保护主管部门、公安部门、卫生主管部门接到辐射事故报告后，应当立即派人赶赴现场，进行现场调查，采取有效措施，控制并消除事故影响，同时将辐射事故信息报告本级人民政府和上级人民政府环境保护主管部门、公安部门、卫生主管部门。

县级以上地方人民政府及其有关部门接到辐射事故报告后，应当按照事故分级报告的规定及时将辐射事故信息报告上级人民政府及其有关部门。发生特别重大辐射事故和重大辐射事故后，事故发生地省、自治区、直辖市人民政府和国务院有关部门应当在 4 小时内报告国务院；特殊情况下，事故发生地人民政府及其有关部门可以直接向国务院报告，并同时报告上级人民政府及其有关部门。

禁止缓报、瞒报、谎报或者漏报辐射事故。

第四十三条　在发生辐射事故或者有证据证明辐射事故可能发生时，县级以上人民政府环境保护主管部门有权采取下列临时控制措施：

（一）责令停止导致或者可能导致辐射事故的作业；

（二）组织控制事故现场。

第四十四条　辐射事故发生后，有关县级以上人民政府应当按照辐射事故的等级，启动并组织实施相应的应急预案。

县级以上人民政府环境保护主管部门、公安部门、卫生主管部门，按照职责分工做好相应的辐射事故应急工作：

（一）环境保护主管部门负责辐射事故的应急响应、调查处理和定性定级工作，协助公安部门监控追缴丢失、被盗的放射源；

（二）公安部门负责丢失、被盗放射源的立案侦查和追缴；

（三）卫生主管部门负责辐射事故的医疗应急。

环境保护主管部门、公安部门、卫生主管部门应当及时相互通报辐射事故应急响应、调查处理、定性定级、立案侦查和医疗应急情况。国务院指定的部门根据环境保护主管部门确定的辐射事故的性质和级别，负责有关国际信息通报工作。

第四十五条　发生辐射事故的单位应当立即将可能受到辐射伤害的人员送至当地卫生主管部门指定的医院或者有条件救治辐射损伤病人的医院，进行检查和治疗，或者请求医院立即派人赶赴事故现场，采取救治措施。

第五章　监督检查

第四十六条　县级以上人民政府环境保护主管部门和其他有关部门应

当按照各自职责对生产、销售、使用放射性同位素和射线装置的单位进行监督检查。

被检查单位应当予以配合，如实反映情况，提供必要的资料，不得拒绝和阻碍。

第四十七条　县级以上人民政府环境保护主管部门应当配备辐射防护安全监督员。辐射防护安全监督员由从事辐射防护工作，具有辐射防护安全知识并经省级以上人民政府环境保护主管部门认可的专业人员担任。辐射防护安全监督员应当定期接受专业知识培训和考核。

第四十八条　县级以上人民政府环境保护主管部门在监督检查中发现生产、销售、使用放射性同位素和射线装置的单位有不符合原发证条件的情形的，应当责令其限期整改。

监督检查人员依法进行监督检查时，应当出示证件，并为被检查单位保守技术秘密和业务秘密。

第四十九条　任何单位和个人对违反本条例的行为，有权向环境保护主管部门和其他有关部门检举；对环境保护主管部门和其他有关部门未依法履行监督管理职责的行为，有权向本级人民政府、上级人民政府有关部门检举。接到举报的有关人民政府、环境保护主管部门和其他有关部门对有关举报应当及时核实、处理。

第六章　法律责任

第五十条　违反本条例规定，县级以上人民政府环境保护主管部门有下列行为之一的，对直接负责的主管人员和其他直接责任人员，依法给予行政处分；构成犯罪的，依法追究刑事责任：

（一）向不符合本条例规定条件的单位颁发许可证或者批准不符合本条例规定条件的单位进口、转让放射性同位素的；

（二）发现未依法取得许可证的单位擅自生产、销售、使用放射性同位素和射线装置，不予查处或者接到举报后不依法处理的；

（三）发现未经依法批准擅自进口、转让放射性同位素，不予查处或者接到举报后不依法处理的；

（四）对依法取得许可证的单位不履行监督管理职责或者发现违反本条例规定的行为不予查处的；

（五）在放射性同位素、射线装置安全和防护监督管理工作中有其他渎职行为的。

第五十一条 违反本条例规定，县级以上人民政府环境保护主管部门和其他有关部门有下列行为之一的，对直接负责的主管人员和其他直接责任人员，依法给予行政处分；构成犯罪的，依法追究刑事责任：

（一）缓报、瞒报、谎报或者漏报辐射事故的；

（二）未按照规定编制辐射事故应急预案或者不依法履行辐射事故应急职责的。

第五十二条 违反本条例规定，生产、销售、使用放射性同位素和射线装置的单位有下列行为之一的，由县级以上人民政府环境保护主管部门责令停止违法行为，限期改正；逾期不改正的，责令停产停业或者由原发证机关吊销许可证；有违法所得的，没收违法所得；违法所得 10 万元以上的，并处违法所得 1 倍以上 5 倍以下的罚款；没有违法所得或者违法所得不足 10 万元的，并处 1 万元以上 10 万元以下的罚款：

（一）无许可证从事放射性同位素和射线装置生产、销售、使用活动的；

（二）未按照许可证的规定从事放射性同位素和射线装置生产、销售、使用活动的；

（三）改变所从事活动的种类或者范围以及新建、改建或者扩建生产、销售、使用设施或者场所，未按照规定重新申请领取许可证的；

（四）许可证有效期届满，需要延续而未按照规定办理延续手续的；

（五）未经批准，擅自进口或者转让放射性同位素的。

第五十三条 违反本条例规定，生产、销售、使用放射性同位素和射线装置的单位变更单位名称、地址、法定代表人，未依法办理许可证变更手续的，由县级以上人民政府环境保护主管部门责令限期改正，给予警告；逾期不改正的，由原发证机关暂扣或者吊销许可证。

第五十四条　违反本条例规定，生产、销售、使用放射性同位素和射线装置的单位部分终止或者全部终止生产、销售、使用活动，未按照规定办理许可证变更或者注销手续的，由县级以上人民政府环境保护主管部门责令停止违法行为，限期改正；逾期不改正的，处1万元以上10万元以下的罚款；造成辐射事故，构成犯罪的，依法追究刑事责任。

第五十五条　违反本条例规定，伪造、变造、转让许可证的，由县级以上人民政府环境保护主管部门收缴伪造、变造的许可证或者由原发证机关吊销许可证，并处5万元以上10万元以下的罚款；构成犯罪的，依法追究刑事责任。

违反本条例规定，伪造、变造、转让放射性同位素进口和转让批准文件的，由县级以上人民政府环境保护主管部门收缴伪造、变造的批准文件或者由原批准机关撤销批准文件，并处5万元以上10万元以下的罚款；情节严重的，可以由原发证机关吊销许可证；构成犯罪的，依法追究刑事责任。

第五十六条　违反本条例规定，生产、销售、使用放射性同位素的单位有下列行为之一的，由县级以上人民政府环境保护主管部门责令限期改正，给予警告；逾期不改正的，由原发证机关暂扣或者吊销许可证：

（一）转入、转出放射性同位素未按照规定备案的；

（二）将放射性同位素转移到外省、自治区、直辖市使用，未按照规定备案的；

（三）将废旧放射源交回生产单位、返回原出口方或者送交放射性废物集中贮存单位贮存，未按照规定备案的。

第五十七条　违反本条例规定，生产、销售、使用放射性同位素和射线装置的单位有下列行为之一的，由县级以上人民政府环境保护主管部门责令停止违法行为，限期改正；逾期不改正的，处1万元以上10万元以下的罚款：

（一）在室外、野外使用放射性同位素和射线装置，未按照国家有关安全和防护标准的要求划出安全防护区域和设置明显的放射性标志的；

（二）未经批准擅自在野外进行放射性同位素示踪试验的。

第五十八条　违反本条例规定，生产放射性同位素的单位有下列行为之一的，由县级以上人民政府环境保护主管部门责令限期改正，给予警告；逾期不改正的，依法收缴其未备案的放射性同位素和未编码的放射源，处 5 万元以上 10 万元以下的罚款，并可以由原发证机关暂扣或者吊销许可证：

（一）未建立放射性同位素产品台账的；

（二）未按照国务院环境保护主管部门制定的编码规则，对生产的放射源进行统一编码的；

（三）未将放射性同位素产品台账和放射源编码清单报国务院环境保护主管部门备案的；

（四）出厂或者销售未列入产品台账的放射性同位素和未编码的放射源的。

第五十九条　违反本条例规定，生产、销售、使用放射性同位素和射线装置的单位有下列行为之一的，由县级以上人民政府环境保护主管部门责令停止违法行为，限期改正；逾期不改正的，由原发证机关指定有处理能力的单位代为处理或者实施退役，费用由生产、销售、使用放射性同位素和射线装置的单位承担，并处 1 万元以上 10 万元以下的罚款：

（一）未按照规定对废旧放射源进行处理的；

（二）未按照规定对使用 I 类、II 类、III 类放射源的场所和生产放射性同位素的场所，以及终结运行后产生放射性污染的射线装置实施退役的。

第六十条　违反本条例规定，生产、销售、使用放射性同位素和射线装置的单位有下列行为之一的，由县级以上人民政府环境保护主管部门责令停止违法行为，限期改正；逾期不改正的，责令停产停业，并处 2 万元以上 20 万元以下的罚款；构成犯罪的，依法追究刑事责任：

（一）未按照规定对本单位的放射性同位素、射线装置安全和防护状况进行评估或者发现安全隐患不及时整改的；

（二）生产、销售、使用、贮存放射性同位素和射线装置的场所未按照规定设置安全和防护设施以及放射性标志的。

第六十一条　违反本条例规定，造成辐射事故的，由原发证机关责令限期改正，并处 5 万元以上 20 万元以下的罚款；情节严重的，由原发证机关吊销许可证；构成违反治安管理行为的，由公安机关依法予以治安处罚；构成犯罪的，依法追究刑事责任。

因辐射事故造成他人损害的，依法承担民事责任。

第六十二条　生产、销售、使用放射性同位素和射线装置的单位被责令限期整改，逾期不整改或者经整改仍不符合原发证条件的，由原发证机关暂扣或者吊销许可证。

第六十三条　违反本条例规定，被依法吊销许可证的单位或者伪造、变造许可证的单位，5 年内不得申请领取许可证。

第六十四条　县级以上地方人民政府环境保护主管部门的行政处罚权限的划分，由省、自治区、直辖市人民政府确定。

第七章　附　则

第六十五条　军用放射性同位素、射线装置安全和防护的监督管理，依照《中华人民共和国放射性污染防治法》第六十条的规定执行。

第六十六条　劳动者在职业活动中接触放射性同位素和射线装置造成的职业病的防治，依照《中华人民共和国职业病防治法》和国务院有关规定执行。

第六十七条　放射性同位素的运输，放射性同位素和射线装置生产、销售、使用过程中产生的放射性废物的处置，依照国务院有关规定执行。

第六十八条　本条例中下列用语的含义：

放射性同位素，是指某种发生放射性衰变的元素中具有相同原子序数但质量不同的核素。

放射源，是指除研究堆和动力堆核燃料循环范畴的材料以外，永久密封在容器中或者有严密包层并呈固态的放射性材料。

射线装置，是指 X 线机、加速器、中子发生器以及含放射源的装置。

非密封放射性物质，是指非永久密封在包壳里或者紧密地固结在覆盖层里的放射性物质。

转让，是指除进出口、回收活动之外，放射性同位素所有权或者使用权在不同持有者之间的转移。

伴有产生 X 射线的电器产品，是指不以产生 X 射线为目的，但在生产或者使用过程中产生 X 射线的电器产品。

辐射事故，是指放射源丢失、被盗、失控，或者放射性同位素和射线装置失控导致人员受到意外的异常照射。

第六十九条 本条例自 2005 年 12 月 1 日起施行。1989 年 10 月 24 日国务院发布的《放射性同位素与射线装置放射防护条例》同时废止。

G.《放射性同位素与射线装置安全许可管理办法》

第一章 总 则

第一条 为实施《放射性同位素与射线装置安全和防护条例》规定的辐射安全许可制度，制定本办法。

第二条 在中华人民共和国境内生产、销售、使用放射性同位素与射线装置的单位（以下简称"辐射工作单位"），应当依照本办法的规定，取得辐射安全许可证（以下简称"许可证"）。

进口、转让放射性同位素，进行放射性同位素野外示踪试验，应当依照本办法的规定报批。

出口放射性同位素，应当依照本办法的规定办理有关手续。

使用放射性同位素的单位将放射性同位素转移到外省、自治区、直辖市使用的，应当依照本办法的规定备案。

本办法所称放射性同位素包括放射源和非密封放射性物质。

第三条 根据放射源与射线装置对人体健康和环境的潜在危害程度，从高到低，将放射源分为 I 类、II 类、III 类、IV 类、V 类，将射线装置分为 I 类、II 类、III 类。

第四条　生产放射性同位素、销售和使用 I 类放射源、销售和使用 I 类射线装置的辐射工作单位的许可证，由国务院环境保护主管部门审批颁发。

前款规定之外的辐射工作单位的许可证，由省、自治区、直辖市人民政府环境保护主管部门（以下简称"省级环境保护主管部门"）审批颁发。

一个辐射工作单位生产、销售、使用多类放射源、射线装置或者非密封放射性物质的，只需要申请一个许可证。

辐射工作单位需要同时分别向国务院环境保护主管部门和省级环境保护主管部门申请许可证的，其许可证由国务院环境保护主管部门审批颁发。

环境保护主管部门应当将审批颁发许可证的情况通报同级公安部门、卫生主管部门。

第五条　省级以上人民政府环境保护主管部门可以委托下一级人民政府环境保护主管部门审批颁发许可证。

第六条　国务院环境保护主管部门负责对列入限制进出口目录的放射性同位素的进口进行审批。

国务院环境保护主管部门依照我国有关法律和缔结或者参加的国际条约、协定的规定，办理列入限制进出口目录的放射性同位素出口的有关手续。

省级环境保护主管部门负责以下活动的审批或备案：

（一）转让放射性同位素；

（二）转移放射性同位素到外省、自治区、直辖市使用；

（三）放射性同位素野外示踪试验；但有可能造成跨省界环境影响的放射性同位素野外示踪试验，由国务院环境保护主管部门审批。

第二章　许可证的申请与颁发

第七条　辐射工作单位在申请领取许可证前，应当组织编制或者填报环境影响评价文件，并依照国家规定程序报环境保护主管部门审批。

环境影响评价文件中的环境影响报告书或者环境影响报告表，应当由具有相应环境影响评价资质的机构编制。

第八条　根据放射性同位素与射线装置的安全和防护要求及其对环境的影响程度，对环境影响评价文件实行分类管理。

转让放射性同位素和射线装置的活动不需要编制环境影响评价文件。

第九条　申请领取许可证的辐射工作单位从事下列活动的，应当组织编制环境影响报告书：

（一）生产放射性同位素的（制备 PET 用放射性药物的除外）；

（二）使用 I 类放射源的（医疗使用的除外）；

（三）销售（含建造）、使用 I 类射线装置的。

第十条　申请领取许可证的辐射工作单位从事下列活动的，应当组织编制环境影响报告表：

（一）制备 PET 用放射性药物的；

（二）销售 I 类、II 类、III 类放射源的；

（三）医疗使用 I 类放射源的；

（四）使用 II 类、III 类放射源的；

（五）生产、销售、使用 II 类射线装置的。

第十一条　申请领取许可证的辐射工作单位从事下列活动的，应当填报环境影响登记表：

（一）销售、使用 IV 类、V 类放射源的；

（二）生产、销售、使用 III 类射线装置的。

第十二条　辐射工作单位组织编制或者填报环境影响评价文件时，应当按照其规划设计的放射性同位素与射线装置的生产、销售、使用规模进行评价。

前款所称的环境影响评价文件，除按照国家有关环境影响评价的要求编制或者填报外，还应当包括对辐射工作单位从事相应辐射活动的技术能力、辐射安全和防护措施进行评价的内容。

第十三条　生产放射性同位素的单位申请领取许可证，应当具备下列条件：

（一）设有专门的辐射安全与环境保护管理机构。

（二）有不少于 5 名核物理、放射化学、核医学和辐射防护等相关专业的技术人员，其中具有高级职称的不少于 1 名。

生产半衰期大于 60 天的放射性同位素的单位，前项所指的专业技术人员应当不少于 30 名，其中具有高级职称的不少于 6 名。

（三）从事辐射工作的人员必须通过辐射安全和防护专业知识及相关法律法规的培训和考核，其中辐射安全关键岗位应当由注册核安全工程师担任。

（四）有与设计生产规模相适应，满足辐射安全和防护、实体保卫要求的放射性同位素生产场所、生产设施、暂存库或暂存设备，并拥有生产场所和生产设施的所有权。

（五）具有符合国家相关规定要求的运输、贮存放射性同位素的包装容器。

（六）具有符合国家放射性同位素运输要求的运输工具，并配备有 5 年以上驾龄的专职司机。

（七）配备与辐射类型和辐射水平相适应的防护用品和监测仪器，包括个人剂量测量报警、固定式和便携式辐射监测、表面污染监测、流出物监测等设备。

（八）建立健全的操作规程、岗位职责、辐射防护制度、安全保卫制度、设备检修维护制度、人员培训制度、台账管理制度和监测方案。

（九）建立事故应急响应机构，制定应急响应预案和应急人员的培训演习制度，有必要的应急装备和物资准备，有与设计生产规模相适应的事故应急处理能力。

（十）具有确保放射性废气、废液、固体废物达标排放的处理能力或者可行的处理方案。

第十四条 销售放射性同位素的单位申请领取许可证，应当具备下列条件：

（一）设有专门的辐射安全与环境保护管理机构，或者至少有 1 名具有本科以上学历的技术人员专职负责辐射安全与环境保护管理工作。

（二）从事辐射工作的人员必须通过辐射安全和防护专业知识及相关法律法规的培训和考核。

（三）需要暂存放射性同位素的，有满足辐射安全和防护、实体保卫要求的暂存库或设备。

（四）需要安装调试放射性同位素的，有满足防止误操作、防止工作人员和公众受到意外照射要求的安装调试场所。

（五）具有符合国家相关规定要求的贮存、运输放射性同位素的包装容器。

（六）运输放射性同位素能使用符合国家放射性同位素运输要求的运输工具。

（七）配备与辐射类型和辐射水平相适应的防护用品和监测仪器，包括个人剂量测量报警、便携式辐射监测、表面污染监测等仪器。

（八）有健全的操作规程、岗位职责、安全保卫制度、辐射防护措施、台帐管理制度、人员培训计划和监测方案。

（九）有完善的辐射事故应急措施。

第十五条 生产、销售射线装置的单位申请领取许可证，应当具备下列条件：

（一）设有专门的辐射安全与环境保护管理机构，或至少有1名具有本科以上学历的技术人员专职负责辐射安全与环境保护管理工作。

（二）从事辐射工作的人员必须通过辐射安全和防护专业知识及相关法律法规的培训和考核。

（三）射线装置生产、调试场所满足防止误操作、防止工作人员和公众受到意外照射的安全要求。

（四）配备必要的防护用品和监测仪器。

（五）有健全的操作规程、岗位职责、辐射防护措施、台帐管理制度、培训计划和监测方案。

（六）有辐射事故应急措施。

第十六条　使用放射性同位素、射线装置的单位申请领取许可证，应当具备下列条件：

（一）使用Ⅰ类、Ⅱ类、Ⅲ类放射源，使用Ⅰ类、Ⅱ类射线装置的，应当设有专门的辐射安全与环境保护管理机构，或者至少有1名具有本科以上学历的技术人员专职负责辐射安全与环境保护管理工作；其他辐射工作单位应当有1名具有大专以上学历的技术人员专职或者兼职负责辐射安全与环境保护管理工作；依据辐射安全关键岗位名录，应当设立辐射安全关键岗位的，该岗位应当由注册核安全工程师担任。

（二）从事辐射工作的人员必须通过辐射安全和防护专业知识及相关法律法规的培训和考核。

（三）使用放射性同位素的单位应当有满足辐射防护和实体保卫要求的放射源暂存库或设备。

（四）放射性同位素与射线装置使用场所有防止误操作、防止工作人员和公众受到意外照射的安全措施。

（五）配备与辐射类型和辐射水平相适应的防护用品和监测仪器，包括个人剂量测量报警、辐射监测等仪器。使用非密封放射性物质的单位还应当有表面污染监测仪。

（六）有健全的操作规程、岗位职责、辐射防护和安全保卫制度、设备检修维护制度、放射性同位素使用登记制度、人员培训计划、监测方案等。

（七）有完善的辐射事故应急措施。

（八）产生放射性废气、废液、固体废物的，还应具有确保放射性废气、废液、固体废物达标排放的处理能力或者可行的处理方案。

使用放射性同位素和射线装置开展诊断和治疗的单位，还应当配备质量控制检测设备，制定相应的质量保证大纲和质量控制检测计划，至少有一名医用物理人员负责质量保证与质量控制检测工作。

第十七条　将购买的放射源装配在设备中销售的辐射工作单位，按照销售和使用放射性同位素申请领取许可证。

第十八条 申请领取许可证的辐射工作单位应当向有审批权的环境保护主管部门提交下列材料：

（一）辐射安全许可证申请表；

（二）企业法人营业执照正、副本或者事业单位法人证书正、副本及法定代表人身份证原件及其复印件，审验后留存复印件；

（三）经审批的环境影响评价文件；

（四）满足本办法第十三条至第十六条相应规定的证明材料；

（五）单位现存的和拟新增加的放射源和射线装置明细表。

第十九条 环境保护主管部门在受理申请时，应当告知申请单位按照环境影响评价文件中描述的放射性同位素与射线装置的生产、销售、使用的规划设计规模申请许可证。

环境保护主管部门应当自受理申请之日起 20 个工作日内完成审查，符合条件的，颁发许可证，并予以公告；不符合条件的，书面通知申请单位并说明理由。

第二十条 许可证包括下列主要内容：

（一）单位的名称、地址、法定代表人；

（二）所从事活动的种类和范围；

（三）有效期限；

（四）发证日期和证书编号。

许可证中活动的种类分为生产、销售和使用三类；活动的范围是指辐射工作单位生产、销售、使用的所有放射性同位素的类别、总活度和射线装置的类别、数量。

许可证分为正本和副本，具有同等效力。

第二十一条 取得生产、销售、使用高类别放射性同位素与射线装置的许可证的辐射工作单位，从事低类别的放射性同位素与射线装置的生产、销售、使用活动，不需要另行申请低类别的放射性同位素与射线装置的许可证。

第二十二条 辐射工作单位变更单位名称、地址和法定代表人的，应当自变更登记之日起 20 日内，向原发证机关申请办理许可证变更手续，并提供以下有关材料：

（一）许可证变更申请报告；

（二）变更后的企业法人营业执照或事业单位法人证书正、副本复印件；

（三）许可证正、副本。

原发证机关审查同意后，换发许可证。

第二十三条　有下列情形之一的，持证单位应当按照本办法规定的许可证申请程序，重新申请领取许可证：

（一）改变许可证规定的活动的种类或者范围的；

（二）新建或者改建、扩建生产、销售、使用设施或者场所的。

第二十四条　许可证有效期为 5 年。有效期届满，需要延续的，应当于许可证有效期届满 30 日前向原发证机关提出延续申请，并提供下列材料：

（一）许可证延续申请报告；

（二）监测报告；

（三）许可证有效期内的辐射安全防护工作总结；

（四）许可证正、副本。

原发证机关应当自受理延续申请之日起，在许可证有效期届满前完成审查，符合条件的，予以延续，换发许可证，并使用原许可证的编号；不符合条件的，书面通知申请单位并说明理由。

第二十五条　辐射工作单位部分终止或者全部终止生产、销售、使用放射性同位素与射线装置活动的，应当向原发证机关提出部分变更或者注销许可证申请，由原发证机关核查合格后，予以变更或者注销许可证。

第二十六条　辐射工作单位因故遗失许可证的，应当及时到所在地省级报刊上刊登遗失公告，并于公告 30 日后的一个月内持公告到原发证机关申请补发。

第三章　进出口、转让、转移活动的审批与备案

第二十七条　进口列入限制进出口目录的放射性同位素的单位，应当在进口前报国务院环境保护主管部门审批；获得批准后，由国务院对外贸易主管部门依据对外贸易的有关规定签发进口许可证。国务院环境保护主管部门在批准放射源进口申请时，给定放射源编码。

分批次进口非密封放射性物质的单位，应当每 6 个月报国务院环境保护主管部门审批一次。

第二十八条　申请进口列入限制进出口目录的放射性同位素的单位，应当向国务院环境保护主管部门提交放射性同位素进口审批表，并提交下列材料：

（一）进口单位许可证复印件；

（二）放射性同位素使用期满后的处理方案，其中，进口Ⅰ类、Ⅱ类、Ⅲ类放射源的，应当提供原出口方负责从最终用户回收放射源的承诺文件复印件；

（三）进口放射源的明确标号和必要的说明文件的影印件或者复印件，其中，Ⅰ类、Ⅱ类、Ⅲ类放射源的标号应当刻制在放射源本体或者密封包壳体上，Ⅳ类、Ⅴ类放射源的标号应当记录在相应说明文件中；

（四）进口单位与原出口方之间签订的有效协议复印件；

（五）将进口的放射性同位素销售给其他单位使用的，还应当提供与使用单位签订的有效协议复印件，以及使用单位许可证复印件。

第二十九条　国务院环境保护主管部门应当自受理放射性同位素进口申请之日起 10 个工作日内完成审查，符合条件的，予以批准；不符合条件的，书面通知申请单位并说明理由。

进口单位和使用单位应当在进口活动完成之日起 20 日内，分别将批准的放射性同位素进口审批表报送各自所在地的省级环境保护主管部门。

第三十条　出口列入限制进出口目录的放射性同位素的单位，应当向国务院环境保护主管部门提交放射性同位素出口表，并提交下列材料：

（一）出口单位许可证复印件；

（二）国外进口方可以合法持有放射性同位素的中文或英文证明材料；

（三）出口单位与国外进口方签订的有效协议复印件。

出口单位应当在出口活动完成之日起 20 日内，将放射性同位素出口表报送所在地的省级环境保护主管部门。

出口放射性同位素的单位应当遵守国家对外贸易的有关规定。

第三十一条　转让放射性同位素的，转入单位应当在每次转让前报所在地省级环境保护主管部门审查批准。

分批次转让非密封放射性物质的，转入单位可以每 6 个月报所在地省级环境保护主管部门审查批准。

放射性同位素只能在持有许可证的单位之间转让。禁止向无许可证或者超出许可证规定的种类和范围的单位转让放射性同位素。

未经批准不得转让放射性同位素。

第三十二条　转入放射性同位素的单位应当于转让前向所在地省级环境保护主管部门提交放射性同位素转让审批表，并提交下列材料：

（一）转出、转入单位的许可证；

（二）放射性同位素使用期满后的处理方案；

（三）转让双方签订的转让协议。

环境保护主管部门应当自受理申请之日起 15 个工作日内完成审查，符合条件的，予以批准；不符合条件的，书面通知申请单位并说明理由。

第三十三条　转入、转出放射性同位素的单位应当在转让活动完成之日起 20 日内，分别将一份放射性同位素转让审批表报送各自所在地省级环境保护主管部门。

第三十四条　在野外进行放射性同位素示踪试验的单位，应当在每次试验前编制环境影响报告表，并经试验所在地省级环境保护主管部门商同级有关部门审查批准后方可进行。

放射性同位素野外示踪试验有可能造成跨省界环境影响的，其环境影响报告表应当报国务院环境保护主管部门商同级有关部门审查批准。

第三十五条　使用放射性同位素的单位需要将放射性同位素转移到外

省、自治区、直辖市使用的，应当于活动实施前 10 日内持许可证复印件向使用地省级环境保护主管部门备案，书面报告移出地省级环境保护主管部门，并接受使用地环境保护主管部门的监督管理。

书面报告的内容应当包括该放射性同位素的核素、活度、转移时间和地点、辐射安全负责人和联系电话等内容；转移放射源的还应提供放射源标号和编码。

使用单位应当在活动结束后 20 日内到使用地省级环境保护主管部门办理备案注销手续，并书面告知移出地省级环境保护主管部门。

第四章　监督管理

第三十六条　辐射工作单位应当按照许可证的规定从事放射性同位素和射线装置的生产、销售、使用活动。

禁止无许可证或者不按照许可证规定的种类和范围从事放射性同位素和射线装置的生产、销售、使用活动。

第三十七条　生产放射性同位素与射线装置的单位，应当在放射性同位素的包装容器、含放射性同位素的设备和射线装置上设置明显的放射性标识和中文警示说明；放射源上能够设置放射性标识的，应当一并设置。

含放射源设备的说明书应当告知用户该设备含有放射源及其相关技术参数和结构特性，并告知放射源的潜在辐射危害及相应的安全防护措施。

第三十八条　生产、进口放射源的单位在销售 I 类、II 类、III 类放射源时，应当与使用放射源的单位签订废旧放射源返回合同。

使用 I 类、II 类、III 类放射源的单位应当按照废旧放射源返回合同规定，在放射源闲置或者废弃后 3 个月内将废旧放射源交回生产单位或者返回原出口方。确实无法交回生产单位或者返回原出口方的，送交有相应资质的放射性废物集中贮存单位贮存。

使用 IV 类、V 类放射源的单位应当按照国务院环境保护主管部门的规定，在放射源闲置或者废弃后 3 个月内将废旧放射源进行包装整备后送交有相应资质的放射性废物集中贮存单位贮存。

使用放射源的单位应当在废旧放射源交回、返回或者送交活动完成之日起 20 日内，向其所在地省级环境保护主管部门备案。

第三十九条　销售、使用放射源的单位在本办法实施前已经贮存的废旧放射源，应当自本办法实施之日起 1 年内交回放射源生产单位或者返回原出口方，或送交有相应资质的放射性废物集中贮存单位。

第四十条　生产放射性同位素的场所、产生放射性污染的放射性同位素销售和使用场所、产生放射性污染的射线装置及其场所，终结运行后应当依法实施退役。退役完成后，有关辐射工作单位方可申请办理许可证变更或注销手续。

第四十一条　辐射工作单位应当建立放射性同位素与射线装置台账，记载放射性同位素的核素名称、出厂时间和活度、标号、编码、来源和去向，及射线装置的名称、型号、射线种类、类别、用途、来源和去向等事项。

放射性同位素与射线装置台账、个人剂量档案和职业健康监护档案应当长期保存。

第四十二条　辐射工作单位应当编写放射性同位素与射线装置安全和防护状况年度评估报告，于每年 1 月 31 日前报原发证机关。

年度评估报告应当包括放射性同位素与射线装置台账、辐射安全和防护设施的运行与维护、辐射安全和防护制度及措施的建立和落实、事故和应急以及档案管理等方面的内容。

第四十三条　县级以上人民政府环境保护主管部门应当对辐射工作单位进行监督检查，对存在的问题，应当提出书面的现场检查意见和整改要求，由检查人员签字或检查单位盖章后交被检查单位，并由被检查单位存档备案。

第四十四条　省级环境保护主管部门应当编写辐射工作单位监督管理年度总结报告，于每年 3 月 1 日前报国务院环境保护主管部门。

报告内容应当包括辐射工作单位数量、放射源数量和类别、射线装置数量和类别、许可证颁发与注销情况、事故及其处理情况、监督检查与处罚情况等内容。

第五章 罚 则

第四十五条 辐射工作单位违反本办法的有关规定,有下列行为之一的,由县级以上人民政府环境保护主管部门责令停止违法行为,限期改正;逾期不改正的,处1万元以上3万元以下的罚款:

(一) 未在含放射源设备的说明书中告知用户该设备含有放射源的;

(二) 销售、使用放射源的单位未在本办法实施之日起1年内将其贮存的废旧放射源交回、返回或送交有关单位的。

辐射工作单位违反本办法的其他规定,按照《中华人民共和国放射性污染防治法》、《放射性同位素与射线装置安全和防护条例》及其他相关法律法规的规定进行处罚。

第六章 附 则

第四十六条 省级以上人民政府环境保护主管部门依据《电离辐射防护与辐射源安全基本标准》(GB18871—2002)及国家有关规定负责对放射性同位素与射线装置管理的豁免出具证明文件。

第四十七条 本办法自2006年3月1日起施行。

H.《电磁辐射环境保护管理办法》

第一章 总 则

第一条 为加强电磁辐射环境保护工作的管理,有效地保护环境,保障公众健康,根据《中华人民共和国环境保护法》及有关规定,制定本办法。

第二条 本办法所称电磁辐射是指以电磁波形式通过空间传播的能量流,且限于非电离辐射,包括信息传递中的电磁波发射,工业、科学、医疗应用中的电磁辐射,高压送变电中产生的电磁辐射。

任何从事前款所列电磁辐射的活动,或进行伴有该电磁辐射的活动的单位和个人,都必须遵守本办法的规定。

第三条 县级以上人民政府环境保护行政主管部门对本辖区电磁辐射

环境保护工作实施统一监督管理。

第四条　从事电磁辐射活动的单位主管部门负责本系统、本行业电磁辐射环境保护工作的监督管理工作。

第五条　任何单位和个人对违反本管理办法的行为有权检举和控告。

第二章　监督管理

第六条　国务院环境保护行政主管部门负责下列建设项目环境保护申报登记和环境影响报告书的审批，负责对该类项目执行环境保护设施与主体工程同时设计、同时施工、同时投产使用（以下简称"三同时"制度）的情况进行检查并负责该类项目的竣工验收：

（一）总功率在 200 千瓦以上的电视发射塔；

（二）总功率在 1 000 千瓦以上的广播台、站；

（三）跨省级行政区电磁辐射建设项目；

（四）国家规定的限额以上电磁辐射建设项目。

第七条　省、自治区、直辖市（以下简称"省级"）环境保护行政主管部门负责除第六条规定所列项目以外、豁免水平以上的电磁辐射建设项目和设备的环境保护申报登记和环境影响报告书的审批；负责对该类项目和设备执行环境保护设施"三同时"制度的情况进行检查并负责竣工验收；参与辖区内由国务院环境保护行政主管部门负责的环境影响报告书的审批、环境保护设施"三同时"制度执行情况的检查和项目竣工验收以及项目建成后对环境影响的监督检查；负责辖区内电磁辐射环境保护管理队伍的建设；负责对辖区内因电磁辐射活动造成的环境影响实施监督管理和监督性监测。

第八条　市级环境保护行政主管部门根据省级环境保护行政主管部门的委托，可承担第七条所列全部或部分任务及本辖区内电磁辐射项目和设备的监督性监测和日常监督管理。

第九条　从事电磁辐射活动的单位主管部门应督促其下属单位遵守国家环境保护规定和标准，加强对所属各单位的电磁辐射环境保护工作的领导，负责电磁辐射建设项目和设备环境影响报告书（表）的预审。

第十条 任何单位和个人在从事电磁辐射的活动时，都应当遵守并执行国家环境保护的方针政策、法规、制度和标准，接受环境保护部门对其电磁辐射环境保护工作的监督管理和检查；做好电磁辐射活动污染环境的防治工作。

第十一条 从事电磁辐射活动的单位和个人建设或者使用《电磁辐射建设项目和设备名录》中所列的电磁辐射建设项目或者设备，必须在建设项目申请立项前或者在购置设备前，按本办法的规定，向有环境影响报告书（表）审批权的环境保护行政主管部门办理环境保护申报登记手续。

有审批权的环境保护行政主管部门受理环境保护申报登记后，应当将受理的书面意见在30日内通知从事电磁辐射活动的单位或个人，并将受理意见抄送有关主管部门和项目所在地环境保护行政主管部门。

第十二条 有审批权的环境保护行政主管部门应根据申报的电磁辐射建设项目所在地城市发展规划、电磁辐射建设项目和设备的规模及所在区域环境保护要求，对环境保护申报登记作出以下处理意见：

（一）对污染严重、工艺设备落后、资源浪费和生态破坏严重的电磁辐射建设项目与设备，禁止建设或者购置；

（二）对符合城市发展规划要求、豁免水平以上的电磁辐射建设项目，要求从事电磁辐射活动的单位或个人履行环境影响报告书审批手续；

（三）对有关工业、科学、医疗应用中的电磁辐射设备，要求从事电磁辐射活动的单位或个人履行环境影响报告表审批手续。

第十三条 省级环境保护行政主管部门根据国家有关电磁辐射防护标准的规定，负责确认电磁辐射建设项目和设备豁免水平。

第十四条 本办法施行前，已建成或在建的尚未履行环境保护申报登记手续的电磁辐射建设项目，或者已购置但尚未履行环境保护申报登记手续的电磁辐射设备，凡列入《电磁辐射建设项目和设备名录》中的，都必须补办环境保护申报登记手续。对不符合环境保护标准，污染严重的，要采取补救措施，难以补救的要依法关闭或搬迁。

第十五条 按规定必须编制环境影响报告书（表）的，从事电磁辐射活动的单位或个人，必须对电磁辐射活动可能造成的环境影响进行评价，编制环境影响报告书（表），并按规定的程序报相应环境保护行政主管部门审批。

电磁辐射环境影响报告书分两个阶段编制。第一阶段编制《可行性阶段环境影响报告书》，必须在建设项目立项前完成。第二阶段编制《实际运行阶段环境影响报告书》，必须在环境保护设施竣工验收前完成。

工业、科学、医疗应用中的电磁辐射设备，必须在使用前完成环境影响报告表的编写。

第十六条　从事电磁辐射活动的单位主管部门应当对环境影响报告书（表）提出预审意见；有审批权的环境保护行政主管部门在收到环境影响报告书（表）和主管部门的预审意见之日起180日内，对环境影响报告书（表）提出审批意见或要求，逾期不提出审批意见或要求的，视该环境影响报告书（表）已被批准。凡是已通过环境影响报告书（表）审批的电磁辐射设备，不得擅自改变经批准的功率。确需改变经批准的功率的，应重新编制电磁辐射环境影响报告书（表），并按规定程序报原审批部门重新审批。

第十七条　从事电磁辐射环境影响评价的单位，必须持有相应的专业评价资格证书。

第十八条　电磁辐射建设项目和设备环境影响报告书（表）确定需要配套建设的防治电磁辐射污染环境的保护设施，必须严格执行环境保护设施"三同时"制度。

第十九条　从事电磁辐射活动的单位和个人必须遵守国家有关环境保护设施竣工验收管理的规定，在电磁辐射建设项目和设备正式投入生产和使用前，向原审批环境影响报告书（表）的环境保护行政主管部门提出环境保护设施竣工验收申请，并按规定提交验收申请报告及第十五条要求的两个阶段的环境影响报告书等有关资料。验收合格的，由环境保护行政主管部门批准验收申请报告，并颁发《电磁辐射环境验收合格证》。

第二十条　从事电磁辐射活动的单位和个人必须定期检查电磁辐射设

备及其环境保护设施的性能，及时发现隐患并及时采取补救措施。

在集中使用大型电磁辐射发射设施或高频设备的周围，按环境保护和城市规划要求划定的规划限制区内，不得修建居民住房和幼儿园等敏感建筑。

第二十一条 电磁辐射环境监测的主要任务是：

（一）对环境中电磁辐射水平进行监测；

（二）对污染源进行监督性监测；

（三）对环境保护设施竣工验收的各环境保护设施进行监测；

（四）为编制电磁辐射环境影响报告书（表）和编写环境质量报告书提供有关监测资料；

（五）为征收排污费或处理电磁辐射污染环境案件提供监测数据，进行其他有关电磁辐射环境保护的监测。

第二十二条 电磁辐射建设项目的发射设备必须严格按照国家无线电管理委员会批准的频率范围和额定功率运行。

工业、科学和医疗中应用的电磁辐射设备，必须满足国家及有关部门颁布的"无线电干扰限值"的要求。

第三章　污染事件处理

第二十三条 因发生事故或其他突然性事件，造成或者可能造成电磁辐射污染事故的单位，必须立即采取措施，及时通报可能受到电磁辐射污染危害的单位和居民，并向当地环境保护行政主管部门和有关部门报告，接受调查处理。

环保部门收到电磁辐射污染环境的报告后，应当进行调查，依法责令产生电磁辐射的单位采取措施，消除影响。

第二十四条 发生电磁辐射污染事件，影响公众的生产或生活质量或对公众健康造成不利影响时，环境保护部门应会同有关部门调查处理。

第四章　奖励与惩罚

第二十五条 对有下列情况之一的单位和个人，由环境保护行政主管部门给予表扬和奖励：

（一）在电磁辐射环境保护管理工作中有突出贡献的；

（二）对严格遵守本管理办法，减少电磁辐射对环境污染有突出贡献的；

（三）对研究、开发和推广电磁辐射污染防治技术有突出贡献的。

对举报严重违反本管理办法的，经查属实，给予举报者奖励。

第二十六条　对违反本办法，有下列行为之一的，由环境保护行政主管部门依照国家有关建设项目环境保护管理的规定，责令其限期改正，并处罚款：

（一）不按规定办理环境保护申报登记手续，或在申报登记时弄虚作假的；

（二）不按规定进行环境影响评价、编制环境影响报告书（表）的；

（三）拒绝环保部门现场检查或在被检查时弄虚作假的。

第二十七条　违反本办法规定擅自改变环境影响报告书（表）中所批准的电磁辐射设备的功率的，由审批环境影响报告书（表）的环境保护行政主管部门依法处以 1 万元以下的罚款，有违法所得的，处违法所得 3 倍以下的罚款，但最高不超过 3 万元。

第二十八条　违反本办法的规定，电磁辐射建设项目和设备的环境保护设施未建成，或者未经验收合格即投入生产使用的，由批准该建设项目环境影响报告书（表）的环境保护行政主管部门依法责令停止生产或者使用，并处罚款。

第二十九条　承担环境影响评价工作的单位，违反国家有关环境影响评价的规定或在评价工作中弄虚作假的，由核发环境影响评价证书的环境保护行政主管部门依照国家有关建设项目环境保护管理的规定，对评价单位没收评价费用或取消其评价资格，并处罚款。

第三十条　违反本办法规定，造成电磁辐射污染环境事故的，由省级环境保护行政主管部门处以罚款。有违法所得的，处违法所得 3 倍以下的罚款，但最高不超过 3 万元；没有违法所得的，处 1 万元以下的罚款。

造成环境污染危害的，必须依法对直接受到损害的单位或个人赔偿损失。

第三十一条 环境保护监督管理人员滥用职权、玩忽职守、徇私舞弊或泄漏从事电磁辐射活动的单位和个人的技术和业务秘密的，由其所在单位或上级机关给予行政处分；构成犯罪的，依法追究刑事责任。

第五章 附 则

第三十二条 电磁辐射环境影响报告书（表）的编制、审评，污染源监测和项目的环保设施竣工验收的费用，按国家有关规定执行。

第三十三条 本管理办法中豁免水平是指，国务院环境保护行政主管部门对伴有电磁辐射活动规定的免于管理的限值。

第三十四条 本管理办法自颁布之日起施行。

I.《关于 γ 射线探伤装置的辐射安全要求》

根据《放射性同位素与射线装置安全和防护条例》和《γ 射线探伤机》（GB/T14058—93）等国家有关规定制定本要求。

一、生产 γ 射线探伤装置用放射源单位的要求

（一）γ 射线探伤装置（以下简称探伤装置）放射源的安全性能等级应满足《密封放射源一般要求和分级》（GB4075—2003）的要求。

（二）探伤装置装源（包括更换放射源）应由放射源生产单位进行操作，并承担安全责任，放射源生产单位也可委托有能力的单位进行装源操作。生产、销售、使用探伤装置单位不得自行进行装源操作。放射源活度不得超过该探伤装置设计的最大额定装源活度。

（三）应具备探伤装置安全性能检验能力，每次装源前应对探伤装置进行检验，符合安全性能要求的，方可装源。

（四）每次装源时必须用该探伤装置原生产单位生产的新源辫更换旧源辫。进口探伤装置的源辫可用国产的替换，但需经放射源生产单位认可。

（五）放射源生产单位应按环境保护主管部门要求给放射源编码，并

将放射源编码卡固定在探伤装置明显位置。

（六）持有放射源的单位将废旧放射源交回生产单位、返回原出口方或者送交放射性废物集中贮存单位贮存的，应当在该活动完成之日起 20日内向其所在地省、自治区、直辖市人民政府环境保护主管部门备案。

二、生产探伤装置单位的要求

生产探伤装置的单位必须取得省级环境保护主管部门颁发的辐射安全许可证（销售和使用放射源许可证）。其生产的探伤装置的说明书中应当告知用户该装置含有放射源及其相关技术参数和结构特性，并告知放射源的潜在辐射危害及相应的安全防护措施。其设计、生产的探伤装置应满足下列要求，不合格的产品不得出厂。

（一）放射源容器

装有设计的最大额定装源活度的放射源时，容器的表面剂量率应满足《γ射线探伤机》（GB/T14058—93）中的要求。

放射源容器应进行《γ射线探伤机》中规定的性能试验，并满足标准要求。

（二）安全锁探伤装置必须设置安全锁，并配置专用钥匙。

1. 源辫返回到源容器后，该锁方能锁死；

2. 安全锁锁死时，源辫应不能移动；安全锁打开后，源辫方能移离源容器；

3. 钥匙不在锁上时，安全锁仍能锁死。

（三）联锁装置探伤装置应设有安全联锁装置。

1. 安装或拆卸驱动装置时，源辫应不能移离源容器；

2. 非工作状态时，源辫应锁闭在源容器内；

3. 工作状态时，驱动装置应保持与源容器连接，随时可将源辫摇回源容器内。

（四）源托、输源管、控制缆等配件源托（包括源辫，源辫与控制缆联接点）承受的拉力应满足如下要求：

铥-170 源托 300 牛顿，铱-192 源托和硒-75 源托 500 牛顿，钴-60

源托 700 牛顿。

采用输源管和远距离操作的探伤装置，输源管和控制缆必须进行性能试验，并满足《γ射线探伤机》等相关标准要求。更换输源管、控制缆和源辫等配件时，必须使用该探伤装置原生产厂家的合格配件。

（五）源辫位置指示器系统

探伤装置应具有源辫位置指示器系统，该指示器系统应具有如下功能：

1. 用不同灯光颜色分别显示源辫在源容器内或外；

2. 用数字显示源辫离开源容器的距离；

3. 用音响提示源辫已离开源容器。

（六）标志和标识

在探伤装置的放射源容器表面固定金属铭牌，铭牌上应铭刻下列内容：

1. 符合《电离辐射防护与辐射源安全基本标准》（GB 18871—2002）的电离辐射警告标志；

2. 探伤装置生产厂名称；

3. 产品名称；

4. 出厂编号；

5. 出厂日期；

6. 放射源核素名称；

7. 设计的最大装源活度。

（七）放射源编码卡

放射源编码卡与探伤装置应可靠联接，且便于更换。更换放射源时，放射源编码卡应随之更换，确保与容器内的放射源一一对应。

（八）自动式探伤装置的保护装置

自动式探伤装置应具有故障保护装置。探伤装置发生故障时，保护装置能自动关闭屏蔽闸或自动使放射源回到源容器内，避免人员受到过量照射。

三、使用探伤装置单位的要求

（一）至少有 1 名以上专职人员负责辐射安全管理工作。

（二）从事移动探伤作业的，应拥有 5 台以上探伤装置。

（三）每台探伤装置须配备 2 名以上操作人员，操作人员应参加辐射安全与防护培训，并考核合格。

（四）必须取得省级环境保护主管部门颁发的辐射安全许可证。

（五）探伤装置的安全使用期限为 10 年，禁止使用超过 10 年的探伤装置。

（六）明确 2 名以上工作人员专职负责放射源库的保管工作。放射源库设置红外和监视器等保安设施，源库门应为双人双锁。

探伤装置用毕不能及时返回本单位放射源库保管的，应利用保险柜现场保存，但须派专人 24 小时现场值班。保险柜表面明显位置应粘贴电离辐射警告标志。

（七）制定探伤装置的领取、归还和登记制度，放射源台账和定期清点检查制度。

定期核实探伤装置中的放射源，明确每枚放射源与探伤装置的对应关系，做到账物相符，一一对应。核实时应有 2 人在场，核实记录应妥善保存，并建立计算机管理档案。

（八）每个月对探伤装置的配件进行检查、维护，每 3 个月对探伤装置的性能进行全面检查、维护，发现问题应及时维修。并做好记录。

严禁使用铭牌模糊不清或安全锁、联锁装置、输源管、控制缆、源辨位置指示器等存在故障的探伤装置。

（九）探伤作业时，至少有 2 名操作人员同时在场，每名操作人员应配备一台个人剂量报警仪和个人剂量计。个人剂量计应定期送交有资质的检测部门进行测量，并建立个人剂量档案。

（十）每次探伤工作前，操作人员应检查探伤装置的安全锁、联锁装置、位置指示器、输源管、驱动装置等的性能。

（十一）探伤装置必须专车运输，专人押运。押运人员须全程监护探伤装置。

（十二）室外作业时，应设定控制区，并设置明显的警戒线和辐射警示标识，专人看守，监测控制区的辐射剂量水平。

（十三）作业结束后，必须用辐射剂量监测仪进行监测，确定放射源收回源容器后，由检测人员在检查记录上签字，方能携带探伤装置离开现场。

（十四）探伤装置转移到外省、自治区、直辖市使用的，使用单位应当于活动实施前填写"放射性同位素异地使用备案表"，先向使用地省级环境保护主管部门备案，经备案后，到移出地省级环境保护主管部门备案。

异地使用活动结束后，使用单位应在放射源转移出使用地后 20 日内，先后向使用地、移出地省级环境保护主管部门注销备案。

（十五）更换放射源时，探伤装置使用单位应向所在地省级环境保护主管部门提交《放射性同位素转让审批表》，申请转入放射源。

探伤装置使用单位、放射源生产单位应当在转让活动完成之日起 20 日内，分别将 1 份《放射性同位素转让审批表》报送各自所在地省级环境保护主管部门备案。

（十六）发生或发现辐射事故后，当事人应立即向单位的辐射安全负责人和法定代表人报告。事故单位应根据法规要求，立即向使用地环境保护主管部门、公安部门、卫生主管部门报告。

（十七）使用固定 γ 射线探伤室的单位可参照从事移动 γ 射线探伤工作的单位进行管理。固定 γ 射线探伤室应满足下述要求：

1. 探伤室建筑（包括辐射防护墙、门、辐射防护迷道）的防护厚度应充分考虑 γ 射线直射、散射效应。

2. 探伤室应安装固定式辐射剂量仪，剂量率水平应显示在控制机房内，并与门联锁。

3. 应配置便携式辐射检测报警仪，该报警仪应与防护门钥匙、探伤装置的安全锁钥匙串结一起。

4.探伤室工作人员入口门外和被探伤物件出入口门外应设置固定的电离辐射警告标志和工作状态指示灯箱。探伤作业时，应由声音警示，灯箱应醒目显示"禁止入内"。

5.γ射线探伤室的各项安全措施必须定期检查，并做好记录。

J.《国家核电发展专题规划（2005—2020 年）》

前　言

核能已成为人类使用的重要能源，核电是电力工业的重要组成部分。由于核电不造成对大气的污染排放，在人们越来越重视地球温室效应、气候变化的形势下，积极推进核电建设，是我国能源建设的一项重要政策，对于满足经济和社会发展不断增长的能源需求，保障能源供应与安全，保护环境，实现电力工业结构优化和可持续发展，提升我国综合经济实力、工业技术水平和国际地位，都具有重要的意义。

核电发展专题规划是电力发展规划的重要组成部分。本规划在总结国内核电建设和世界核电发展经验的基础上，分析研究了我国发展核电的意义和相关条件，提出了核电发展的指导思想、方法和目标。在核电自主化发展战略的实施、核电建设项目布局与进度安排、厂址资源开发与储备、核电安全运行与技术服务体系、配套核燃料循环及核能技术研发项目及落实规划所需要的保障政策与措施等方面提出了具体的实施方案。各地区各部门应按照规划合理安排核电建设，促进核电工业有序健康地发展。

一、核电发展的现状

（一）核电在世界能源结构中的地位

自 20 世纪 50 年代中期第一座商业核电站投产以来，核电发展已历经 50 年。根据国际原子能机构 2005 年 10 月发表的数据，全世界正在运行的核电机组共有 442 台，其中：压水堆占 60%，沸水堆占 21%，重水堆占 9%，石墨堆等其他堆型占 10%。这些核电机组已累计运行超过 1 万堆年。全世界核电总装机容量为 3.69 亿千瓦，分布在 31 个国家和地区；核电年发电量占世界发电总量的 17%。

核电发电量超过 20% 的国家和地区共 16 个，其中包括美、法、德、日等发达国家。各国核电装机容量的多少，很大程度上反映了各国经济、工业和科技的综合实力和水平。核电与水电、火电一起构成世界能源的三大支柱，在世界能源结构中有着重要的地位。

（二）我国核电发展取得的成绩

我国是世界上少数几个拥有比较完整核工业体系的国家之一。为推进核能的和平利用，20 世纪 70 年代国务院做出了发展核电的决定，经过三十多年的努力，我国核电从无到有，得到了很大的发展。自 1983 年确定压水堆核电技术路线以来，目前在压水堆核电站设计、设备制造、工程建设和运行管理等方面已经初步形成了一定的能力，为实现规模化发展奠定了基础。

1. 核电建设和运营取得良好业绩。

自 1991 年我国第一座核电站—秦山一期并网发电以来，我国有 6 座核电站共 11 台机组 906.8 万千瓦先后投入商业运行，8 台机组 790 万千瓦在建（岭澳二期、秦山二期扩建、红沿河一期）。

截至目前，我国核电站的安全、运行业绩良好，运行水平不断提高，运行特征主要参数好于世界均值；核电机组放射性废物产生量逐年下降，放射性气体和液体废物排放量远低于国家标准许可限值。秦山一期核电站已安全运行 14 年，最近一个燃料循环周期还创造了连续安全运行 400 天的新纪录。大亚湾核电站近年的运行水平与核能发达国家的水平相当，运行业绩进入了世界先进行列。我国投运和在建核电项目情况见表 1。

表 1　我国投运和在建核电机组情况

单位：万千瓦

序号	机组名称	容　量	投运时间	备　注
1	秦山一期 1 号	30	1991.4	
2	秦山二期 1 号	65	2002.4	
3	秦山二期 2 号	65	2004.3	

序号	机组名称	容　量	投运时间	备　　注
4	秦山三期 1 号	70	2002.12	
5	秦山三期 2 号	70	2003.11	
6	大亚湾 1 号	98.4	1994.2	
7	大亚湾 2 号	98.4	1994.5	
8	岭澳 1 号	99	2002.5	
9	岭澳 2 号	99	2003.1	
10	田湾 1 号	106	2007.5	
11	田湾 2 号	106	2007.8	
12	岭澳二期 1 号	108	在建	2005 年 12 月开工建设，预计 2010 年投运
13	岭澳二期 2 号	108	在建	同上
14	秦山二期扩建 1 号	65	在建	2006 年 4 月开工建设，预计 2011 年投运
15	秦山二期扩建 2 号	65	在建	同上
16	红沿河一期	4×111	在建	
合　计		1696.8		

2. 我国已具备积极推进核电建设的基础条件。

经过各有关部门的共同努力，我国已具备了积极推进核电建设的基础条件。

在工程设计方面，我国已经具备了 30、60 万千瓦级压水堆核电站自主设计的能力；部分掌握了百万千瓦级压水堆核电站的设计能力。

在设备制造方面，自 20 世纪 70 年代即具有了一定的研制能力。目前，可以生产具有自主知识产权的 30 万千瓦级压水堆核电机组成套设备，按价格计算国产化率超过 80%；基本具备成套生产 60 万千瓦级压水堆核电站机组的能力，经过努力，自主化份额可超过 70%；基本具备国内加工、制造百万千瓦级压水堆核电机组的大部分核岛设备和常规岛主设备的条件。

在核燃料循环方面，目前已建立了较为完整的供应保障体系，为核电站安全稳定运行提供了可靠的保障，可以满足目前已投运核电站的燃料需求。

在核能技术研发方面，实验快中子增殖堆和高温气冷实验堆等多项关键技术取得了可喜进展。

在核安全法规及核应急体系建设方面，结合国内核电的实际情况，我国目前已经初步建立了与国际接轨的核安全法规体系；制订了核设施监管和放射性物质排放等管理条例，建立了中央、地方、企业的三级核电厂内、外应急体系。

二、发展核电的重要意义

（一）有利于保障国家能源安全

一次能源的多元化，是国家能源安全战略的重要保证。实践证明，核能是一种安全、清洁、可靠的能源。我国人均能源资源占有率较低，分布也不均匀，为保证我国能源的长期稳定供应，核能将成为必不可少的替代能源。发展核电可改善我国的能源供应结构，有利于保障国家能源安全和经济安全。

（二）有利于调整能源结构，改善大气环境

我国一次能源以煤炭为主，长期以来，煤电发电量占总发电量的80%以上。大量发展燃煤电厂给煤炭生产、交通运输和环境保护带来巨大压力。随着经济发展对电力需求的不断增长，大量燃煤发电对环境的影响也越来越大，全国的大气状况不容乐观。2004 年，燃煤发电厂二氧化硫排放约 1 200 万吨，占全国排放总量的 53.2%。2005 年，我国发电用煤已达 10.75 亿吨，如果保持现在的煤电比例，2010 年、2020 年电煤需求将分别突破 17 亿吨和 20 亿吨。电力工业减排污染物，改善环境质量的任务十分艰巨。

核电是一种技术成熟的清洁能源。与火电相比，核电不排放二氧化硫、烟尘、氮氧化物和二氧化碳。以核电替代部分煤电，不但可以减少煤炭的开采、运输和燃烧总量，而且是电力工业减排污染物的有效途径，也是减缓地球温室效应的重要措施。

（三）有利于提高装备制造业水平，促进科技进步核电工业属于高技术产业，其中核电设备设计与制造的技术含量高，质量要求严，产业关联度很高，涉及上下游几十个行业。加快核电自主化建设，有利于推广应用高新技术，促进技术创新，对提高我国制造业整体工艺、材料和加工水平将发挥重要作用。

三、核电发展的指导思想、方针和目标

(一)指导思想和发展方针

贯彻"积极推进核电建设"的电力发展基本方针，统一核电发展技术路线，注重核电的安全性和经济性，坚持以我为主，中外合作，以市场换技术，引进国外先进技术，国内统一组织消化吸收，并再创新，实现先进压水堆核电站工程设计、设备制造、工程建设和运营管理的自主化。形成批量化建设中国品牌先进核电站的综合能力，提高核电所占比重，实现核电技术的跨越式发展，迎头赶上世界核电先进水平。

在核电发展战略方面，坚持发展百万千瓦级先进压水堆核电技术路线，目前按照热中子反应堆—快中子反应堆—受控核聚变堆"三步走"的步骤开展工作。积极跟踪世界核电技术发展趋势，自主研究开发高温气冷堆、固有安全压水堆和快中子增殖反应堆技术，根据各项技术研发的进展情况，及时启动试验或示范工程建设。与此同时，自主开发与国际合作相结合，积极探索聚变反应堆技术。

坚持安全第一的核电发展原则，在核电建设、运营、核电设备制造准入、堆型、厂址选择，管理模式等工作中，贯彻核安全一票否决制。

(二)发展目标

根据保障能源供应安全，优化电源结构的需要，统筹考虑我国技术力量、建设周期、设备制造与自主化、核燃料供应等条件，到2020年，核电运行装机容量争取达到4 000万千瓦；核电年发电量达到2 600亿—2 800亿千瓦时。在目前在建和运行核电容量1 696.8万千瓦的基础上，新投产核电装机容量约2 300万千瓦。同时，考虑核电的后续发展，2020年末在建核电容量应保持1 800万千瓦左右。核电建设项目进度设想见表2。

表2 核电建设项目进度设想

单位：万千瓦

	五年内 新开工规模	五年内投 产规模	结转下个 五年规模	五年末核电 运行总规模
"十五"期间	346	468	558	694.8
"十一五"期间	1244	558	1244	1252.8
"十二五"期间	2000	1244	2000	2496.8
"十三五"期间	1800	2000	1800	4496.8

注：因单机容量有变化，实际开工和完工核电容量数有变化。

在核电自主化方面，实现先进百万千瓦级压水堆核电站的自主设计、自主制造、自主建设和自主运营，全面建立与国际先进水平接轨的建设和运营管理模式，形成比较完整的自主化核电工业体系。

在运行业绩及核安全方面，确保已投运核电站安全可靠运行，主要运行指标达到世界核电运行组织（WANO）先进水平。2020年以前新开工核电站的主要设计指标接近或达到美国核电用户要求文件（URD）或欧洲核电用户要求文件（EUR）的同等要求。

在工程建设方面，通过引入竞争机制，全面实施招投标制和合同管理制，提高项目管理水平，进一步降低工程造价。

在经济性方面，在确保安全性和可靠性的基础上，降低运行成本，实现核电上网电价与同地区的脱硫燃煤电厂相比具有竞争力。

在核电法规和技术标准方面，在核安全、核设施管理、核应急、放射性废物管理，以及工程设计、制造、建设、运营等方面，建立起完整的符合中国国情并与国际接轨的核电法规和标准体系。

四、规划的重点内容与实施

（一）核电发展技术路线

通过国际招标选择合作伙伴，引进新一代百万千瓦压水堆核电站工程的设计和设备制造技术，国内统一组织消化吸收，并再创新，实现自主化，迎头赶上世界压水堆核电站先进水平。"十一五"期间通过两个核电自主化依托工程的建设，全面掌握先进压水堆核电技术，培育国产化能力，力争尽快形成较大规模批量化建设中国品牌核电站的能力。与此同时，为使核电建设不停步，在三代核电技术完全消化吸收掌握之前，以现有二代改进型核电技术为基础，通过设计改进和研发，仍将自主建设适当规模的压水堆核电站。

（二）核电设计自主化

"十五"末及"十一五"初期，充分利用秦山二期和岭澳一期已有技术，并加以改进，建设秦山二期扩建和岭澳二期等核电工程，使国内企业具备自主设计第二代改进型 60 万千瓦和百万千瓦级压水堆核电站的能力。

"十一五"期间，通过对外合作，引进新一代先进核电技术，建设浙江三门一期和山东海阳一期核电工程，在消化吸收的基础上，进一步优化改进，提高核电的安全性和经济性。工程设计工作可以先从中外联合设计起步，逐步过渡到由国内企业自主完成设计，形成中国先进压水堆核电站品牌和批量化建设的设计能力。为尽快提高核电比重，广东台山采取引进国外技术设备建设三代核电机组。采用消化吸收的二代改进型技术，开工建设辽宁红沿河等核电站。

（三）核电设备制造自主化

核电主设备制造以国内三大设备制造厂家为骨干，同时发挥其他相关企业的专业优势，逐步实施技术改造和产业升级，共同建立起较完整的核电设备制造体系。"十一五"期间要形成不低于每年 200 万千瓦的核电成套设备生产能力，2010 年以后形成每年 400 万千瓦的生产能力。

有关核电关键设备生产的技术引进工作要按照国家总体部署，结合自主化依托项目的建设，统一组织对外招标，协调好国内各方力量，采取有效措施，做好消化吸收工作。对于我国目前尚不能生产的关键设备，要按照以我为主、引进技术、实现国产化的原则开展工作。对于已引进的技术，加快消化吸收进程，尽快转化为设备制造企业的生产能力。

在设备采购方式上，对于国内已经基本掌握制造技术的设备，原则上均在国内厂家中招标采购。对于少数没有掌握制造技术，且国际市场供应充足、稳定的非关键设备，经论证确定后，可对外招标采购。对于一些关键设备，要通过"市场换技术"方式，或者对外引进技术，或者与国外制造商成立合资、合作企业提供设备。

在国家核电自主化工作领导小组的统一组织下，国内制造企业协调一致，分工合作，引入竞争，提高效率，要以秦山二期扩建和岭澳二期、辽宁红沿河、浙江三门和山东海阳等核电项目为依托，不断提高设备制造自主化的比例，最大限度地掌握制造技术，努力实现核电设备制造业的战略升级。

（四）核电厂址选择和保护

经过多年努力，我国已储备了一定规模的核电厂址资源。除已建和在建工程外，在沿海地区开展前期工作已较充分的厂址还有5 000多万千瓦，具体厂址资源开发与储备情况见表3。

表3 我国沿海核电厂址资源开发与储备情况

单位：万千瓦

省份	名 称	规模	备 注
浙江	秦山二期扩建厂址	2×65	已核准
	三门（健挑）厂址	6×100	一期工程已批准项目建议书
	方家山厂址	2×100	已完成复核
	三门扩塘山厂址	4×100	已完成复核
江苏	田湾扩建厂址	2×108	已完成复核
广东	岭澳二期厂址	6×100	已核准
	阳江厂址	6×100	一期工程已批准项目建议书（原方案）
	腰古厂址	6×100	已完成复核
山东	海阳厂址	6×100	已完成复核
	乳山红石顶厂址	6×100	需要进一步研究厂址
辽宁	红沿河厂址	6×100	一期工程4台机组已核准
福建	宁德厂址	6×100	已完成复核
广西	防城港或钦州厂址	4×100	已完成初步审查
合计	13个厂址	5946	

此外，2004 年以来，在广东粤东（田尾厂址）地区，浙江浙西地区、湖北、江西、湖南等地都开展了核电厂址普选工作，进一步增加了核电厂址储备。

从厂址条件看，到 2020 年，表 3 所列核电厂址容量可以满足运行 4 000 万千瓦、在建 1 800 万千瓦的目标。结合我国能源资源和生产力布局情况，从现在起到 2020 年，新增投产 2 300 万千瓦的核电站，将主要从上述沿海省份的厂址中优先选择，并考虑在尚无核电的山东、福建、广西等沿海省（区）各安排一座核电站开工建设。

除沿海厂址外，湖北、江西、湖南、吉林、安徽、河南、重庆、四川、甘肃等内陆省（区、市）也不同程度地开展了核电厂址前期工作，这些厂址要根据核电厂址的要求、依照核电发展规划，严格复核审定，按照核电发展的要求陆续开展工作。

（五）核电工程建设安排

根据核电发展目标，考虑核电项目前期工作、技术引进、消化吸收、设备制造自主化和工程建设工期等因素，在 2005 年开工建设的岭澳二期核电项目 2×108 万千瓦和秦山二期扩建 2×65 万千瓦的基础上，"十一五"保持合理开工规模，"十二五"开始批量化发展。

考虑核电厂址保护和电网布局，以及调整各地能源结构的需求，在核电厂址开发进度和次序上，统筹安排老厂址扩建和新厂址的开发。新的核电厂址要一次规划，分期建设，逐步实现群堆管理。

"十一五"期间，利用已有技术，并加以改进的秦山二期扩建和广东岭澳二期两个项目可以投产。与此同时，要在引进国外技术，消化吸收的基础上，开工建设浙江三门一期和山东海阳一期两个自主化依托工程，并开工建设辽宁红沿河、广东阳江和福建宁德等核电站。

"十二五"期间，"十一五"开工的 5 个核电项目均可投产。在核电实现标准化、批量化的基础上，"十二五"期间安排一批新开工建设核电项目，可选择的项目有：广东腰古、粤东（田尾）、江苏田湾二期、浙江三门二期、广东阳江二期、山东海阳二期、辽宁红沿河二期、福建宁德二期、广西核电站以及华中地区核电项目等。"十三五"期间，上个五年开工的核电机组均可投产，到"十三五"末（2020年），全国核电装机容量将实现规划目标，同时，为2020年以后核电投产打好基础工业，"十三五"期间需开工建设不低于1800万千瓦的核电容量。

在"十三五"和"十四五"期间开工建设的核电厂址，可在沿海省份的厂址中选择，也可在一次能源缺乏的内陆省份的厂址中选择，陆续开工建设。

（六）核燃料保障能力

坚持核燃料闭合循环的技术路线，坚持内外结合，合理开发国内资源、积极利用国外资源的原则，适度超前发展核燃料产业，建立国内生产、海外开发、国际铀贸易三渠道并举的天然铀资源保障体系。

（七）放射性废物处理

在核电项目建设的同时，同步建设中低放射性废物处置场，以适应核电发展不断增加的中低放射性废物处理的需要。2020年前建成高放射性废物最终处置地下实验室，完成高放射性废物最终处置场规划。

（八）投资估算

按照15年内新开工建设和投产的核电建设规模大致估算，核电项目建设资金需求总量约为4500亿人民币，其中，15年内项目资本金需求量为900亿元，平均每年要投入企业自有资金54多亿元。

此外，核燃料配套资金需求量较大，包括天然铀资源勘探与储备、乏燃料后处理等。资金筹措原则上按企业自筹资本金，银行提供商业贷款方式运作。

五、保障措施和政策

（一）推进体制改革和机制创新

核电企业要按照社会主义市场经济的总体要求，建立健全现代产权制度，规范企业法人治理结构，推进体制改革和机制创新。通过规划内核电项目的建设，逐步推进现有国内技术力量和设备制造企业重组，以适应大规模核电建设的需要。核电项目建成后要参与市场竞争，上网电价与脱硫煤电相比要具有竞争力。按国家电价改革的方向和有关规定，核电企业可与电力用户签订购售电合同，自行协商电量与电价。与核电发展相关的科研、设计、制造、建设和运营等环节也要建立以市场为导向的发展机制。在核燃料供应环节，建立核燃料生产和后处理的专业化公司，形成与世界核燃料市场接轨的价格体系，为核电发展提供可靠的燃料保障和后处理等相关服务。

（二）加大设备研发力度

成立国家核电技术公司，负责统一引进技术、消化吸收和创新，在国内企业实现技术共享；做好核电自主化与科技中长期规划重大专项的结合，统筹协调先进核电工程设计和设备研制工作；将核电设备制造和关键技术纳入国家重大装备国产化规划，形成设备的成套能力。对关键的设备，包括大型铸锻件，集中力量，重点突破。

（三）完善核电安全保障体系，加快法律法规建设

坚持"安全第一、质量第一"的原则。依法强化政府核电安全监督工作，加强安全执法和监管。加大对核安全监管工作的人、财、物的投入，培育先进的核安全文化，积极开展核安全研究，继续加强核应急系统建设，制定事故预防和处理措施，建立并保持对辐射危害的有效防御体系。

在现有法律框架下，"十一五"期间继续开展核电行业标准的研究工作，"十一五"开始，随着核电堆型与技术方案的确定，要逐步建立和完善我国自己的核电设计、设备制造、建造、运行管理标准体系，为批量化发展核电创造条件；在核电标准化与安全体系完善以前，国家将对参与核电建设、运营和管理的企业资质适当予以控制。

完善核电安全法律法规，尽快完成《原子能法》及配套法规的立法工作；制定和完善有关核电与核燃料工业的科研、开发与建设、核安全等方面的管理办法；健全铀矿资源的勘探和开采的市场准入制度；强化核燃料纯化、转化、浓缩、元件加工、后处理、三废治理、退役服务等领域的生产服务业务的市场准入制度或执业资质制度。

（四）加强运行与技术服务体系建设，加快核电人才培养

按照社会化、市场化和专业化的思路，重点围绕核电站的开发、设计、建造、调试、运行、检修、人员培训、安全防护等方面，进行相应的科研和配套条件建设，建立和完善核电专业化运行与技术服务体系，全面提高核电站的安全、稳定运行水平，为更多企业投资建设核电站创造条件。

我国核电的大规模发展需要大量与核电有关的专业人才。发展核电既是国家战略，同时又为相关行业和专业人员提供了广阔的市场空间和施展才华的机会。为实现 2020 年核电发展目标，国家、企业和高等院校科研院所要抓住机遇，在科研、设计、燃料、制造、运行和维修等环节，及核电设计、核工程技术、核反应堆工程、核与辐射安全、运行管理等专业领域，大力加强各类人才的培养工作，提高待遇，做好人才储备。重点在清华、上海交大、西安交大设置核电专业，编撰修改核电教材，培养核电人才。

（五）税收优惠及投资优惠

1.国家确定的核电自主化依托项目和国内承担核电设备制造任务的企业，按照《国务院关于加快振兴装备制造业的若干意见》的规定，实施进口税收政策；核电投产后，对核电企业销售环节增值税，采用现行办法，先征后返。由财政部会同有关部门制定实施细则。

2.国内承担国家核电设备制造自主化任务的企业，进口用于核电设备生产的加工设备和材料，核电工程施工所需进口的材料、施工机具，免征进口关税和进口环节增值税。由财政部会同有关部门研究后确定。

3.核电自主化依托工程建设资金筹措以国内为主，原则上不使用国外商业贷款及出口信贷。国家根据可能，对自主化依托项目建设所需资金，从预算内资金（国债资金）中给予适当支持。支持符合条件的核电企业采用发行企业债券、股票上市等多种方式筹集建设资金。

4.规范核电项目投资行为，对核电项目所需资本金，均以企业自有资金出资，按工程动态总投资不少于 20% 筹集。

（六）核燃料保障、乏燃料后处理及核电站退役基金

1.为保证核燃料的安全稳定供应，要建立天然铀资源保障体系，并制定方案征收乏燃料后处理基金。"十一五"期间启动有关研究工作，争取在 2010 年前开始实施。

2.为保证今后核电站"退役"顺利进行，电站投入商业运行开始时，即在核电发电成本中强制提取、积累核电站退役处理费用。在中央财政设立核电站退役专项基金账户，在各核电站商业运行期内提取。有关费用征收标准和执行办法由国家发展改革委会同财政部、国防科工委研究确定。

参考文献

环境科学大辞典编委会编：《环境科学大辞典》，中国环境科学出版社 2000 年版。

王翔朴等：《卫生学大辞典》，青岛出版社 1999 年版。

袁运开等：《科学技术社会辞典·物理卷》，浙江教育出版社 1991 年版。

《放射性同位素与射线装置安全和防护条例》（国务院令第 449 号）。

《密封放射源一般要求和分级》（GB4075—2009）。

《关于发布放射源编码规则的通知》（环发〔2004〕118 号）。

刘世耀：《质子治疗设备的现状和发展》，《基础医学与临床》2005 年第 2 期。

《电离辐射防护与辐射源安全标准》（GB 18871—2002）。

高雪东：《CANDU 核反应堆换料算法研究》，上海交通大学硕士学位论文，2007 年。

张锐平等：《世界核电主要堆型技术沿革》，《中国核电》2009 年第 4 期。

赵世信：《石墨水冷型反应堆工程退役方案》，《核动力工程》1994 年第 6 期。

姜巍、高卫东：《低碳压力下中国核电产业发展及铀资源保障》，《长江流域资源与环境》2011 年第 8 期。

汪胜国、萧雨：《日本的改进型沸水堆(ABWR)》，《东方电气评论》1999 年第 3 期。

徐及明：《对中国实验快堆（CEFR）某些系统和设备核安全分级的探讨》，《核科学与工程》1999 年第 4 期。

全林等：《高放废液管理技术发展及研究》，《高技术通讯》2002 年第 7 期。

陈良、饶仲群：《加压贮存和活性炭吸附在核电站放射性废气处理中的应用》，《中国核电》2009 年第 3 期。

李江波等：《核设施化学去污技术的研究现状》，《铀矿冶》2010 年第 1 期。

黄剑文等：《国内核污染清洗技术进展》，《广州化工》2010 年第 10 期。

李靖：《大亚湾核电站放射性废物管理》，《中国电力》1999 年第 4 期。

郑世才：《第十一讲　辐射防护》，《无损检测》2000 年第 11 期。

刘华等：《我国辐射环境安全管理的现状与对策》，《辐射防护通讯》2002 年第 5 期。

陆继根等：《放射源实时监管和预警系统的研究和探讨》，《中国辐射卫生》2011 年第 2 期。

杨春等：《浅谈中国放射源的科学化管理》，《核安全》2005 年第 3 期。

汪胜国：《日本福岛核电站事故报告概要》，《国外核动力》2011 年第 4 期。

孙宏图等：《法、美应对福岛核事故的措施及启示》，《中国核工业》2011 年第 10 期。

曲学基：《日本福岛核电站泄漏事件引发世界各国调整核电政策》，《电源技术应用》2011 年第 10 期。

刘华等：《我国应对福岛核事故的措施及启示》，《中国核工业》2011 年第 10 期。

刘艳：《试析日本危机管理机制及其对中国的启示》，《中国人民公安大学学报》2004 年第 1 期。

王庆红、龚婷：《福岛核电事故分析及其启示》，《南方电网技术》2011 年第 3 期。

柴国旱：《福岛事故带给核电管理和技术的启示》，《中国能源报》2012 年 3 月 26 日。

王兵、曾会彬：《福岛核事故后核电厂核应急管理探讨》，《辐射防护通讯》2019 年第 8 期。

赵准、张启明、郑青英、王海峰、朱荣旭：《关于构建我国核电站省级应急管理体系的建议》，《涉核应急》2021 年第 6 期。

胡新春、陈凯明、罗慧：《核应急管理的不确定性因素研究》，《专题研究·核应急》2020 年第 11 期。

袁峰：《核应急管理数据标准研究及应用》，《标准研究》2021 年第 2 期。

责任编辑：宰艳红

封面设计：黄桂月

责任校对：史　伟　张红霞

图书在版编目（CIP）数据

核辐射环境管理／刘宁　主编 . －北京：人民出版社，2014.2

（2021.12 重印）

ISBN 978－7－01－013174－0

I. ①核…　II. ①刘…　III. ①辐射环境－环境管理　IV. ① TL7

中国版本图书馆 CIP 数据核字（2014）第 026914 号

核辐射环境管理

HE FUSHE HUANJING GUANLI

刘　宁 主编

人民出版社 出版发行

（100706　北京市东城区隆福寺街 99 号）

北京汇林印务有限公司印刷　新华书店经销

2014 年 2 月第 1 版　2021 年 12 月北京第 2 次印刷

开本：710 毫米 ×1000 毫米 1/16　印张：19.25

字数：276 千字

ISBN 978－7－01－013174－0　定价：58.00 元

邮购地址 100706　北京市东城区隆福寺街 99 号

人民东方图书销售中心　电话（010）65250042　65289539